Martin Schmid **Statik im Dachgeschoss nach Eurocode**

Statik im Dachgeschoss nach Eurocode

Lastannahmen, Schnittgrößen, Bemessung

3. Auflage

Mit 134 Abbildungen und 41 Tabellen

Dr.-Ing. Martin Schmid

Tragwerksplaner und Inhaber eines Ingenieurbüros für konstruktiven Ingenieurbau, technische Beratung und Entwicklung von Software für Firmen des Bauwesens (www.bureau-schmid.de).

Bibliografische Information der Deutschen Nationalbibliothek
Die Deutsche Nationalbibliothek verzeichnet diese Publikation in der Deutschen Nationalbibliografie; detaillierte bibliografische Daten sind im Internet über http://dnb.dnb.de abrufbar.

3. Auflage 2018

Maßgebend für das Anwenden von Normen ist deren Fassung mit dem neuesten Ausgabedatum, die bei der Beuth Verlag GmbH, Burggrafenstr. 6, 10787 Berlin, erhältlich ist.

Maßgebend für das Anwenden von Regelwerken, Richtlinien, Merkblättern, Hinweisen, Verordnungen usw. ist deren Fassung mit dem neuesten Ausgabedatum, die bei der jeweiligen herausgebenden Institution erhältlich ist. Zitate aus Normen, Merkblättern usw. wurden, unabhängig von ihrem Ausgabedatum, in neuer deutscher Rechtschreibung abgedruckt.

Das vorliegende Werk wurde mit größter Sorgfalt erstellt. Verlag und Autor können dennoch für die inhaltliche und technische Fehlerfreiheit, Aktualität und Vollständigkeit des Werkes keine Haftung übernehmen.

Wir freuen uns, Ihre Meinung über dieses Fachbuch zu erfahren. Bitte teilen Sie uns Ihre Anregungen, Hinweise oder Fragen per E-Mail: info@bruderverlag.de oder Telefax: 0221 5497-130 mit.

Satz und Umschlaggestaltung: Satz + Layout Werkstatt Kluth GmbH, Erftstadt
Druck und Bindearbeiten: Westermann Druck Zwickau GmbH, Zwickau
Printed in Germany

ISBN 978-3-87104-249-2 (Buchausgabe)
ISBN 978-3-87104-250-8 (E-Book-PDF)

Vorwort

In diesem Buch wird ein Pfettendach mit zweifach stehendem Stuhl und Kniestock (Drempel) komplett berechnet. Eine Ausführung des Dachtragwerkes, die heutzutage als Standard im Wohnungsbau angesehen werden kann. Dieses Standarddach ist jedoch ein kompliziertes System, das in der Praxis mit vereinfachenden Annahmen in einem statischen Modell abgebildet und bemessen wird. Die vereinfachenden Ansätze stammen häufig aus Zeiten, in denen das Dachtragwerk nicht als Wohnraum genutzt wurde und die Dachfläche nicht durch Fenster, Gauben und Balkone gestört war. Aus der höherwertigen Nutzung folgen höhere Anforderungen insbesondere an die Gebrauchstauglichkeit, d. i. Begrenzung der Verformungen zur Rissevermeidung; die Erfüllung dieser höheren Anforderungen wird dabei durch die gestörte Dachfläche erschwert.

Verglichen mit einem Hallentragwerk, dessen tragende Bauteile wie Binder und Stützen in regelmäßigen Abständen, den Achsen, meist gleichartig ausgeführt werden, sind die Tragsysteme der Gespärre des Pfettendaches vielfältiger. Im Bereich zwischen den Stützen verformt sich die Mittelpfette bei Lasteinwirkungen. Daraus folgt ein Wechsel des statischen Systems hin zu der Tragweise eines Kehlbalken- oder Sparrendaches. Dann werden aber die Nachgiebigkeiten der Anschlüsse von größerer Bedeutung; nachgiebige Verbindungen dämpfen diesen Systemwechsel, sodass ein Mischsystem entsteht. Streng genommen müsste das Dach als dreidimensionales statisches Modell abgebildet werden, unter Berücksichtigung der Nachgiebigkeiten; ein unverhältnismäßig hoher und unbezahlbarer Aufwand für das Dach eines Wohngebäudes. In diesem Buch wird auf diese Schwierigkeiten eingegangen und dieser häufig ausgeführte Dachtyp ausführlich bemessen.

Für manche Positionen werden Nachweise geführt, die aufgrund der geringen Beanspruchung offensichtlich nicht erforderlich gewesen wären. Dabei werden Nachweise vorgestellt, die nicht in einer einfachen Übertragung der Formeln aus der Norm bestehen, sondern weitergehende mechanische Überlegungen erfordern.

Als Empfehlung für die Praxis ist festzuhalten, dass die Anschlüsse der Sparren und die Verformung der Pfetten die kritischen Punkte sind, die eher großzügig bemessen werden sollten, während bei den heute üblichen Sparrenquerschnitten deren Nachweise keine Probleme bereiten.

Die Normung hat sich in den letzten Jahren etwas beruhigt, dafür haben sich größere Änderungen im Bauordnungsrecht, insbesondere in Bezug auf die Verwendung von Bauprodukten und Bauarten ergeben. Die bislang von den Ländern erlassenen Listen der Technischen Baubestimmungen (LTB) und die vom Deutschen Institut für Bautechnik (DIBt) herausgegebenen Bauregellisten wurden zusammengefasst und an die Vorgaben eines Urteils des europäischen Gerichtshofes angepasst. Die Verwaltungsvorschrift Technische Baubestimmungen (VwV TB) ersetzt die LTB und die Bauregellisten. Die VwV TB wird von den Landesministerien erlassen, koordiniert über die Bauministerkonferenz (www.bauministerkonferenz.de). Für den Holzbau ändert sich nicht allzu viel, europäisch harmonisierte Bauprodukte tragen die CE-Kennzeichnung. Der Hersteller erstellt zusätzlich eine Leistungserklärung (DoP Declaration of Performance), der Anwender muss anhand der Angaben in der Leistungserklärung oder der hierin genannten ETAs bzw. harmonisierten Normen das Bauprodukt in seiner Anwendung im Bauwerk bemessen.

Nach wie vor gibt es national geregelte Bauprodukte ohne CE-Kennzeichnung, deren Einsatz nach Abschnitt C der VwV TB durch eine Übereinstimmungserklärung ermöglicht wird. Dies betrifft beispielsweise Aufbauten im Holztafelbau, deren Brandverhalten nicht in der Normenreihe DIN 4102 geregelt ist und deren Verwendbarkeit durch ein allgemeines bauaufsichtliches Prüfzeugnis nachzuweisen ist. Für den Anwender eine undurchsichtige Situation. Bei Zweifeln an der Verwendbarkeit sollte vom Hersteller die Leistungs- bzw. Übereinstimmungserklärung verlangt werden.

Karlsruhe, September 2018
Martin Schmid

Inhaltsverzeichnis

1 Bauvorhaben

1.1 Genehmigungsplanung

Das Dachgeschoss eines Einfamilienhauses in der Rheinebene bei Karlsruhe soll bemessen werden. Die erforderlichen Maße zur Bestimmung der Lastannahmen können den Abbildungen 1 und 2 entnommen werden.

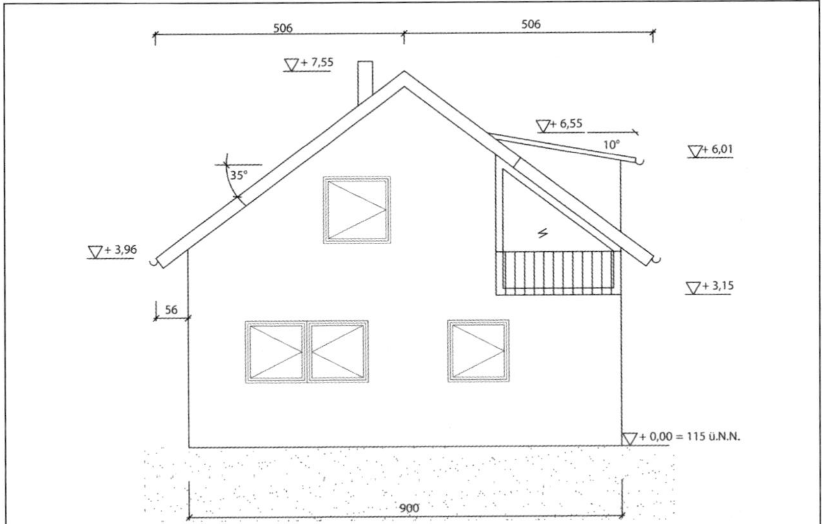

Abb. 1: Ansicht Giebel, Maße in cm, Höhen in m

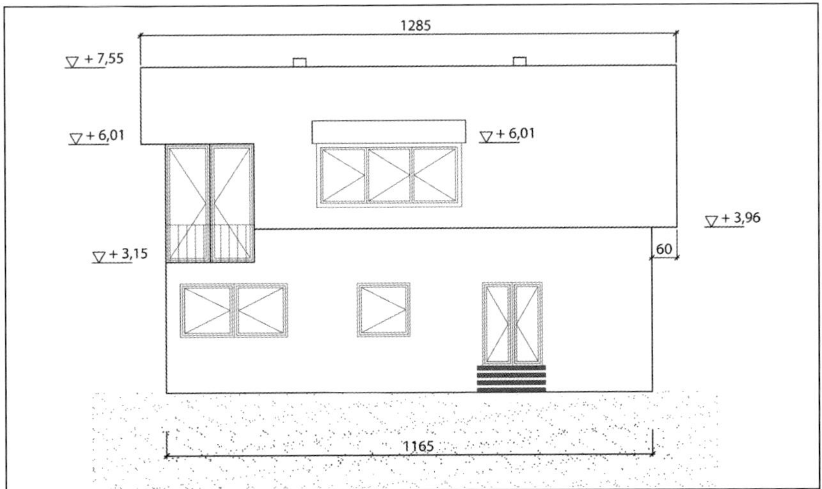

Abb. 2: Ansicht Seite, Maße in cm, Höhen in m

Der vorgesehene Dachaufbau ist in Abbildung 3 dargestellt.

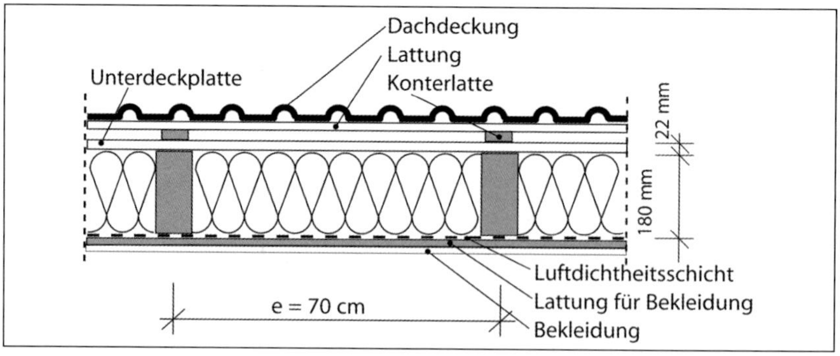

Abb. 3: Dachaufbau

Ein Dachaufbau wie dieser gilt nach DIN 4108-3 als nicht belüftetes Dach. Es liegt zwar eine belüftete Dacheindeckung vor, jedoch ist direkt über der Wärmedämmung keine belüftete Luftschicht vorhanden.

Für den gewählten Dachaufbau ist nach DIN 4108-3 kein Nachweis des Feuchteschutzes erforderlich, wenn die Vorgaben dieser Norm in Bezug auf die wasserdampfdiffusionsäquivalente Luftschichtdicke s_d beachtet werden. Beträgt die wasserdampfdiffusionsäquivalente Luftschichtdicke der Unterdeckplatte $s_{d,e} = 0{,}07$ m, muss $s_{d,i}$ der Schichten unterhalb der Wärmedämmung $s_{d,i} > 1{,}0$ m betragen. Um eine zuverlässige Konstruktion zu erhalten, ist folgender Hinweis der DIN 4108-3 dringend zu beachten.

Anmerkung: Bei nicht belüfteten Dächern mit belüfteter oder nicht belüfteter Dachdeckung und äußeren diffusionshemmenden Schichten mit $s_{d,e} >$ 2 m kann erhöhte Baufeuchte oder später eingedrungene Feuchte, z. B. durch Undichtheiten nur schlecht oder gar nicht austrocknen.
Die Muster-Verwaltungsvorschrift Technische Baubestimmungen (MVV TB) ersetzt die Muster-Liste der technischen Baubestimmungen (M-LTB), entsprechend ersetzt in den einzelnen Bundesländern die rechtskräftige Verwaltungsvorschrift Technische Baubestimmungen (VwV TB), die von den Ländern eingeführten Listen der technischen Baubestimmungen (LTB). Über die VwV TB werden weiterhin die deutschen Normen DIN 4108 und DIN 4109 als technische Regeln zur Erfüllung der Anforderungen an den Schall- und Wärmeschutz eingeführt.

1.2 Verwaltungsvorschrift Technische Baubestimmungen (VwV TB)

Erzwungen durch ein Urteil des europäischen Gerichtshofes, das insbesondere die Umsetzung einer europäischen Verordnung zur Vermarktung von Bauprodukten (Verordnung (EU) Nr. 305/2011) betraf, wurden die bislang von den obersten Baurechtsbehörden (Landesministerien) eingeführten Listen der Technischen Baubestimmungen (LTB) und die vom Deutschen Institut für Bautechnik (DIBt) bekanntgemachten Bauregellisten ersetzt durch die Verwaltungsvorschrift Technische Baubestimmungen (VwV TB). Die obersten Baurechtsbehörden der Bundesländer werden durch die Landesbauordnungen (LBO) der Länder ermächtigt Baubestimmungen einzuführen, bei deren Beachtung der Planer davon ausgehen kann, dass die Anforderungen der LBO erfüllt werden. Dadurch erhalten die derart eingeführten Normen ein besonderes juristisches Gewicht, Abweichungen sind sorgfältig zu entwerfen. In der LBO von Baden-Württemberg steht hierzu folgender Paragraph: „Die Technischen Baubestimmungen sind zu beachten. Von den in den Technischen Baubestimmungen enthaltenen Planungs-, Bemessungs- und Ausführungsregelungen kann abgewichen werden, wenn mit einer anderen Lösung in gleichem Maße die Anforderungen erfüllt werden und in der Technischen Baubestimmung eine Abweichung nicht ausgeschlossen ist …“. Eine Koordination unter den Bundesländern erfolgt über die Bauministerkonferenz. Auf deren Internetseite (www.bauministerkonferenz.de) sind Mustervorschriften zu finden, an denen sich die Bundesländer orientieren, beispielsweise auch eine Muster-Verwaltungsvorschrift Technische Baubestimmungen (MVV TB). Rechtsverbindlich sind jedoch lediglich die Listen der Länder. Tabelle 1 zeigt einen Auszug der MVV TB vom Dezember 2017, die in den Ländern als VwV TB umgesetzt ist.

Die VwV TB und weitere interessante Informationen sind häufig auf den Internetseiten der Landesministerien herunterzuladen.
Die VwV TB enthält in Anlagen Ergänzungen zu den Normen, die ebenfalls zu beachten sind. Damit hat die oberste Bauaufsicht die Möglichkeit sicherheitsrelevante Regelungen schneller einzuführen, als es im normalen Normungsverfahren möglich wäre. In Anlagen A 1.2.5/1 sind ergänzende Hinweise insbesondere für Holzprodukte und Verbindungen zu finden, in A 1.2.5/2 beispielsweise zur Anwendung von chemischem Holzschutz.

Tabelle 1: Auszug aus der Muster-Verwaltungsvorschrift Technische Baubestimmungen (MVV TB) Ausgabe 2017/1

DIN EN 1991 Einwirkungen auf Tragwerke		
Wichten, Eigengewicht und Nutzlasten im Hochbau	DIN EN 1991-1-1:2010-12 DIN EN 1991-1-1/NA:2010-12 DIN EN 1991-1-1/NA/A1:2015-05	Anlage A 1.2.1/2
Brandeinwirkungen auf Tragwerke	DIN EN 1991-1-2:2010-12 DIN EN 1991-1-2 Ber. 1:2013-08 DIN EN 1991-1-2/NA:2015-09	Anlage A 1.2.1/3
Schneelasten	DIN EN 1991-1-3:2010-12 DIN EN 1991-1-3/NA:2010-12	Anlage A 1.2.1/4
Windlasten	DIN EN 1991-1-4:2010-12 DIN EN 1991-1-4 Ber. 1:2013-08 DIN EN 1991-1-4/NA:2010-12	Anlage A 1.2.1/5
Außergewöhnliche Einwirkungen	DIN EN 1991-1-7:2010-12 DIN EN 1991-1-7/NA:2010-12	Anlage A 1.2.1/6
Bauliche Anlagen im Holzbau		
Bemessung und Konstruktion von Holzbauten	DIN EN 1995-1-1:2010-12 DIN EN 1995-1-1/A2:2014-07 DIN EN 1995-1-1/NA:2013-08	Anlage A 1.2.5/1
Tragwerksbemessung für den Brandfall	DIN EN 1995-1-2:2010-12 DIN EN 1995-1-2/NA:2010-12	Anlage A 1.2.3/3
Herstellung und Ausführung von Holzbauwerken	DIN 1052-10:2012-05	
Holzschutz	DIN 68800-1:2011-10 DIN 68800-2:2012-02	Anlage A 1.2.5/2

Brandschutz		
Klassifizierte Baustoffe und Bauteile, Ausführungsregeln	DIN 4102-4:2016-05	Anlage A 2.2.1.3/1
Hochfeuerhemmende Bauteile in Holzbauweise	Muster-Richtlinie über brandschutztechnische Anforderungen an hochfeuerhemmende Bauteile in Holzbauweise – M-HFHHolzR: 2004-07	
Wärmeschutz in Gebäuden		
Wärmeschutz in Gebäuden	DIN 4108	
	DIN 4108-2:2013-02	Anlage A 6.2/1
	DIN 4108-3:2014-11	Anlage A 6.2/2
	DIN 4108-4:2017-03	Anlagen A 6.2/3 und A 6.2/4
	DIN 4108-10:2015-12	Anlage A 6.2/5
Bauliche Anlagen in Erdbebengebieten		
Bauten in deutschen Erdbebengebieten	DIN 4149:2005-04	Anlage A 1.2.9/1

2 Konstruktion und Aussteifung

2.1 Mechanische Modelle für Dächer

Dächer stellen einen statisch komplizierten Bauabschnitt dar, der früher nach Erfahrung der Zimmerleute gebaut wurde. Heute werden die Querschnitte und Anschlüsse meist bemessen, was aber trotz Software bei vertretbarem Aufwand nur mit sinnvollen Annahmen möglich ist.

Aufgrund der im Vergleich zu Wänden und Decken komplizierteren Form, u.a. durch die aussteifende Funktion, die das hölzerne Dachtragwerk für die Wände meist übernimmt, und der im Vergleich zum Massivbau größeren Nachgiebigkeiten der Bauteile und Verbindungen, wäre eine komplette 3D-Modellierung nötig, aber unbezahlbar.

Der heutzutage am häufigsten ausgeführte Dachtyp bei Satteldächern ist das Pfettendach. Die durch zwei Pfosten oder Wände unterstützten Mittelpfetten und Kehlbalken (oder Kehlscheibe) bilden den zweifach stehenden Dachstuhl.

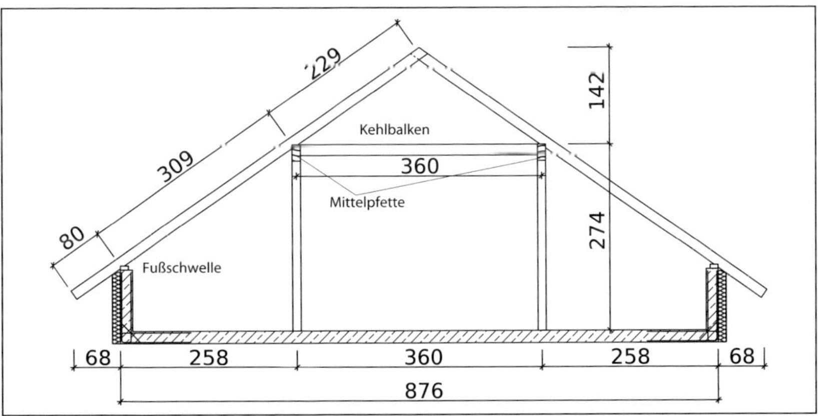

Abb. 4: Dachstuhl, Maße in cm

Selbst bei dieser häufig ausgeführten Konstruktion wird eine Bemessung meist unter Anwendung einer oder mehrerer vereinfachenden Annahmen durchgeführt:

- Die Verformung der Pfetten wird lediglich bei der Bemessung der Pfetten untersucht, die Auswirkung dieser Verformung auf die Schnittgrößen der Sparren bleiben jedoch unberücksichtigt.
- Die Nachgiebigkeiten der Verbindungen werden bei der Bemessung nicht berücksichtigt.

- Die Verbindung der Sparren im Firstbereich wird nicht berücksichtigt, obwohl in der Regel vorhanden (Ausführungen sind im Kapitel 6.7 dargestellt).
- Längs- und Queraussteifungen werden häufig nicht nachgewiesen.

2.1.1 Einfluss der Nachgiebigkeiten

Abbildung 5 zeigt das Modell der in Abbildung 4 dargestellten Bauteile für die Berechnung mit einem Stabwerksprogramm, Abbildung 6 die Verformungsfigur mit abgesenkter Pfette zwischen den Dachstühlen.

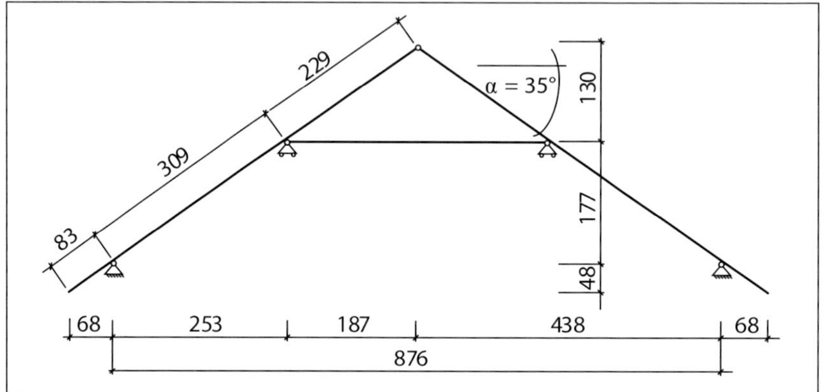

Abb. 5: statisches System des Dachstuhls, Maße in cm

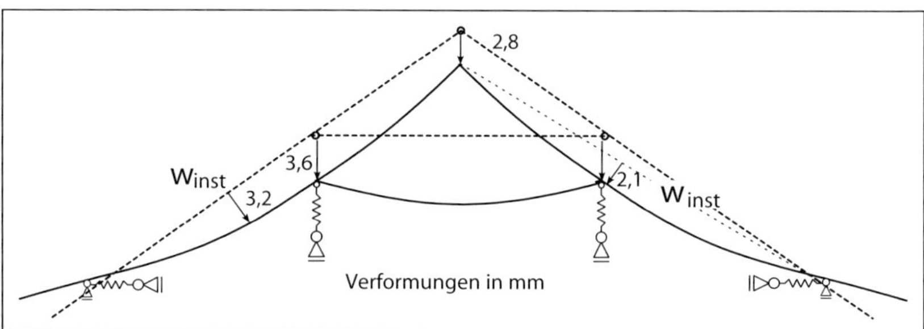

Abb. 6: Verformung infolge Eigenlast, nachgiebiges System mit K_{ser}

Bei größeren Verformungen der Mittelpfetten und sehr steifen Anschlüssen an der Traufpfette wird sich eine Mischung aus dem Tragverhalten des Pfettendachs und demjenigen des Sparrendaches, hier als Kehlbalkendach, ausbilden. Streng genommen ein iterativer Prozess in folgenden Schritten:

1. Bemessung der Schnittgrößen und etwas großzügigere Dimensionierung der Querschnitte nach einem einfachen Modell (Abb. 5).
2. Ermittlung der Verformungen der Pfetten: Neben den Querschnittsabmessungen ist maßgebend, ob die Pfetten als Mehrfeldträger ausgebildet sind, was zu geringeren Verformungen führt, oder als Einfeldträger.
3. Unter Berücksichtigung dieser Verformungen und der Nachgiebigkeit der Anschlüsse ist eine erneute Bemessung erforderlich.

Ein recht großer Aufwand für die Bemessung eines Hausdachs (siehe auch Kapitel 10), der in der Praxis nicht zu rechtfertigen wäre.

Die Nachgiebigkeit der Verbindungen im Holzbau stellt in diesem Zusammenhang einen Vorteil dar: Verbindungen mit mechanischen Verbindungsmitteln können sich jenseits der elastischen Beanspruchung verformen. Damit entziehen sich höher beanspruchte Verbindungen der Lastaufnahme stärker als die Mittelpfette. Die Schnittgrößenverteilung nähert sich wieder der eines Pfettendachs.

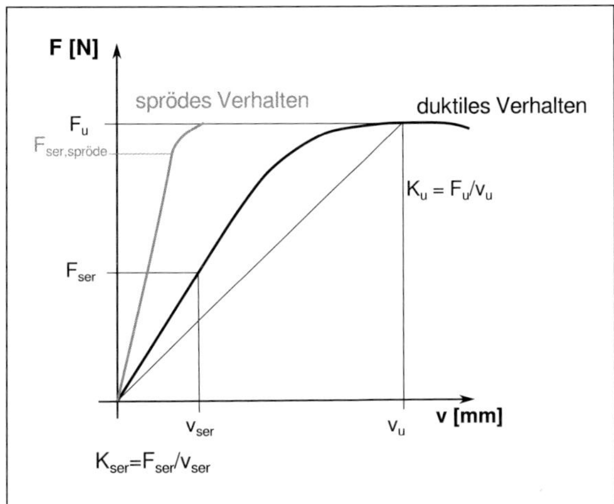

Bei den bei Dachkonstruktionen üblichen Verbindungen mit schlanken stiftförmigen Verbindungsmitteln, die überwiegend durch Abscheren beansprucht werden, ist diese Verformung (Duktilität) der Anschlüsse in der Regel gegeben. Eine Biegeverformung der Verbindungsmittel und ein Eindrücken des stiftförmigen Verbindungsmittels in das Holz, d.h. Lochleibungsverformung, ist bei Kräften in der Größe der Tragfähigkeit zu beobachten.

Anschlüsse deren Tragfähigkeit durch das Herausziehen eines Gewindebereichs versagen, z.B. überwiegend auf Zug beanspruchte Vollgewindeschrauben, zeigen eine deutlich geringere Duktilität, d.h. diese Verbindungsmittel verhalten sich spröde. Dies gilt auch für Verbindungen die infolge Querzugs oder Spaltens versagen, z.B. Ringkeildübel, die in Richtung des Hirnholzes beansprucht werden. Diese Anschlüsse werden für Verbindungen der Sparren mit den Pfetten nicht verwendet. Lediglich für den Anschluss des Kehlbalkens an die Mittelpfette könnte eine Verbindung mit gekreuzten, ausschließlich auf Zug und Druck beanspruchten Voll-

Abb. 8: Plastisch verformte Nägel

gewindeschrauben (Abbildung 9) interessant sein. Dieser Anschluss spielt jedoch für den beschriebenen Wechsel der mechanischen Modelle zwischen Sparren- und Pfettendach eine untergeordnete Rolle.

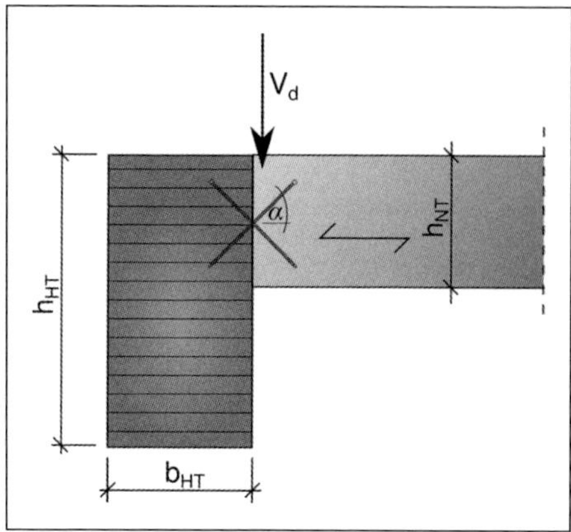

Abb. 9: HT-NT-Verbindung mit Vollgewindeschrauben

Verbindungen mit Vollgewindeschrauben, die auf Biegung beansprucht werden, verhalten sich wiederum duktiler. Als Ersatz für den Sparrennagel ist daher die Verwendung einer Tellerkopfschraube aufgrund einer größeren Duktilität, leichteren Verarbeitbarkeit und geringerer Kosten sinnvoller.

2.1.2 Mechanische Modelle

Abbildung 10 zeigt den Verlauf des Biegemomentes und die Auflagerreaktionen infolge der Eigenlast. Die Lastannahmen und Ergebnisse der Berechnungen werden in den Kapiteln 3 und 6 genauer erläutert.

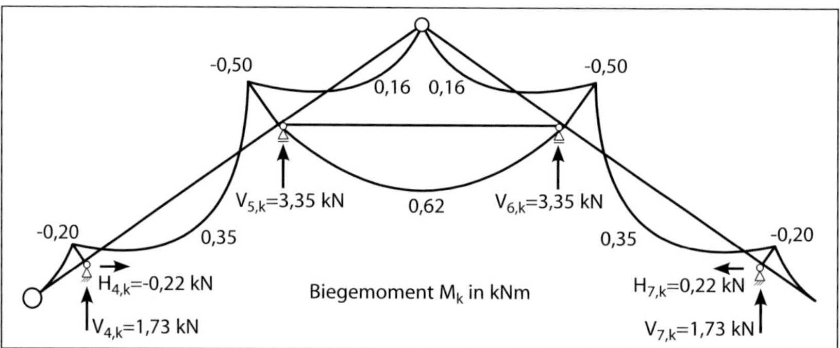

Abb. 10: Biegemomente und Auflagerkräfte infolge Eigenlast

Die Bemessung der Sparren der Pfettendächer wurde häufig mit einem Modell durchgeführt, bei dem die Verbindung im Firstpunkt gelöst wurde. Dadurch ist die Bemessung der Sparren als statisch bestimmtes Bauteil recht einfach.

Abbildung 11 zeigt den Verlauf der Biegemomente und die Auflagerreaktionen für ein Modell, bei dem die Abmessungen und Einwirkungen gleich denen in Abbildung 10 sind. Die Sparrenabschnitte oberhalb der Mittelpfette wurden jedoch als Kragarme modelliert, die Biegemomente im

Bereich der Mittelpfette sind dadurch dreimal so hoch wie diejenigen bei dem realistischeren Modell mit der tragfähigen Verbindung an der Firstbohle.

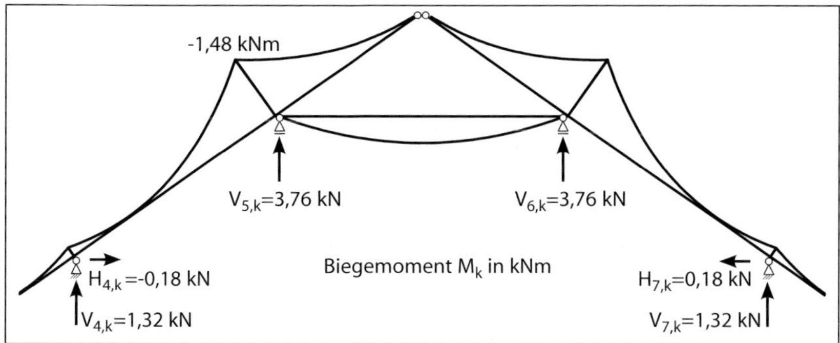

Abb. 11: Biegemomente und Auflagerkräfte infolge Eigenlast, mechanisches Modell: Sparren mit Kragarmen

Abbildung 12 zeigt die Biegemomente und Auflagerkräfte infolge Eigenlast für ein System ähnlich zu demjenigen nach Abbildung 11 jedoch ohne Kehlriegel bzw. Kehlscheibe. Die Auflagerkräfte an der Mittelpfette sind etwas geringer, da die Eigenlast der Kehlscheibe bei diesem Modell fehlt. Dieses System bietet neben der Möglichkeit der einfachen Berechnung der Biegemomente den großen Vorteil, dass am Fußpunkt keine Horizontalkräfte anzuschließen sind.

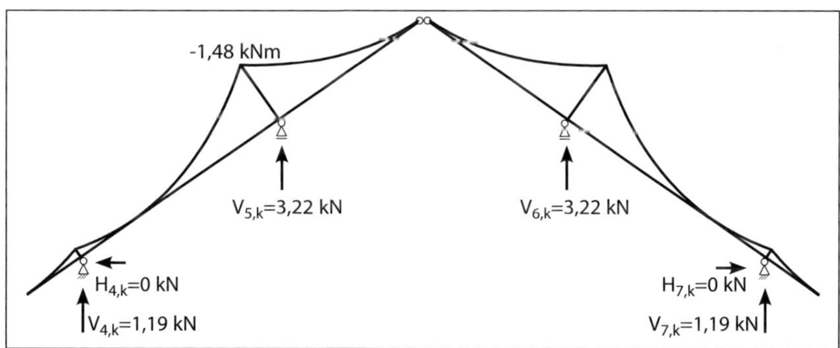

Abb. 12: Biegemomente und Auflagerkräfte infolge Eigenlast, mechanisches Modell: Sparren als Kragarme ohne Kehlscheibe

Sollte sich die Mittelpfette durchbiegen, kann das Firstgelenk nach Abbildung 10 zu hohen Horizontalkräften am Fußpunkt führen, da sich das Tragwerk demjenigen eines Sparrendaches nähert. Die Größe dieser Horizontalkräfte hängt von der Höhe der Durchbiegung der Mittelpfette und den Steifigkeiten der übrigen Verbindungen ab. Somit ist das Modell nach Abbildung 12 recht günstig, da selbst bei Verformungen der Mittelpfette keine Horizontalkräfte am Kniestock auftreten. Die Schwierigkeit besteht jedoch in der praktischen Konstruktion, da eine Verbindung der Sparrenenden im Firstbereich, insbesondere bei größeren Kragarmen, den Vorteil bietet, dass Relativbewegungen zwischen den Sparrenenden vermieden werden. Eine Möglichkeit könnte in der Ausführung nach Abbildung 79, Seite 94 liegen mit einer schwachen Firstbohle, die sich vertikal verformen kann, sodass die Sparren tatsächlich als Kragarme funktionieren.

Vorsicht ist geboten, wenn der Drempel Horizontalkräfte nicht aufnehmen kann, beispielsweise weil im Mauerwerk der Ringbalken aus Stahlbeton fehlt oder der Drempel als Holzkonstruktion ausgeführt wurde, ohne dass das Kopfrähm für horizontale Beanspruchungen bemessen bzw. an Querwände angeschlossen wurde. Dann würden horizontale Verformungen am Fußpunkt der Sparren auftreten, die zu Rissen führen können.

In diesen Fällen ist eine Kehlscheibe als horizontales Lager eine günstige Lösung, die die horizontalen Kräfte an Querwände oder Windböcke ableitet.

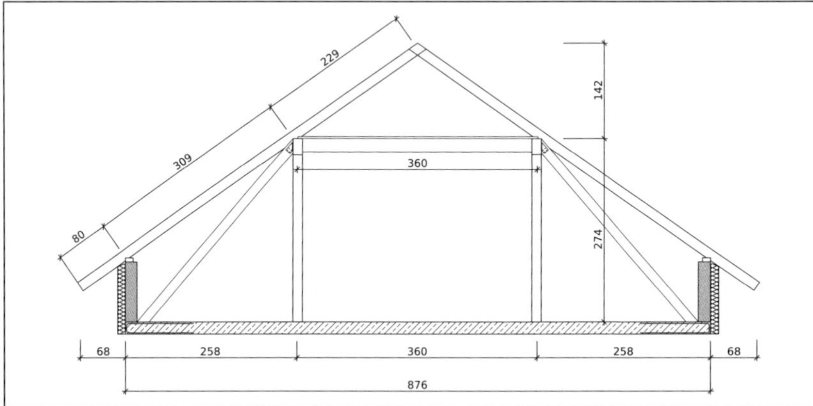

Abb. 13: Kehlscheibe als horizontales Lager

In der Literatur gibt es Bemessungshilfen für die Sparrenbemessung, die eine mögliche Durchbiegung der Pfetten berücksichtigen, z.B. Milbrandt (1999) oder Colling (2008). Heutzutage sind die Sparren der Regelgespärre für die Biegebemessung meist deutlich überdimensioniert, siehe Abschnitt 6.3. Die Höhe wird entweder durch die erforderliche Zwischensparrendämmung festgelegt oder bestimmt durch Anschlüsse von Wechseln und anderen Bauteilen infolge der zahlreichen Störungen der Dachfläche durch Einschnitte, Dachfenster und Gauben. Größeren Aufwand erfordert meist die Bemessung der Verbindungen.

Dagegen weisen die Pfetten höhere Ausnutzungsgrade bei den Nachweisen der Tragfähigkeit oder Gebrauchstauglichkeit auf. Die Nachweise der Pfetten als wichtigste Bauteile des Pfettendaches sind sorgfältig zu führen, insbesondere auch im Hinblick auf Verformungen (Kapitel 8).

2.2 Ringbalken oder Drempel aus Stahlbeton

Abbildung 14 zeigt den Sparrenplan und grau unterlegt den biegesteif mit der Stahlbetonplatte verbundenen Drempel nach Abbildung 4.

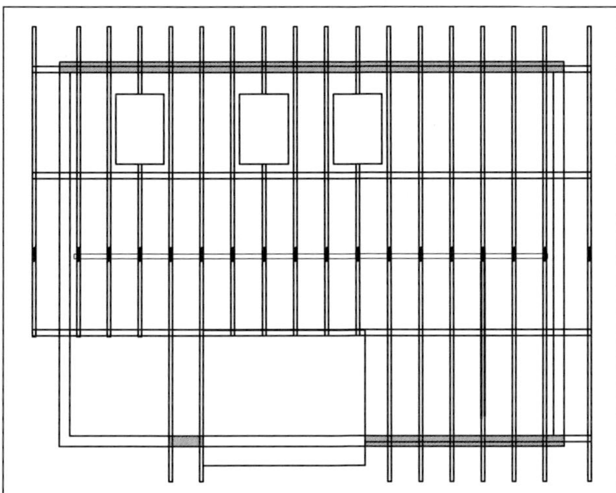

Abb. 14: Sparrenplan, Ausführung mit biegesteifem Drempel

Alternativ könnte zur Aufnahme der Horizontalkräfte auch ein Ringbalken auf der Oberseite des Drempels ausgebildet werden. Dieser Stahlbetonbalken muss in der Lage sein, die Biegebeanspruchung infolge der Horizontalkräfte an den Fußpunkten der Sparren ohne größere Verformungen aufzunehmen. Der Ringbalken wird im Wesentlichen auf Biegung durch horizontal wirkende Kräfte beansprucht, während der klassische Ringanker im Zusammenspiel mit einer Decke mit Scheibenwirkung nur auf Zug beansprucht wird, Neumann et al. (2006).

Aufgrund des Dachausschnittes im Bereich des Balkons und der Gaube, wäre in diesem Fall eine Kombination zwischen Ringbalken und Drempel aus Stahlbeton erforderlich, an den der Ringbalken im Giebelbereich anzuschließen ist.

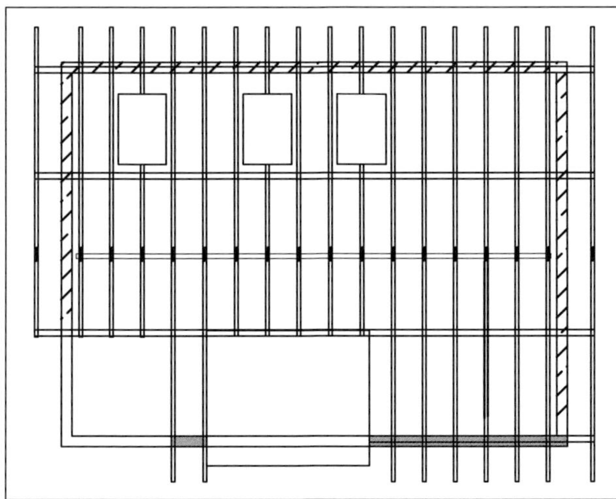

Abb. 15: Ringbalken und Drempelbereiche aus Stahlbeton

Der Giebelbereich bei Ausführung mit einem Ringbalken ist in Abbildung 16 dargestellt.

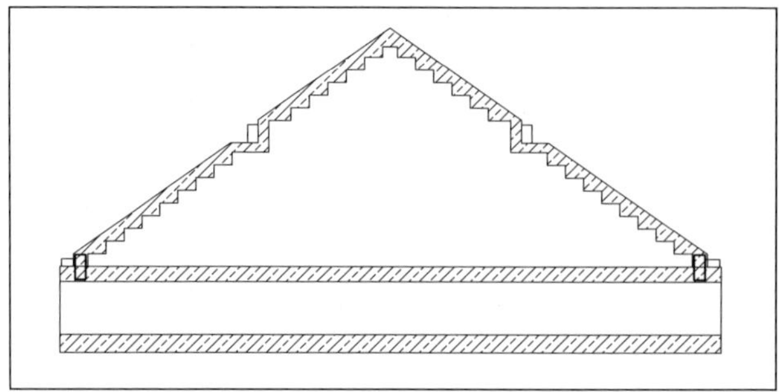

Abb. 16: Betongurt über Giebelwand, Ringbalken

In Abbildung 17 ist die Giebelwand bei Ausführung des kompletten Drempels in Stahlbeton gezeigt. Auf den Ausgleich der Horizontalkräfte zwischen den beiden Seiten auf Höhe der Traufpfette kann verzichtet werden.

In beiden Ausführungen ist die Giebelwand durch einen bewehrten Stahlbetongurt einzufassen, dessen Aufgabe in der Sammlung der Windkräfte besteht und der es ermöglicht, die Giebelwand kraftschlüssig mit dem Dachstuhl zu verbinden.

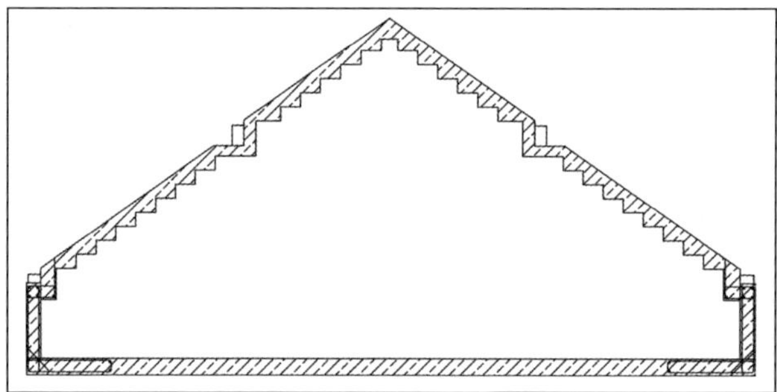

Abb. 17: Betongurt über Giebelwand, Drempel biegesteif

Kniestock oder Ringbalken aus Stahlbeton sind nach EC 2-1-1 zu bemessen. Die Bemessung für die Tragfähigkeit sollte bei normalen Beanspruchungen für beide Varianten problemlos sein.

Etwas problematischer stellt sich der Nachweis der Begrenzung der Verformungen für den Ringbalken dar. Will man die Verformungen ohne größeren rechnerischen Aufwand überprüfen, sind die Schlankheiten l_i/d nach Abschnitt 7.4.2 des EC 2-1-1 zu begrenzen. Dabei gibt der EC 2 recht scharfe Empfehlungen für die Verformungen v vor

$$\frac{v}{l} \le \frac{l}{250}$$

$$\frac{v}{l} \le \frac{l}{500}$$ beim nachträglichen Einbau verformungsempfindlicher Bauteile

Die zweite Bedingung wird bei einem hochwertigen Dachausbau durchaus zutreffen. Dabei ist diese zweite Bedingung sogar auf die Ausgangslage zu beziehen, d. h. eine Überhöhung darf hierbei nicht berücksichtigt werden. Sind die geforderten Schlankheiten des Ringbalkens nicht einzuhalten, kann der Ringbalken als Mehrfeldträger ausgebildet werden, indem er an einigen Stellen biegesteif mit der Decke oder einer Wand verbunden wird.

Eine Alternative besteht im rechnerischen Nachweis der Verformungen nach EC 2-1-1 Abschnitt 7.4.3.

Sind die Randbedingungen des Entwurfs zu ungünstig, muss die Kehlscheibe für die Horizontalaussteifung verwendet werden.

In den Abbildungen dieses Abschnittes wurden die Ringbalken und Gurte über der Giebelwand als über die ganze Mauerbreite angeordnete Stahlbetonstreifen dargestellt, günstigerweise können hier U-Schalen der verschiedenen Steinarten verwendet werden.

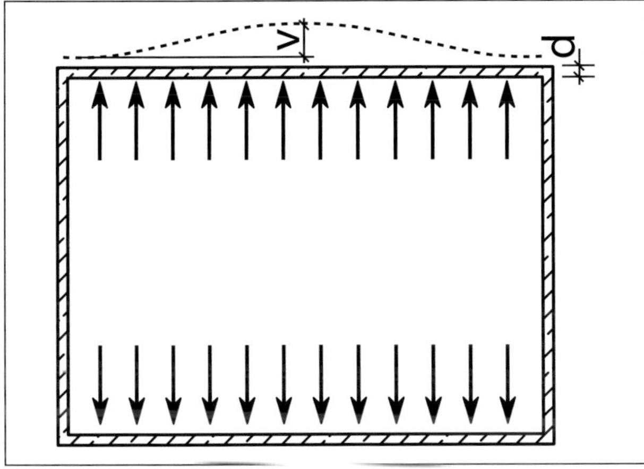

Abb. 18: Verformung des Ringbalkens

3 Lastannahmen

3.1 Eigenlasten nach EC 1 Teil 1-1 (DIN EN 1991-1-1 und DIN EN 1991-1-1/NA)

Tabelle 2: Eigenlast des Dachaufbaus

Aufbau von außen nach innen		Flächenlast kN/m² bezogen auf die Dachfläche (Dfl)
Dacheindeckung	Betondachsteine, einschließlich Lattung	0,55
Unterdeckplatte	Holzfaserunterdeckplatte $t = 22$ mm	0,04
Dämmmaterial	Holzfaserdämmplatte $t = 180$ mm	0,08
Bekleidung innen	Unterkonstruktion und Gipsfaserplatten $t = 18$ mm	0,25
Sparren	Vollholz C24	0,1 Der Anteil an der Gesamtlast ist gering, eine Fehlschätzung sollte selten eine Neubemessung erfordern.
	$\Sigma =$	**1,02**

Die Wichten von Bauholz sind in DIN EN 1991-1-1 in Abhängigkeit von der Festigkeitsklasse angegeben. Für Vollholz C24 beträgt die Wichte $\gamma = 4{,}2$ kN/m³. Mit $\gamma = 5.0$ kN/m³ werden alle Festigkeitsklassen von Voll- und Brettschichtholz aus Nadelholz abgedeckt. Bei stabförmigen Holzbauteilen ist der Anteil an der gesamten Eigenlast der Konstruktion gering, sodass dieser konservative Ansatz nicht zu nachteilig wirkt. Bei flächigen Produkten, die nicht im EC1 geregelt sind, sollte die Wichte in der Leistungserklärung (DOP) des Herstellers angegeben sein. Die in der alten DIN 1055-1:1978 angegebenen oberen und unteren Grenzwerte $\gamma = 4{,}0 \ldots 6{,}0$ kN/m³ sind nicht mehr enthalten. Durch die angemessene Wahl des Teilsicherheitsfaktors γ_G bei der Bildung der Einwirkungskombinationen ist zu berücksichtigen, ob sich das Eigengewicht günstig oder ungünstig auf die Beanspruchung auswirkt. Obwohl bei den üblichen Aufbauten der Hausdächer mit schweren Dacheindeckungen der Einfluss des Holzgewichtes eher gering ist, zeigt sich hier ein Vorteil des neuen Sicherheitskonzeptes, das die Streuung der Einwirkung durch verschieden zu wählende Beiwerte erfasst. Wirkt das Eigengewicht günstig, beispielsweise bei der Sogsicherung, wird dieser Anteil mit $\gamma_G = 0{,}9$ oder 1,0 multipliziert, wirkt die Eigenlast ungünstig mit $\gamma_G = 1{,}35$.

Für den Aufbau des Spitzbodens wird ein Flächengewicht von $g_k = 0{,}52$ kN/m² geschätzt (OSB/3-Platte $t = 18$ mm, Gipsfaserplatte $t = 11$ mm und Eigengewicht der Zangen).

Die Linienlasten, die in das Statikprogramm einzugeben sind, ergeben sich aus den Flächenlasten durch Multiplikation mit dem Sparrenabstand $e_{Sparren} = 0{,}70$ m. Die meisten Programme bieten die Möglichkeit zur Eingabe der Lasten nach einer der in Abbildung 19 dargestellten Arten.

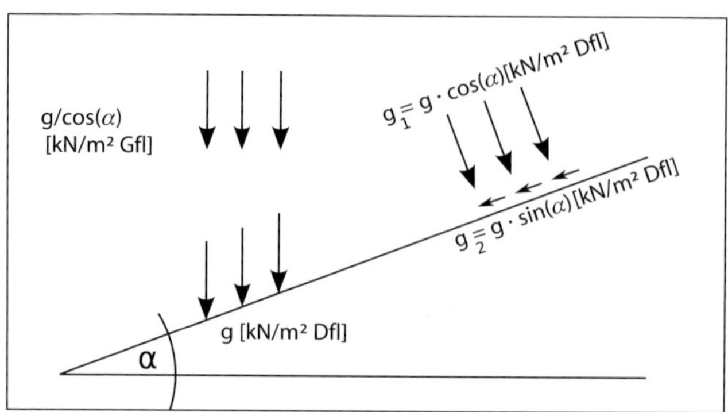

Abb. 19: Zerlegung der Eigenlasten

3.2 Schneelasten nach EC 1 Teil 1-3 (DIN EN 1991-1-3 und DIN EN 1991-1-3/NA)

Die Zuordnung zu den Schneelastzonen wird durch die Baurechtsbehörden festgelegt. Die obersten Baurechtsbehörden (Wirtschafts- oder Innenministerien) stellen in der Regel Listen mit Zuordnung der Landesbereiche zu den Schneelastzonen ins Internet. Auf den Internetseiten der Bauministerkonferenz der Länder (www.bauministerkonferenz.de) ist ebenfalls eine Liste mit Zuordnungen zu finden.

Der gewählte Bauort in der Rheinebene liegt in der Schneelastzone 1. Der charakteristische Wert der Schneelast s_k bezogen auf die Grundfläche (Gfl) kann dann zu

$$s_k = \max\left\{0{,}19 + 0{,}91 \cdot \left(\frac{A + 140}{760}\right)^2; 0{,}65\ \text{kN/m}^2\ (\text{bis 400 m ü. d. M.})\right\}$$

berechnet werden.

Mit A der Höhe über dem Meeresspiegel. Hier mit $A = 115$ m (altitude, französisch: Höhe)

$$s_k = \max\left\{0{,}29\ \text{kN/m}^2;\ 0{,}65\ \text{kN/m}^2\right\}$$

$$s_k = 0{,}65\ \text{kN/m}^2$$

Dieser Wert beschreibt die charakteristische Schneelast auf dem Boden. Die Einwirkungen auf das Bauwerk werden durch Multiplikation dieses Wertes mit Beiwerten μ_i berechnet.

Anmerkung zum norddeutschen Tiefland:

Zum norddeutschen Tiefland gehören weite Bereiche Niedersachsens, ganz Schleswig-Holstein, die Hansestädte Bremen und Hamburg, Mecklenburg-Vorpommern, große Teile von Brandenburg, Bereiche von Sachsen-Anhalt und Berlin.

In diesen Bereichen ist mit sehr selten auftretenden aber außergewöhnlich hohen Schneelasten zu rechnen. Diese Schneelasten werden in den Schneelastzonen 1 und 2 als 2,3-facher Wert des charakteristischen Wertes s_k berechnet. Mit diesen hohen Werten ist dann eine außergewöhnliche Lasteinwirkungskombination zu bilden. Mit die-

ser Lasteinwirkungskombination wird kein Nachweis der Verformung geführt, dennoch kann dieser Spannungsnachweis maßgebend werden, beispielsweise bei steiler geneigten Dächern mit Schneefangvorrichtung und Aufsparrendämmung. Hier führt diese Kombination zu einem großen Wert des Dachschubes, der für die Verankerung der Unterkonstruktion der Dacheindeckung zu berücksichtigen ist. Bei leichten Dacheindeckungen und geringen Dachneigungen (Hallen) können ebenfalls Spannungsnachweise, beispielsweise in den Stützen, infolge dieser Kombination maßgebend werden.

Der charakteristische Wert der Einwirkung s_k ist selbst bei Flachdächern nicht voll anzusetzen. Aufgrund von Verwehungen und Abrutschungen wird als Einwirkung auf das Dach $\mu(\alpha) \cdot s_k$ angesetzt. Der Beiwert $\mu(\alpha)$ hängt von der Dachneigung α ab.

Zusätzlich ist bei Tragwerken, bei denen unsymmetrische Lasteinwirkungen zu maßgebenden Schnittgrößen führen, ähnlich zum Vorgehen nach der alten Norm, bei Teilen des Daches $0{,}5 \cdot \mu(\alpha) \cdot s_k$ anzusetzen. Diese Aufteilung wird durch einseitiges Abtauen oder Verwehen des Schnees verursacht. Bei Satteldächern mit zwei verschiedenen Dachneigungen α_1 und α_2 ergeben sich hieraus bereits drei zu untersuchende Lastfälle.

Bei der Dachneigung von $\alpha = 35°$ folgt

$$\mu(\alpha = 35°) \quad = 0{,}8 \cdot (60° - \alpha)/30°$$

$$\mu(\alpha = 35°) \quad = 0{,}67$$

Ist jedoch ein Schneefanggitter oder ein anderes Hindernis vorhanden, das den Schnee am Abrutschen hindert, ist unabhängig von der Dachneigung

$$\mu(\alpha) = 0{,}8$$

anzusetzen.

In unserem Beispiel ist die Anbringung eines Schneefanggitters vorgesehen, im Regelbereich ohne Gaube folgen zwei Fälle nach Abbildung 20.

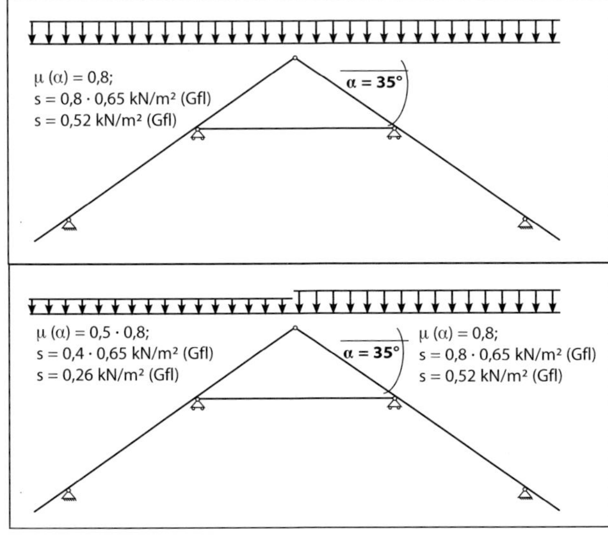

Abb. 20: Anzusetzende Schneelasten

Im Bereich der Gaube ist durch Abrutschen und Anwehung mit höheren Schneelasten zu rechnen. Die DIN EN 1991-1-3 enthält im Abschnitt 5.3.6 Hinweise zu diesen Phänomenen, die hier sinngemäß angewendet werden.

Zunächst wird ein Formbeiwert für den abrutschenden Schnee des oberen Dachbereiches mit $\alpha = 35°$ ermittelt. Dabei wird angenommen, dass die Hälfte des Schnees des anschließenden Daches abrutscht. Diese Last wird dann dreieckförmig auf die anschließende Dachfläche, hier das Gaubendach, verteilt. Nach Abbildung 21 ist die Grundlänge des Daches oberhalb der Gaube $l_{\text{abrutschend}} = 163$ cm. Mit $s = 0{,}52$ kN/m² folgt eine abrutschende Schneelast je 1 m Dachbreite von

$$s_i = 0{,}52 \text{ kN/m}^2 \cdot 1{,}63 \text{ m} \cdot \frac{1}{2}$$

$$s_i = 0{,}42 \text{ kN/m}$$

Diese abrutschende Schneelast ist nach DIN EN 1991-1-3 auf eine Länge l_s von

$$5 \text{ m} < l_s < 15 \text{ m}$$

dreieckförmig zu verteilen. Falls das untere Dach eine kürzere Länge aufweist als $l_{s,\min} = 5{,}0$ m ist das Dreieck abzuschneiden.

Als Lastordinate folgt

$$s_{\text{abrutschend}} = 0{,}42 \text{ kN/m} \cdot \frac{1}{5{,}0 \text{ m}} \cdot 2$$

$$s_{\text{abrutschend}} = 0{,}17 \text{ kN/m}^2$$

der Formbeiwert für den abrutschenden Schnee folgt damit zu

$$s_{\text{abrutschend}} = \mu_s \cdot s_k$$

$$0{,}17 \text{ kN/m}^2 = \mu_s \cdot 0{,}65 \text{ kN/m}^2$$

$$\mu_s = 0{,}26$$

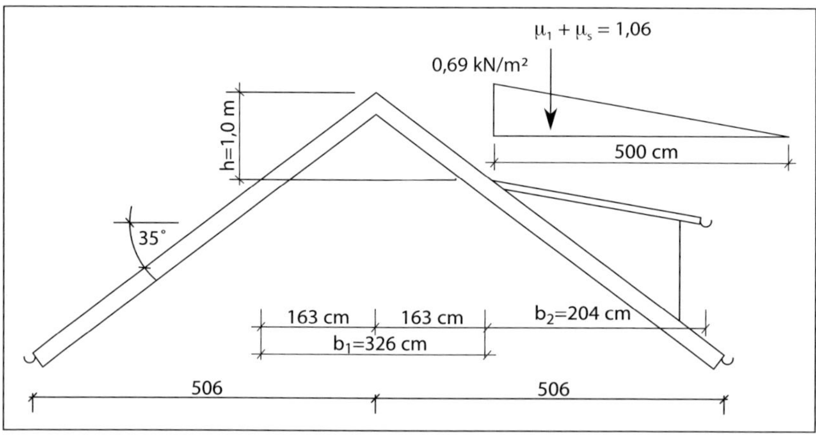

Abb. 21: Formbeiwert μ_s für den Gaubenbereich

Der Formbeiwert μ_w infolge von Verwehungen ist nach dem nationalen Anhang zu DIN EN 1991-1-3/NA erst bei Höhensprüngen zwischen den Dachflächen von $h \geq 0{,}5$ m zu berücksichtigen. Hier liegt kein Höhensprung vor, daher ist $\mu_w = 0$. Die Norm und der nationale Anhang geben weitere

Regeln und Grenzwerte für die Ober- und Untergrenzen von $\mu_w + \mu_s$, die bei der Bemessung von Hallen im Industriebau sicherlich von größerer Bedeutung sind als im Wohnungsbau.

Im Bereich der Gaube ist zum normalen Formbeiwert $\mu_1 = 0{,}8$ im Schnittbereich der beiden Dachflächen $\mu_s = 0{,}26$ und an der Traufe der Gaube

$\mu_s = \dfrac{0{,}26 \cdot (5{,}0 - 2{,}04)\ \text{m}}{5{,}0\ \text{m}} = 0{,}15$ zu addieren. Es folgen die in Abbildung 22 dargestellten Schneelasten.

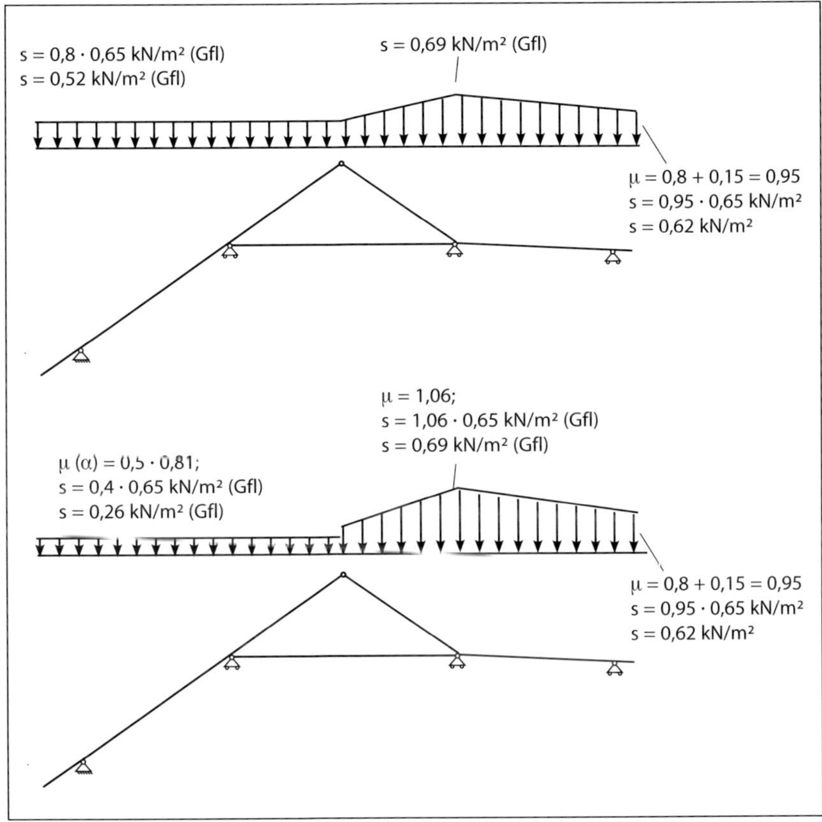

Abb. 22: Anzusetzende Schneelasten im Bereich der Gaube

DIN EN 1991-1-3 sieht in Abschnitt 6 „örtliche Effekte" zwei weitere Beanspruchungen vor, die als Linienlast anzusetzen sind:

- Schneeüberhang an der Traufe
- dachparallel wirkende Lasten (Dachschub) auf das Schneefanggitter

Zu beiden Punkten enthält der nationale Anhang Änderungen. Der Schneeüberhang an der Traufe nach Abschnitt 5.1 darf um 60 % abgemindert werden.

$s_e = 0{,}4 \cdot s_i^2/\gamma$
$s_e = 0{,}4 \cdot 0{,}52^2/3{,}0$
$s_e = 0{,}09$ kN/m

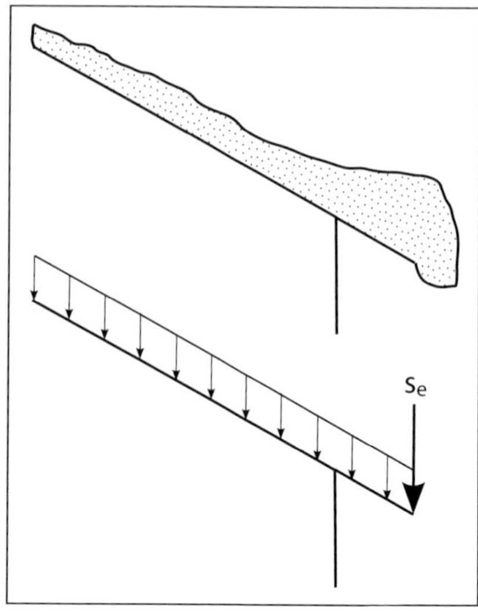

Abb. 23: Anzusetzende Schneelast S_e im Bereich der Traufe

Die Wichte des Schnees darf bei dieser Berechnung zu $\gamma = 3{,}0$ kN/m³ angenommen werden. Die resultierende Linienlast sollte bei den üblichen Längen von Dachüberständen nicht für die Bemessung der Sparren maßgeblich werden.

Der nationale Anhang erlaubt zusätzlich den Verzicht auf den Ansatz von s_e, „sofern über die Dachfläche verteilt Schneefanggitter (...) angeordnet werden, die das Abgleiten von Schnee wirksam verhindern und nach 6.4 bemessen sind (...)“.

In dem hier vorgestellten Beispiel soll in der Nähe der Traufe ein Schneefanggitter angeordnet werden. Nach Abschnitt 6.4 der DIN EN 1991-1-3 ist dann eine dachparallele Linienlast F_s von

$$F_s = \mu_i \cdot s_k \cdot b \cdot \sin(\alpha)$$

anzusetzen. Mit b ≈ 5,0 m dem horizontalen Abstand zwischen Gitter und First folgt

$$F_s = 0{,}8 \cdot 0{,}65\ \text{kN/m}^2 \cdot 5{,}0\ \text{m} \cdot \sin(35°)$$
$$F_s = 1{,}50\ \text{kN/m}$$

Die aus dieser Last resultierende Biege- und Zugbeanspruchung der Sparren dürfte bei üblichen Abmessungen für die Bemessung des Sparrens vernachlässigbar sein.

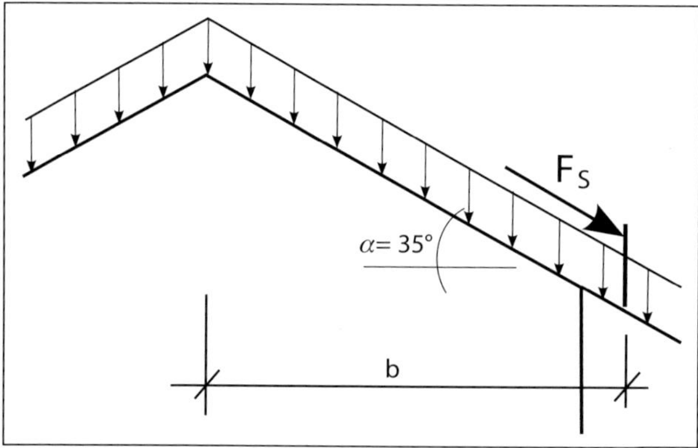

Abb. 24: Anzusetzende Linienlast auf das Schneefanggitter

Entsprechend dem Vorgehen bei den Eigenlasten folgen die Linienlasten, die in das Statikprogramm einzugeben sind, aus den Flächenlasten durch Multiplikation mit dem Sparrenabstand $e_{\text{Sparren}} = 0{,}70$ m. Die meisten Programme bieten die Möglichkeit zur Eingabe der Lasten nach einer der in Abbildung 25 dargestellten Arten.

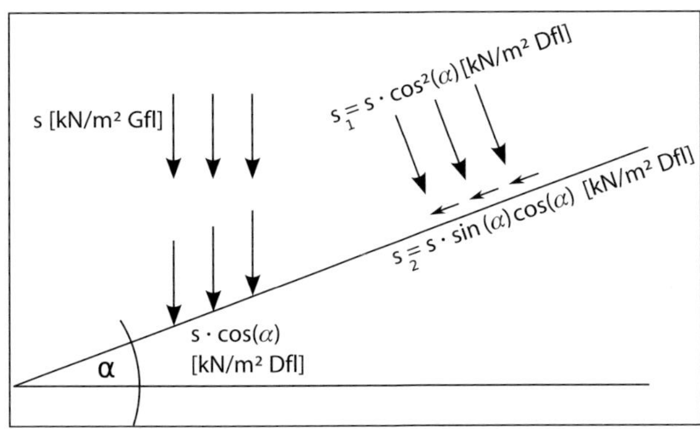

Abb. 25: Zerlegung der Schneelasten

3.3 Windlasten nach EC 1 Teil 1-4 (DIN EN 1991-1-4 und DIN EN 1991-1-4/NA)

Die Ausgabe des Jahres 2005 der DIN 1055 Teil 4 „Einwirkung auf Tragwerke – Windlasten" weist deutliche Änderungen gegenüber den Vorgängernormen der Jahre 1986 und 1987 auf. Die Unterschiede zwischen dieser DIN 1055-4 und dem EC1 Teil 1-4 sind dagegen geringfügig. Die grundsätzlichen Verfahren bleiben:

- Die Gesamtwindkraft auf ein Bauwerk wird mithilfe eines Kraftbeiwertes berechnet: $F_w = c_f \cdot q(z_e) \cdot A_{ref}$ mit dem Kraftbeiwert c_f, dem Geschwindigkeitsdruck $q(z_e)$ und der angeströmten Bezugsfläche A_{ref}. Für ein Dach, bei dem einzelne Bereiche und Bauteile zu bemessen sind und nicht die Lagesicherheit des gesamten Daches, ist dieser Ansatz nicht möglich.
- Der Winddruck wird als flächige Einwirkung berechnet zu $w_e = c_{pe} \cdot q(z_e)$ mit c_{pe} dem Druckbeiwert der betrachteten Fläche und $q(z_e)$ dem von der Höhe des Bauwerks z abhängigen Böengeschwindigkeitsdruck.

Bei schwingungsanfälligen Bauwerken wird die Gesamtwindkraft auf ein Bauwerk ermittelt oder bei großen Bauwerken werden die Windkräfte abschnittsweise berechnet; diese Kräfte sind mit dem Strukturbeiwert $c_s c_d$ zu multiplizieren. Der Strukturbeiwert nach Abschnitt 6.1 der DIN EN 1991-1-4 berücksichtigt, dass Spitzenwinddrücke nicht gleichzeitig auf der gesamten großen Fläche auftreten und dynamische Erscheinungen infolge Resonanzen des Bauwerks.

Für den Holzbau kann dieses Vorgehen nur für Sonderbauwerke großer Höhe von Bedeutung sein (nach Abschnitt 6.2 DIN EN 1991-1-4 ist $c_s c_d = 1{,}0$ für Bauwerke mit einer Höhe $h < 15$ m), evtl. auch bei Fassadenkonstruktionen. Windlasten auf Brücken sind dagegen in einem eigenen Abschnitt 8 der DIN EN 1991-1-4 geregelt.

Die Verteilung der Winddrücke auf der Dachfläche stellt sich leider deutlich komplizierter dar als nach DIN 1055-4:1986. Die alte Norm nahm für die Dachflächen konstante Sog- oder Druckbeiwerte an. In Teilbereichen mussten zwar Sogspitzen angenommen werden, auf deren statische Berechnung und Nachweis wurde jedoch häufig verzichtet, da konstruktive Maßnahmen ergriffen wurden, vgl. Schneider (1994).

Die Nachweise in den Abschnitten 6 und 7 zeigen, dass infolge der neuen Normen keineswegs aufwendigere Konstruktionen erforderlich werden, dass sogar durch Einsatz von selbstbohrenden Schrauben die Anschlüsse sehr einfach ausgebildet werden können.

Die Tragfähigkeiten der Schrauben und anderer Holzverbindungsmittel sind häufig so groß, dass die Versuchung vorhanden ist, sich den Aufwand bei der Bestimmung der Windlasten und der anschließenden statischen Berechnung zu sparen. Die Einflüsse der Dachgeometrie und der Lage des Bauwerkes auf die anzusetzenden Windlasten nach DIN EN 1991-1-4 sind jedoch so vielfältig, dass es kaum möglich ist Vereinfachungen für die Bemessung anzugeben. Sicherlich wird man für kleinere Dächer, wie das hier beispielhaft untersuchte, viele in der Norm definierten Dachbereiche zusammenfassen können, ganz ohne einen Blick in diese Norm oder die üblichen Bautabellen ist eine Bemessung jedoch nicht möglich.

3.3.1 Böengeschwindigkeitsdruck

Die mit DIN 1055-4 im Jahr 2005 geregelte Einteilung Deutschlands in Windzonen bleibt erhalten. Zur Ermittlung der Windzonen ist auf den Internetseiten der Bauministerkonferenz (www.bauministerkonferenz.de) oder auf derjenigen der obersten Baurechtsbehörde eine Liste mit Zuordnung der Gemeinden zu den Windzonen zu finden. Das Gebäude mit Lage in der Rheinebene im Regierungsbezirk Karlsruhe liegt demnach in der Windzone 1. Der Basisgeschwindigkeitsdruck beträgt nach nationalem Anhang

$$q_b = 0{,}32 \text{ kN/m}^2.$$

In Abhängigkeit von der Rauigkeit des Geländes und der Höhe des Bauwerkes wird der für die Bemessung zu verwendende Böengeschwindigkeitsdruck ermittelt. Der nationale Anhang bietet hierfür im Abschnitt B.3.2 ein vereinfachtes Verfahren und im Abschnitt B.3.3 ein Regelverfahren an. Da das vereinfachte Verfahren keine wesentliche Vereinfachung darstellt, wird hier das Regelverfahren angewendet, das bei hohen Bauwerken vorteilhaft ist, da der Winddruck über die Höhe abgestuft werden kann.

Abgesehen von Inseln der Ost- und Nordsee und küstennahen Gebieten, die einen Streifen von 5 km Breite entlang der Küste umfassen, ist in der Regel das Mischprofil „Binnenland" anzuwenden. Für die anzusetzende Höhe z_e ist bei Dächern stets die Firsthöhe zu wählen hier $z_e = z = 7{,}55$ m. Es folgt der Böengeschwindigkeitsdruck $q(z)$

$$q(z) = 1{,}7 \cdot q_b \cdot \left(\frac{z}{10 \text{ m}}\right)^{0{,}37} \quad \text{für } 7 \text{ m} < z < 50 \text{ m}$$

$$q(7{,}55 \text{ m}) = 1{,}7 \cdot 0{,}32 \text{ kN/m}^2 \cdot \left(\frac{7{,}55 \text{ m}}{10 \text{ m}}\right)^{0{,}37}$$

$$q(7{,}55 \text{ m}) = 1{,}7 \cdot 0{,}32 \text{ kN/m}^2 \cdot 0{,}90$$

$$q(7{,}55 \text{ m}) = 0{,}49 \text{ kN/m}^2$$

3.3.2 Aerodynamische Druckbeiwerte $c_{p,i}$

Tabelle 3 stellt die wichtigsten Änderungen der DIN EN 1991-1-4 und der alten DIN 1055-4 gegenüber.

Tabelle 3: Vergleich DIN 1055-4:1986 und DIN EN 1991-1-4:2010

DIN 1055-4:1986	DIN EN 1991-1-4:2010
Eine Betrachtung der Anströmrichtung ist nicht erforderlich. Bei Dachneigungen zwischen 25° und 40° sind Sog- und Druckbeiwerte zu untersuchen. In den Randbereichen gelten erhöhte Sogbeiwerte.	Es ist die Anströmrichtung rechtwinklig zum First $\theta = 0°$ und die Anströmrichtung parallel zum First $\theta = 90°$ zu untersuchen. Die Breite der Randbereiche mit erhöhten Beiwerten ändert sich in Abhängigkeit von der Anströmrichtung. Es gibt einen weiteren Bereich parallel zum First mit erhöhten Sogbeiwerten.
Für einzelne Bauteile mit geringerer Einzugsfläche sind die Sogbeiwerte um 25 % zu erhöhen.	Die DIN EN 1991-1-4 enthält Beiwerte $c_{pe,1}$ für Bauteile mit einer Lasteinzugsfläche < 1 m² und $c_{pe,10}$ für Lasteinzugsflächen > 10 m². Weisen Bauteile Lasteinzugsflächen zwischen diesen Grenzen auf, beispielsweise die Sparren üblicher Konstruktionen, ist $c_{pe} = c_{pe,1} + (c_{pe,10} - c_{pe,1}) \cdot \log(A)$ mit $\log(A)$: dem Logarithmus zur Basis 10 der Einzugsfläche A [m²]

Die Aufteilung der Dachflächen für die verschiedenen c_p-Werte nach der DIN EN 1991-1-4 führt zu deutlich komplizierteren Lastverteilungen als nach DIN 1055-4:1986. Bei den üblichen Abmessungen der Hausdächer wird man die Bereiche entlang Ortgang, First und Traufe zusammenfassen und jeweils den ungünstigsten Druckbeiwert ansetzen. Die Untersuchung der Anströmrichtung parallel zum First ($\theta = 90°$) verursacht in allen Dachbereichen und bei allen Dachneigungen Windsog. Bei leichten Dacheindeckungen und größeren Dachneigungen kann hierdurch eine Sogsicherung aller Sparren erforderlich werden.

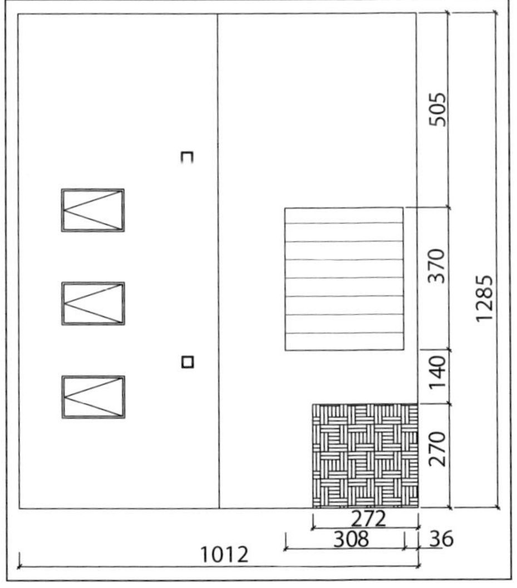

Abb. 26:
Draufsicht

Die Norm enthält lediglich Druckbeiwerte für einfache Baukonstruktionen, für die Bereiche der Gaube und des Balkons sind sinnvolle Annahmen zu treffen, weshalb in den Abbildungen 28 und 30 auch die Anströmrichtungen $\theta = 180°$ und $\theta = 270°$ dargestellt sind.

Für die Interpolation zwischen den $c_{pe,1}$ und $c_{pe,10}$-Werten ist die Lasteinzugsfläche der Sparren abzuschätzen. Bei einem Sparrenabstand $e = 70$ cm und einer Sparrenlänge nach Abbildung 4 von $l_{Sp} = 618$ cm folgt eine Einzugsfläche von $A = 4{,}3$ m² und für die Gleichung der Tabelle 3 $\log(A) = 0{,}636$.

Beispielsweise ist der Sogbeiwert des Bereiches F nach Abbildung 27 mit den Werten der DIN EN 1991-1-4 folgendermaßen zu ermitteln.

Tabelle 4: Interpolation der Druckbeiwerte, α: Dachneigung

$c_{pe,1}$; $\alpha = 30^\circ$	$c_{pe,10}$; $\alpha = 30^\circ$	$c_{pe,1}$; $\alpha = 45^\circ$	$c_{pe,10}$; $\alpha = 45^\circ$
−1,5	−0,5	0	0
Interpolation nach Tabelle 3 $c_{pe} = -1{,}5 + (-0{,}5 - (-1{,}5)) \cdot \log(4{,}3)$ $c_{pe} = -0{,}87$		$c_{pe} = 0$	
Lineare Interpolation zwischen den angegebenen Winkeln 30° und 45° für die vorhandene Dachneigung von $\alpha = 35^\circ$: $c_{pe} = -0{,}87 - \frac{5^\circ}{45^\circ - 30^\circ} \cdot (0 - 0{,}87)$ $c_{pe} = -0{,}58$			

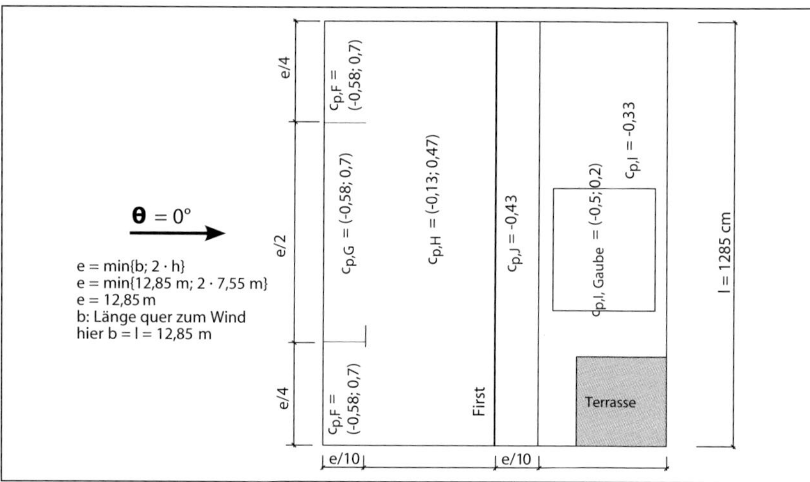

Abb. 27: Anströmrichtung rechtwinklig zum First θ = 0°

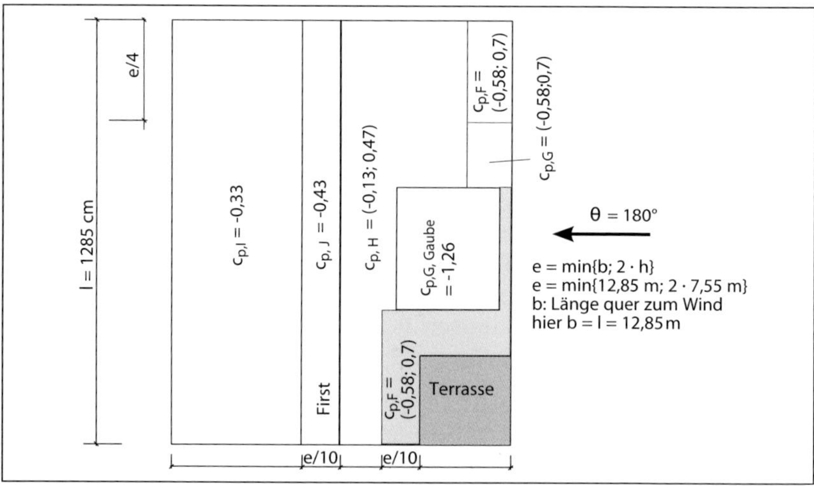

Abb. 28: Anströmrichtung rechtwinklig zum First θ = 180°

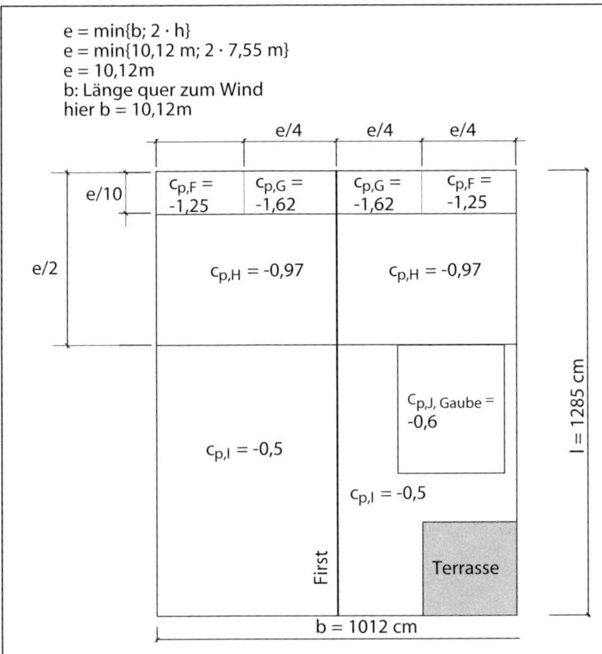

Abb. 29: Anströmrichtung parallel zum First θ = 90°

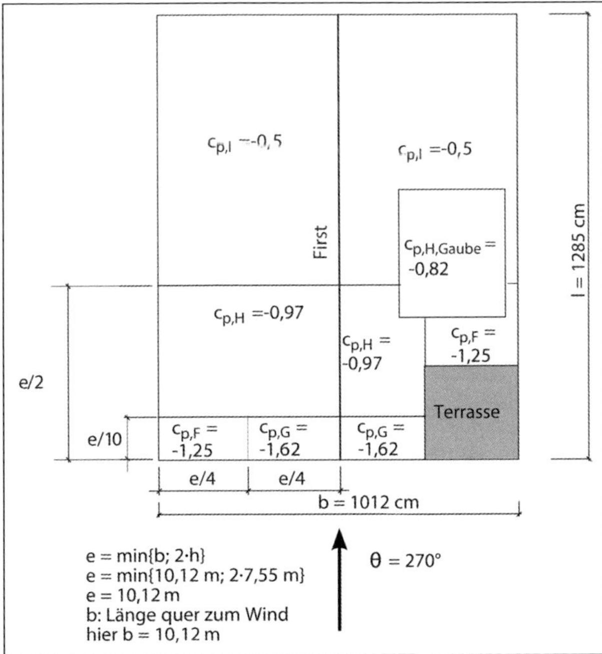

Abb. 30: Anströmrichtung parallel zum First θ = 270°

Abgesehen vom Gaubendach werden die Sogbeiwerte mit negativem Vorzeichen von den Anströmrichtungen parallel zum Dachfirst bestimmt, dies dürfte für nahezu alle Satteldächer mit größeren Dachneigungen gelten.

Abbildung 31 fasst die ungünstigsten, das sind im Falle des Windsoges die niedrigsten, Beiwerte der Dachflächen zusammen.

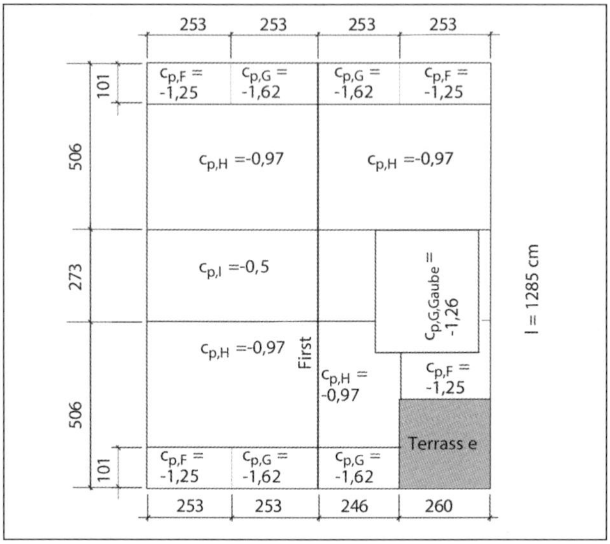

Abb. 31: Ungünstigste Sogbeiwerte auf der Dachfläche

Die Druckbeiwerte mit positivem Vorzeichen werden dagegen durch die Anströmung rechtwinklig zum First bestimmt. Auch dies dürfte nahezu immer für Satteldächer zutreffen.

Für die Druckbeiwerte der Unterseite von Dachüberständen können nach DIN EN 1991-1-4 die Druckbeiwerte der anschließenden Wandflächen angesetzt werden. Hierbei ist zu beachten, dass Winddruck auf die Unterseite des Dachüberstandes die gleiche Wirkungsrichtung aufweist wie Windsog auf die Oberseite der Dachfläche.

1. Anströmung rechtwinklig zum Dachfirst:
   Die Druckbeiwerte für die angeströmte Längsseite sind unabhängig von der Geometrie des Gebäudes mit $c_{pe,D,1} = 1{,}0$ anzunehmen (Einzugsfläche $< 1\,m^2$ für die Dachüberstände). Die Sogbeiwerte auf der gegenüberliegenden Wand sind mit $c_{pe,E,1} = -0{,}5$ anzunehmen.
   Die auf die Sparren des Dachüberstandes am Ortgang wirkende Windsogkraft wird entsprechend den Sogbeiwerten der Wände in zwei Bereiche eingeteilt (A und B nach Norm). In der Nähe der Traufe

   $$c_{pe,A} = -1{,}4 + (-1{,}2 - (-1{,}4)) \cdot \log(4{,}3)$$

   und in der oberen Hälfte im Firstbereich

   $$c_{pe,B} = -1{,}1 + (-0{,}8 - (-1{,}1)) \cdot \log(4{,}3)$$

   $$c_{pe,B} = -0{,}91$$

   Die Verteilung ist ähnlich zu derjenigen nach Abbildung 31.

2. Anströmung parallel zum Dachfirst:
   Der Druckbeiwert für die angeströmte Giebelwand kann mit $c_{pe,D,1} = 1{,}0$ angenommen werden, der Sogbeiwert der leeseitigen Giebelwand mit

$c_{pe,E,1} = -0{,}5$. Entlang der Traufe der Längswände können zwei Sogbereiche mit $c_{pe,A,1} = -1{,}4$ und $c_{pe,B,1} = -1{,}1$ angenommen werden. Bei Anströmung parallel zum First wirken diese Windsogkräfte den auf die Dachfläche einwirkenden Kräften entgegen. Einzig für die Bemessung einer Verkleidung der Sparren im Bereich des Dachüberstandes der Traufe spielen sie eine Rolle.

3.3.3 Windlasten als Linienlasten

Für die Bemessung des Daches müssen theoretisch zwei Windbeanspruchungen untersucht werden:

1. Anströmrichtung rechtwinklig zum First nach den Abbildungen 27 und 28, mit einer Druckbeanspruchung der einen Dachseite und einer Sogbeanspruchung der gegenüberliegenden Dachhälfte.
2. Anströmrichtung parallel zum First mit überwiegend Windsogkräften und den Sogbeiwerten nach den Abbildungen 29, 30 und 31.

Mit w_e dem charakteristischen Winddruck als Linienlast bei einem Sparrenabstand von 0,70 m folgt

$$w_e = c_{pe,i} \cdot q\,(7{,}55\,\text{m}) \cdot 0{,}70\,\text{m}$$

$$w_e = c_{pe,i} \cdot 0{,}49\,\text{kN/m}^2 \cdot 0{,}70\,\text{m}$$

$$w_e = c_{pe,i} \cdot 0{,}343\,\text{kN/m}$$

Die geometrischen Angaben der Abbildungen 27 bis 31 beziehen sich auf den Grundriss und sind daher im Schnitt durch den Kosinus der Dachneigung zu teilen.

Abbildung 32 zeigt die Linienlasten, die auf ein normales Sparrenfeld wirken bei Anströmung rechtwinklig zum First von der linken Seite. Selbstverständlich kann auch der hierzu asymmetrische Fall Anströmung von rechts auftreten.

Die Abbildungen 33 und 34 zeigen die Windsogkräfte bei Anströmung parallel zum First.

Die Beanspruchung der Unterseite der Dachüberstände führt zu einer Entlastung der Sparren. Nur bei sehr langen Überständen könnten die Druckbeiwerte auf die Unterseite der Dachüberstände maßgebend für die Bemessung der Sparren werden.

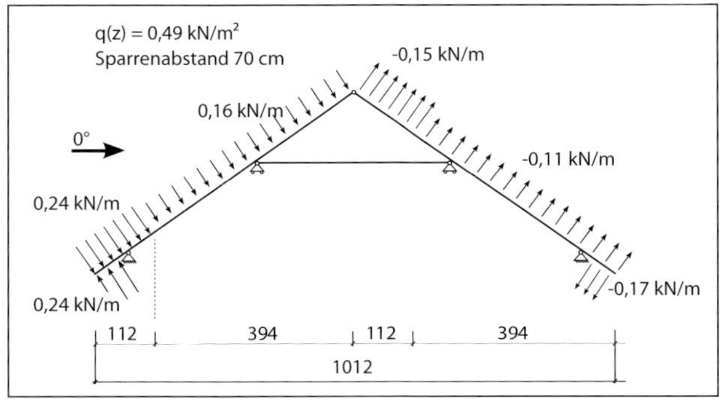

Abb. 32: Linienlasten auf ein Sparrenfeld infolge Windanströmung rechtwinklig zum First

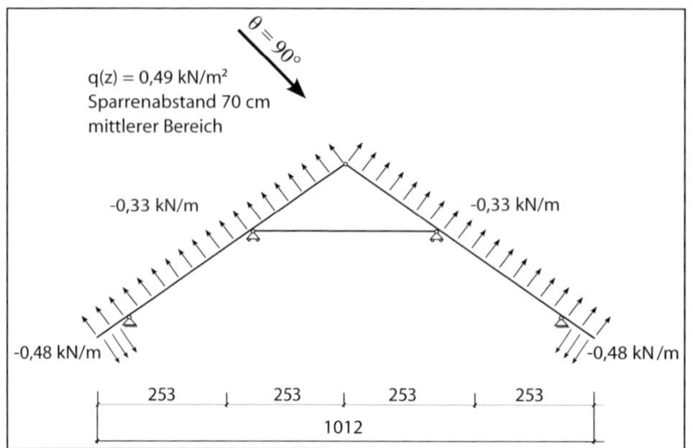

Abb. 33: Linienlasten auf ein Sparrenfeld im mittleren Bereich infolge Windanströmung parallel zum First

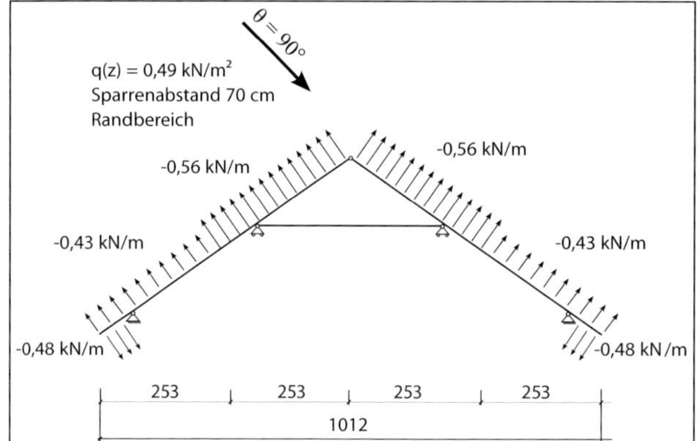

Abb. 34: Linienlasten auf ein Sparrenfeld im Randbereich infolge Windanströmung parallel zum First

Die Randsparren außerhalb der Giebelwand, Flugsparren, weisen ein etwas anderes System auf, da die Zange zwischen den auskragenden Pfetten nicht vorhanden ist. Die Pfetten sind jedoch mit dem Betongurt verbunden, siehe Kapitel 3.5 und 11. Aufgrund dieser Verbindung kann auch für die Mittelpfetten ein zweiwertiges Lager angenommen werden. Bei Anströmung auf die Giebelwand, d. h. parallel zum First, sind die Druckkräfte auf die Unterseite des Dachüberstandes hier nicht zu vernachlässigen.

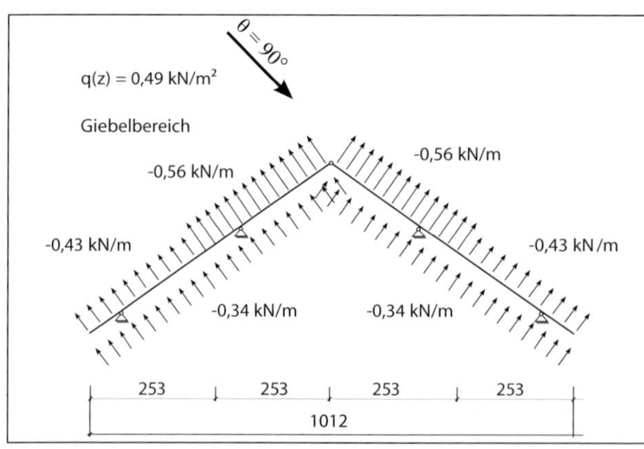

Abb. 35: Linienlasten der Flugsparren außerhalb der Giebelwand infolge Windanströmung parallel zum First

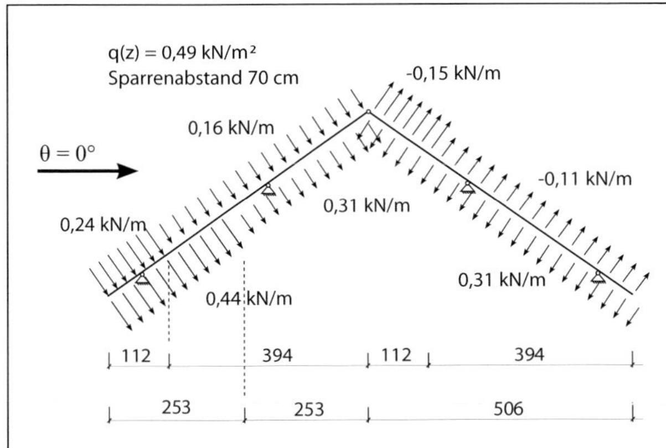

Abb. 36: Linienlasten der Flugsparren außerhalb der Giebelwand infolge Windanströmung rechtwinklig zum First

3.4 Nutzlasten nach DIN EN 1991-1-1 und DIN EN 1991-1-1/NA

Für Dächer, die lediglich für Unterhaltung und Instandsetzung begangen werden, gibt der nationale Anhang eine Mannlast vor. Diese ist jedoch nicht mit den Schneelasten zu überlagern.

Eine weitere Erleichterung für übliche Konstruktionen enthält der nationale Anhang zu Abschnitt 6.3.4.2:

„Bei Dachlatten sind zwei Einzellasten von je 0,5 kN in den äußeren Viertelpunkten der Stützweite anzunehmen. Für hölzerne Dachlatten mit Querschnittsabmessungen, die sich erfahrungsgemäß bewährt haben, ist bei Sparrenabständen bis etwa 1 m kein Nachweis erforderlich.“ Solch bewährte Querschnitte und zugehörige Abstände sind in den Hinweisen zu Holz- und Holzwerkstoffen (2005) genannt.

Damit ist der übliche Lattenquerschnitt 24/60, Sortierklasse S13 ⟶ Festigkeitsklasse C30 oder 30/50 Sortierklasse S10 ⟶ Festigkeitsklasse C24 nach den Hinweisen Holz und Holzwerkstoffe (2017) des deutschen Dachdeckerhandwerkes bis zu einem Sparrenabstand $e = 80$ cm ohne weitere Nachweise möglich.

Die Einzellast nach nationalem Anhang von

$$Q_k = 1{,}0 \text{ kN}$$

kann für die Bemessung von Sparren, deren Achsabstand nicht zu groß gewählt ist, häufig maßgebend werden, insbesondere wenn keine hohen Schneelasten auftreten oder wenn bei großen Dachneigungen und dem Fehlen eines Schneefanggitters die Schneelasten durch Abrutschen stark reduziert werden dürfen.

Für den Spitzboden schreibt der nationale Anhang vor

$$\left.\begin{array}{l} q_k = 1{,}0\,\text{kN/m}^2 \\ Q_k = 1{,}0\,\text{kN} \end{array}\right. \quad \text{(Kategorie A1)}$$

Q_k ist für den Nachweis der örtlichen Mindesttragfähigkeit zu verwenden.

Die Aufstandsfläche der Einzellast Q_k ist ein Quadrat mit einer Seitenlänge von 5 cm. Bei dünnen Plattenwerkstoffen kann diese Einzellast zu für die Bemessung maßgebenden Schubspannungen führen.

3.5 Erdbebensicheres Bauen nach DIN 4149:2005

Die Muster-Verwaltungsvorschrift Technische Baubestimmungen (MVV TB) von 2017 schreibt für die Nachweise bei seismischen Einwirkungen weiterhin die Anwendung der DIN 4149:2005 vor und nicht Eurocode 8 (DIN EN 1998). In den umfangreichen Anlagen der MVV TB zu diesem Bereich werden dann die Verweise in DIN 4149 auf die Normen DIN 1045, DIN 1052 usw. durch Verweise auf die entsprechenden Eurocodes ersetzt.

Das Gebäude liegt in Erdbebenzone 1, DIN 4149:2005 „Bauten in deutschen Erdbebengebieten – Lastannahmen, Bemessung und Ausführung üblicher Hochbauten" ist daher zu beachten.

Eine gute Einführung gibt die Broschüre des Umweltministeriums Baden-Württemberg Erdbebensicher Bauen (2008), auf den Internetseiten des Ministeriums herunterzuladen (www.um.baden-wuerttemberg.de → Publikationen → Bauen).

Auf einen rechnerischen Nachweis kann nach Abschnitt 7.1 der DIN 4149 verzichtet werden, da folgende Bedingungen eingehalten sind:

1. Es handelt sich um ein Wohngebäude.
2. Die Anzahl der Vollgeschosse über Gründungsniveau ist kleiner 4. Selbst wenn das Dachgeschoss nach den Vorgaben der DIN 4149 als Vollgeschoss anzusehen wäre, ist diese Forderung erfüllt.
3. Die „Empfehlungen für den Entwurf von baulichen Anlagen in Erdbebengebieten" nach Abschnitt 4.2 der DIN 4149 sind erfüllt. Dies sind beispielsweise:
   - Wahl von torsionssteifen Konstruktionen bei gleichzeitiger Vermeidung von Massenexzentrizitäten, die zu erhöhten Torsionsbeanspruchungen führen
   - Ausbildung der Geschossdecken als Scheiben zur Verteilung der horizontalen Trägheitskräfte auf die aussteifenden Elemente
   - Vermeidung großer Massen in oberen Geschossen
4. Die Geschosshöhe beträgt maximal 3,50 m.
5. Für Mauerwerksbauten sind die konstruktiven Regeln nach Abschnitt 11.6 eingehalten. Für die Giebelwände ist folgende Regelung von Bedeutung
   - „Die aussteifenden Wände müssen über alle Geschosse durchgehen. In Dachgeschossen kann die Aussteifung stattdessen durch andere konstruktive Maßnahmen sichergestellt werden."

Um den letztgenannten Punkt zu erfüllen, ohne Trennwände und Kehlscheibe in Mauerwerk bzw. Stahlbeton auszuführen, kann die Giebelwand durch einen Stahlbetongurt eingefasst werden, der an die Pfetten mit Winkeln und Dübeln angeschlossen wird. Das Dachtragwerk übernimmt dann die horizontalen Kräfte aus der Giebelwand.

Da die o. g. Anforderungen erfüllt sind, kann auf einen rechnerischen Nachweis verzichtet werden.

Für eine rechnerische Erdbebenbemessung müsste das gesamte Gebäude behandelt werden, was den Rahmen dieses Buches sprengen würde.

4 Bemessungskonzept – Einwirkungskombinationen

4.1 Grenzzustände der Tragfähigkeit

In diesem Buch sollen nur die grundlegenden Hintergründe und die Umsetzung des Sicherheitskonzeptes nach Eurocode DIN EN 1990 erläutert werden. Dies geschieht in vielen Büchern ausführlich, z. B. im Betonkalender (2002). Grundlage für die neuen DIN-Normen, die das Konzept der Teilsicherheitsbeiwerte verwenden, war zunächst DIN 1055-100. Im Zuge der Ersetzung der DIN-Normen durch die Eurocodes (DIN EN 199...) ist das Bemessungskonzept jetzt in DIN EN 1990 definiert.

Von größerer Bedeutung für den Holzbau sind die Kombination der Einwirkungen und deren Berücksichtigung bei der Bestimmung der Tragfähigkeiten. Nach DIN 1055-1:1988 wurden ja lediglich zwei Lastfälle H und HZ untersucht. Die neuen Normen wenden ein deutlich komplizierteres System zur Kombination der verschiedenen Einwirkungen an, so dass die Realität genauer abgebildet wird.

Bildung der Kombinationen der Einwirkungen nach DIN EN 1990

$$E_{\mathrm{d}} = E\left\{\sum_{j \geq 1} \gamma_{G,j} \cdot G_{k,j} \text{ „+“ } \gamma_{Q,1} \cdot Q_{k,1} \text{ „+“ } \sum_{i > 1} \gamma_{Q,i} \cdot \psi_{0,i} \cdot Q_{k,i}\right\}$$

Dabei bedeutet $E\{\ldots\}$ eine Funktion, die zu einer Beanspruchung des Bauteils führt. Im Deutschen ist es verlockend, dieses E einfach mit Einwirkung zu übersetzen. Klarer wird es im Französischen „Effet d'action“ oder im Englischen „Effect of action“, also etwa zu übersetzen mit Auswirkung der Einwirkung. Gemeint sind also eher Schnittgrößen wie Normalkräfte oder Biegemomente, Spannungen oder Verformungen. Bei linear elastischen Berechnungen, solange die Spannungen der Materialien also zu keinem Fließen führen, können die Auswirkungen für jede Einwirkung separat berechnet werden und eine Kombination anschließend durchgeführt werden, erläutert im nationalen Anhang. Diese Möglichkeit ist insbesondere bei einer Berechnung anzuwenden, die nicht vollständig auf Software zurückgreift. Letztlich bedeutet dies, dass die Schnittgrößen wie Biegemoment- oder Normalkraftverläufe für jede Einwirkung separat berechnet werden und die Kombinationen der Auswirkungen der Einwirkungen, beispielsweise Biegemomente, an der untersuchten Stelle des Bauwerkes gebildet werden.

Bedeutung der Variablen und Rechenzeichen:

„+“ bedeutet „in Kombination“ mit, eine Art vektorielle Addition

γ sind die Teilsicherheitsbeiwerte der Einwirkungen meist > 1

ψ sind die Kombinationsbeiwerte, die berücksichtigen, dass nicht alle unabhängigen veränderlichen Einwirkungen Q_i gleichzeitig mit ihrem charakteristischen Wert (Fußzeiger k) auftreten, in der Regel sind die Kombinationsbeiwerte $\psi < 1$

Q_k sind die charakteristischen Werte der veränderlichen Einwirkungen, die den Normen der Reihe DIN EN 1991 entnommen werden müssen

G_k sind die ständigen Einwirkungen, DIN EN 1991-1-1 „Einwirkungen auf Tragwerke – Teil 1-1 Allgemeine Einwirkungen auf Tragwerke – Wichten, Eigengewicht und Nutzlasten im Hochbau“

Tabelle 5 enthält die Kombinationsbeiwerte nach nationalem Anhang zu DIN EN 1990. Die Beiwerte ψ_1 und ψ_2 sind bei außergewöhnlichen Bemessungssituationen, der Bemessung im Brandfall oder der Bemessung bei Erdbeben anzuwenden. ψ_2 ist zudem von Bedeutung bei den Verformungsberechnungen, dargestellt im nächsten Abschnitt 4.2.

Tabelle 5: Kombinationsbeiwerte ψ

Einwirkung	ψ_0	ψ_1	ψ_2
Nutzlasten Kategorie A: Wohn- und Aufenthaltsräume	0,7	0,5	0,3
Verkehrslasten Kategorie H: Dächer	0,0	0,0	0,0
Schnee- und Eislasten			
Orte bis zu einer Höhe über dem Meeresspiegel ≤ 1.000 m	0,5	0,2	0,0
Orte mit einer Höhe über dem Meeresspiegel > 1.000 m	0,7	0,5	0,2
Windlasten	0,6	0,2	0,0

Tabelle 6: Teilsicherheitsbeiwerte im Grenzzustand der Tragfähigkeit nach DIN EN 1990, ohne Berücksichtigung der außergewöhnlichen Bemessungssituation

Nachweiskriterium	**Einwirkungen**		
Versagen des Tragwerks, eines seiner Teile durch Bruch oder übermäßige Verformung	Eigenlast	ungünstig günstig	$\gamma_{G,sup} = 1{,}35$ $\gamma_{G,inf} = 1{,}00$
	veränderliche Einwirkungen	ungünstig	$\gamma_Q = 1{,}5$
Verlust der Lagesicherheit des Tragwerks	Eigenlast	destabilisierend stabilisierend	$\gamma_{G,dst^*} = 1{,}35$ $\gamma_{G,stb^*} = 1{,}15$
	veränderliche Einwirkungen	destabilisierend	$\gamma_Q = 1{,}5$

Wenn sofort einsichtig ist, welches die führende veränderliche Einwirkung $Q_{k,1}$ ist, führt dieses Verfahren zu vertretbarem Rechenaufwand.

Aus der Einwirkungskombination folgt eine Schnittgröße, beispielsweise das Biegemoment M_d und aus diesem die Biegebeanspruchung

$$\sigma_{m,d} = \frac{M_d}{W}$$

Der Nachweis für die Biegebeanspruchung um eine Achse lautet schließlich nach DIN EN 1995-1-1

$$\frac{\sigma_{m,d}}{f_{m,d}} \leq 1$$

Dabei ist $f_{m,d}$ der Bemessungswert der Biegefestigkeit in N/mm² mit

$$f_{m,d} = \frac{k_{mod} \cdot f_{m,k}}{\gamma_m}$$

$f_{m,k}$ ist der charakteristische Wert der Festigkeit nach DIN EN 338.
Für Vollholz der Festigkeitsklasse C24, dieses Holz muss der Sortierklasse S10 nach DIN 4074 genügen, ist die Biegefestigkeit beispielsweise $f_{m,k} = 24$ N/mm².

In Abhängigkeit von der Einwirkungskombination sind die charakteristischen Festigkeitswerte mit dem Modifikationsfaktor k_{mod} zu multiplizieren. Diese Modifikationsbeiwerte berücksichtigen das Langzeitverhalten des Werkstoffes Holz. Berücksichtigt werden die Dauer der Lasteinwirkung und die Holzfeuchte.

Tabelle 7: Zuordnung der Einwirkungen zu Klassen der Lasteinwirkungsdauer KLED

Einwirkung	**Klassen der Lasteinwirkungsdauer**
Eigenlasten	ständig
Nutzlasten	
A Spitzbogen, Wohn- und Aufenthaltsräume	mittel
H nicht begehbare Dächer, außer für übliche Erhaltungsmaßnahmen	kurz
Windlast	kurz/sehr kurz
Hinweis: Nach NA zum EC5 darf bei Wind der Mittelwert aus den zur KLED kurz und sehr kurz gehörenden k_{mod}-Werten angesetzt werden.	
Schneelast	
Lage über dem Meeresspiegel ≤ 1.000	kurz
Lage über dem Meeresspiegel > 1.000	mittel

Tabelle 8: Ausgleichsfeuchten und zugehörige Nutzungsklassen

Nutzungsklasse	**1**	**2**	**3**
Holzfeuchte	5 % bis 15 %	10 % bis 20 %	12 % bis 24 %
Beispiele nach Abschnitt 7.1.1 der DIN 1052:2008	allseitig geschlossene und beheizte Räume	überdachte offene Bauwerke	der Witterung ausgesetzt
In Nutzungsklasse 1 wird bei den meisten Nadelhölzern eine mittlere Ausgleichsfeuchte von 12 %, bei Nutzungsklasse 2 eine Ausgleichsfeuchte von 20 % nicht überschritten.			

Tabelle 9: Modifikationsbeiwerte k_{mod} in Abhängigkeit von der Nutzungsklasse und Klasse der Lasteinwirkungsdauer für Voll- und Brettschichtholz

Vollholz, Brettschichtholz			
Klasse der Lasteinwirkungsdauer	Nutzungsklasse		
	1	2	3
ständig	0,60	0,60	0,50
lang	0,70	0,70	0,55
mittel	0,80	0,80	0,65
kurz	0,90	0,90	0,70
sehr kurz	1,10	1,10	0,90

Tabelle 10: Modifikationsbeiwerte k_{mod} in Abhängigkeit von der Nutzungsklasse und Klasse der Lasteinwirkungsdauer für OSB/3-Platten

OSB/3-Platten nach DIN EN 300			
Klasse der Lasteinwirkungsdauer	Nutzungsklasse		
	1	2	3
ständig	0,40	0,30	–
lang	0,50	0,40	–
mittel	0,70	0,55	–
kurz	0,90	0,70	–
sehr kurz	1,10	0,90	–

Wirkt nur die ständige Last, wird die Biegefestigkeit unter Berücksichtigung von $k_{mod} = 0,6$ ermittelt. Wird eine Kombination aus ständiger Last und Schnee als Einwirkung angenommen, ist $k_{mod} = 0,9$, d.h. nach Abschnitt 3.1.3 der DIN EN 1995-1-1 darf der zur Einwirkung mit der kürzesten Dauer zugehörige Modifikationswert gewählt werden.

Leider führt diese Berücksichtigung variabler Kombinationsbeiwerte für den Holzbau zu einem größeren Rechenaufwand. Bei hohen Anteilen ständiger Lasten kann eine Einwirkungskombination ohne Berücksichtigung der veränderlichen Lasten maßgebend werden. Eine Schwierigkeit, die im Stahl- oder Stahlbetonbau nicht auftreten wird, hier ist die größte Schnittgröße für die Bemessung anzusetzen.

Der Bemessungswert der Biegefestigkeit eines Holzbalkens der Festigkeitsklasse C24, der maßgebenden Lasteinwirkungsdauer „kurz" und der Nutzungsklasse 2 ergibt sich zu

$$f_{m,d} = \frac{k_{mod} \cdot f_{m,k}}{\gamma_m}$$

$$f_{m,d} = \frac{0,9 \cdot 24 \text{ N/mm}^2}{1,3}$$

$$f_{m,d} = 16,6 \text{ N/mm}^2$$

Bei einem üblichen Dachaufbau wird man für die Bemessung der Sparren auf Biegung die Einwirkungskombination aus Eigengewicht und Schnee annehmen dürfen oder Eigengewicht und Mannlast. Bei Dächern mit größeren Neigungen, von denen der Schnee abrutschen kann, aber größere Winddrücke auftreten, kann der Winddruck führend werden. Bei flach geneigten Dächern mit schwerer Schiefer- oder gar Granitsteineindeckung kann wegen des kleineren k_{mod}-Wertes von $k_{mod} = 0{,}6$ die alleinige Wirkung des Eigengewichtes maßgebend sein. Windsog ist für den Abhebenachweis ohne Schneelast zu untersuchen, die die abhebende Kraft des Windsogs reduzieren würde.

Tabelle 11: Teilsicherheitsbeiwerte γ_M der Materialfestigkeiten

Baustoff	γ_M
Holz und Holzwerkstoffe	1,3
Stahl in Verbindungen	
– auf Biegung beanspruchte stiftförmige Verbindungsmittel	1,3
– auf Biegung beanspruchte Verbindungsmittel, die nach den zusätzlichen Regelungen des NA bemessen werden	1,1
– auf Zug oder Scheren beanspruchte Teile beim Nachweis gegen die Streckgrenze im Nettoquerschnitt	1,3
– Plattennachweis auf Tragfähigkeit für Nagelplatten	1,25

Bildung der Kombinationen der Einwirkungen

Aufgrund des unter Punkt 1 beschriebenen Modifikationsfaktors k_{mod} kann es erforderlich werden, die Schnittgrößen mehrerer Lasteinwirkungskombinationen zu berechnen und mit von k_{mod} abhängigen Werten der Tragfähigkeit zu vergleichen. Die Kombinationen

$$E_d = E\left\{\sum_{j \geq 1} \gamma_{G,j} \cdot G_{k,j} \oplus 1{,}5 \cdot Q_{k,1}\right\}$$

und

$$E_d = E\left\{\sum_{j \geq 1} \gamma_{G,j} \cdot G_{k,j} \oplus 1{,}35 \cdot \sum_{i \geq 1} Q_{k,i}\right\}$$

der DIN 1052:2008 sind in DIN EN 1990 und DIN EN 1995 nicht mehr enthalten.

Für den Nachweis der Biegebeanspruchung des Sparrens in unserem Fall ist nach den Lastbildern des Kapitels 3 der Schnee oder die Mannlast als führende veränderliche Einwirkung anzunehmen, Winddruck auf die eine Seite als untergeordnete weitere veränderliche Einwirkung. Schnee- und Mannlast sind der Klasse der Lasteinwirkungsdauer „kurz" zugeordnet. Wird die Windlast als untergeordnete Veränderliche zusätzlich berücksichtigt, dürfte für k_{mod} der Mittelwert der zur KLED gehörenden Werte für „kurz" und „sehr kurz" berücksichtigt werden. Der Beitrag des Winddruckes multipliziert mit dem Kombinationsbeiwert ψ_0 ist jedoch so gering, dass eine weitere Untersuchung unter Berücksichtigung lediglich der Mann- oder Schneelast erforderlich würde, dann mit k_{mod} für die Lasteinwirkungsdauer „kurz".

Daher wird bei Kombinationen der Schnee- oder Mannlast mit Winddruck in diesem Buch $k_{mod} = 0{,}9$ angesetzt, um die Bemessung ohne die Untersuchung einer weiteren Kombination durchzuführen. Für die Untersuchungen bei ausschließlicher Einwirkung des Windsogs als Nutzlast wird dagegen der günstigere k_{mod}-Wert nach oben beschriebener Mittelwertbildung angesetzt.

Da die Bemessung, wie stets im Holzbau, unter der Annahme linear-elastischen Materialverhaltens erfolgt, darf die sehr hilfreiche Erleichterung des nationalen Anhangs zu DIN EN 1990 verwendet werden, wonach die Kombination mit den Auswirkungen der Einwirkungen erfolgt:

$$E_d = \sum_{j \geq 1} \gamma_{G,j} \cdot E_{G,k,j} \text{ „+“ } \gamma_{Q,1} \cdot E_{Q,k,j} \text{ „+“ } \sum_{i > 1} \gamma_{Q,i} \cdot \psi_{0,i} \cdot E_{Q,k,i}$$

Dies bedeutet, dass zunächst die Schnittgrößen infolge der charakteristischen Werte der Einwirkungen berechnet werden und diese dann unter Berücksichtigung der Teilsicherheitsbeiwerte γ und der Kombinationsbeiwerte ψ kombiniert werden. Mit der oben beschriebenen Annahme des k_{mod}-Wertes für die KLED „kurz“ auch bei Winddruck, ist daher diejenige veränderliche Einwirkung dominant, die das größte Biegemoment im Sparren verursacht.

Die für den Spitzboden anzusetzende Nutzlast $q_k = 1{,}0$ kN/m² führt zu keiner Beanspruchung der Sparren. Nutzlasten der Kategorie A, das sind Spitzböden, Wohn- und Aufenthaltsräume, sind der Klasse der Lasteinwirkungsdauer „mittel“ zugeordnet und führen somit zu einem $k_{mod} = 0{,}8$. So könnte die Situation bei einem echten Kehlbalkendach ohne Pfetten, bei dem die Last des Spitzbodens in die Sparren eingeleitet wird, eine andere Kombination erfordern. Hier treten mehrere veränderliche Lasten mit unterschiedlichen Modifikationsfaktoren k_{mod} auf. Nach DIN EN 1995 ist dann der Modifikationsbeiwert k_{mod} der Einwirkung mit der kürzesten Einwirkungsdauer zu verwenden.

In Fällen, bei denen eine extrem hohe Eigenlast auftritt, kann es erforderlich sein, nur diese Einwirkung für die Bemessung zu berücksichtigen:

$$E_d = \sum_{j \geq 1} \gamma_{G,j} \cdot E_{G,k,j}$$

Beim Nachweis wird dann die Beanspruchbarkeit mit dem niedrigen $k_{mod} = 0{,}6$ berechnet zu $R_d = \dfrac{k_{mod} \cdot R_k}{\gamma_M}$

Würde der Kombination eine sehr niedrige kurzzeitige Einwirkung hinzugefügt, könnte $k_{mod} = 0{,}9$ eingesetzt werden, die Beanspruchbarkeit wäre um 50 % höher, obwohl die Schnittgröße dieser Kombination evtl. nur um einige Prozent über derjenigen bei ausschließlicher Berücksichtigung der Eigenlast liegt!

Nachweis der Lagesicherheit (Abheben)

Im Massivbau selten von Bedeutung, ist dieser Nachweis im Metallleichtbau und Holzbau nicht zu vernachlässigen. Der nationale Anhang zu DIN EN 1990 gibt hierfür

$E_{d,anch} \leq R_{d,anch}$ vor,

mit $E_{d,anch}$ dem Bemessungswert der Verankerungskraft und $R_{d,anch}$ als Bemessungswert der Tragfähigkeit der Verankerung, z.B. Ausziehwiderstand einer Schraube. Der Bemessungswert der Verankerungskraft ist unter der Annahme, dass nur entlastend wirkende Eigenlasten G_k vorhanden sind, als Maximalwert folgender beider Einwirkungskombinationen zu bestimmen:

$$E_{d,anch,1} = E_{Gk,dst} \cdot \gamma_{G,dst*} - E_{Gk,stb} \cdot \gamma_{Q,Stb*} + E_{Qk} \cdot \gamma_Q$$

$$= E_{Gk,dst} \cdot 1{,}35 - E_{Gk,stb} \cdot 1{,}15 + E_{Qk} \cdot 1{,}5$$

$$E_{d,anch,2} = \left(E_{Gk,dst} - E_{Gk,stb}\right) \cdot \gamma_{G,inf} + E_{Qk} \cdot \gamma_Q$$

$$= \left(E_{Gk,dst} - E_{Gk,stb}\right) \cdot 1{,}0 + E_{Qk} \cdot 1{,}5$$

Wenn die Eigenlast überwiegend destabilisierend wirkt, $E_{Gk,dst}$, wird der erste Nachweis maßgebend. Dies wäre beispielsweise bei der Unterkonstruktion einer Fassade der Fall, bei der die Eigenlast der Fassade die Anschlüsse beansprucht.

Wird dagegen eines von vielen Verbindungsmitteln in einer Konterlatte infolge Windbeanspruchung auf Zug beansprucht, ist nur die zweite Kombination zu betrachten. Hier wird im Sinne der DIN EN 1990 kein Nachweis der Lagesicherheit eines starren Körpers geführt. Dies betrifft beispielsweise bei der Aufsparrendämmung nach Abschnitt 5.2 Schrauben zur Sogsicherung. Freilich ist für diese auch der höhere Sogbeiwert $c_{pe,1}$ für eine Einzugsfläche < 1 m² anstelle $c_{pe,\,x>1}$ anzusetzen. Dies führt dann wiederum zu höheren Zugkräften, für die diese Schrauben zu bemessen sind.

In Kapitel 7.4.2 wird die Sogverankerung des Flugsparrens untersucht, die Eigenlasten wirken entlastend, die zweite Kombination ist maßgebend.

4.2 Grenzzustände der Gebrauchstauglichkeit

DIN EN 1990 gibt für die Untersuchung der Gebrauchstauglichkeit drei mögliche Kombinationsregeln vor:

1. Seltene (charakteristische) Kombination

$$E_{d,\,rare} = E\left\{\sum_{j\geq 1} G_{k,j} \oplus Q_{k,1} \oplus \sum_{i>1} \psi_{0,i}\, Q_{k,i}\right\}$$

2. Häufige Kombination

$$E_{d,\,frequ} = E\left\{\sum_{j\geq 1} G_{k,j} \oplus \psi_{1,1} \cdot Q_{k,1} \oplus \sum_{i>1} \psi_{2,i} \cdot Q_{k,i}\right\}$$

3. Quasi-ständige Kombination

$$E_{d,\,perm} = E\left\{\sum_{j\geq 1} G_{k,j} \oplus \sum_{i\geq 1} \psi_{2,i} \cdot Q_{k,i}\right\}$$

Die DIN EN 1995 empfiehlt die Berechnung der Anfangsverformung als charakteristische Bemessungssituation (Kombination 1) und die Berechnung der Kriechverformungen in der quasi-ständigen Bemessungssituation (Kombination 3). DIN EN 1990 schlägt für die Anwendung der beiden Kombinationen vor:

- Kombination 1: Bei den Verformungen infolge dieser Kombination sollen keine nicht umkehrbaren Auswirkungen, das sind Schäden an Trennwänden, Installationen oder Bekleidungen, auftreten
- Kombination 3: Das Erscheinungsbild und die allgemeine Benutzbarkeit sollen gewährleistet bleiben.

Der Anwender der Norm hat bei den Nachweisen der Gebrauchstauglichkeit größeren Spielraum als bei den Nachweisen im Grenzzustand der Tragfähigkeit. Für den im Traufbereich auskragenden Sparren kann es genügen, nur die Kriechverformungen zu berücksichtigen, für die Durchbiegung und Verschiebungen der Sparren und Kehlbalken im Dachraum wird die Kombination 1 untersucht, um Risse in der inneren Bekleidung ausschließen zu können.

Eine Schwierigkeit des Holzbaus entsteht aus dem zeitabhängigen Kriechen des Holzes und der Holzwerkstoffe bei Beanspruchung. Die Verformungen infolge Kriechens versucht die DIN EN 1995-1-1 durch Verformungsbeiwerte k_{def} zu erfassen. Die elastischen, sofort auftretenden Durchbiegungen oder Verschiebungen w_{inst} (instantious = zeitgleich) werden mit dem Faktor $(1 + k_{def})$ multipliziert, umso die Endverformung abzuschätzen:

$$w_{G,\,fin} = w_{G,\,inst} \cdot (1 + k_{def}).$$

Da die Auswirkung der veränderlichen, nur über eine begrenzte Zeit auftretenden Einwirkungen auf das Kriechen deutlich geringer sind als die Auswirkungen der ständig vorhandenen Eigenlasten, werden die Kriechverformungen der veränderlichen Einwirkungen nach Abschnitt 2.2.3 der DIN EN 1995 abgeschätzt zu:

$$w_{Q,creep} = w_{Q,inst} \cdot \psi_2 \cdot k_{def}$$

Wird dann die Kombination 1 verwendet, um im Endzustand beispielsweise Risse in der nichttragenden Trennwand unter einer Pfette zu vermeiden, ergeben sich die Endverformungen nach Abschnitt 2.2.3 der DIN EN 1995

$$w_{fin,G} = w_{inst,G} \cdot (1 + k_{def})$$

$$w_{fin,Q,1} = w_{inst,Q,1} \cdot (1 + \psi_2 \cdot k_{def})$$

$$w_{fin,Q,i>1} = w_{instQ,i>1} \cdot (\psi_0 + \psi_2 \cdot k_{def})$$

Bei der Anwendung der Gleichungen ist zu bedenken, dass der Kombinationsbeiwert ψ_2 nach Tabelle 5 häufig als Null anzusetzen ist. Wind- und Schneelasten verursachen demnach keine Kriechverformungen, für Schneelasten gilt dies allerdings lediglich bis zu Lagen mit einer Höhe über dem Meeresspiegel ≤ 1.000 m.

Für die Größen derart berechneter Verformungen gibt DIN EN 1995 recht vage Grenzen, in Tabelle 12 sind daher noch die Werte der DIN 1052:2008 enthalten.

Tabelle 12: Empfohlene Grenzwerte der Verformungen nach DIN EN 1995 und DIN 1052

DIN EN 1995		
	Biegelinie ähnlich Einfeldträger	Kragträger
w_{inst}	$l/300$ bis $l/500$	$l/150$ bis $l/250$
$w_{net,fin}$ Enddurchbiegung abzüglich Überhöhung	$l/250$ bis $l/350$	$l/125$ bis $l/175$
w_{fin}	$l/150$ bis $l/300$	$l/75$ bis $l/150$
DIN 1052:2008		
Durchbiegung bei Kombination 1, seltene (charakteristische) Bemessungssituation		
	Biegelinie ähnlich Einfeldträger	Kragträger
$w_{Q,inst}$	$\leq l/300$	$\leq l_k/150$
$w_{fin} - w_{G,inst}$	$\leq l/200$	$\leq l/100$
Durchbiegung bei Kombination 3, quasi-ständige Bemessungssituation		
$w_{fin} - w_0$ w_0: Überhöhung im lastfreien Zustand	$\leq l/200$	$\leq l/100$

Tabelle 13: Verformungsbeiwerte k_{def} nach DIN EN 1995-1-1

Baustoff	**Nutzungsklasse**		
	1	**2**	**3**
Vollholz*, Brettschichtholz	0,60	0,80	2,00
OSB/3-Platten	1,50	2,25	–

*) Die Werte k_{def} von Vollholz, dessen Feuchte beim Einbau im Fasersättigungsbereich oder darüber liegt, im eingebauten Zustand jedoch anschließend austrocknen kann, sind um 1,0 zu erhöhen.

Die Grenzwerte gemäß Tabelle 12 sind nicht als normative Vorgaben zu verstehen. Empfehlungen für Vereinbarungen der Grenzwerte der Verformungen finden sich in Fritzen, K., Holzbaubemessung kompakt, Bruderverlag, Köln, 2009.

5 Dachaufbau oberhalb der Sparren

5.1 Zwischensparrendämmung, Nachweise für Latten und Konterlatten

Üblicherweise werden die Bauteile und Anschlüsse oberhalb der Sparren, das sind Unterdeckplatte, Konterlatten und Latten, nicht bemessen, sondern nach den Regeln für Dachdeckungen des Zentralverbandes des Deutschen Dachdeckerhandwerks (2018) oder den Herstellerinformationen vom ausführenden Betrieb gewählt.

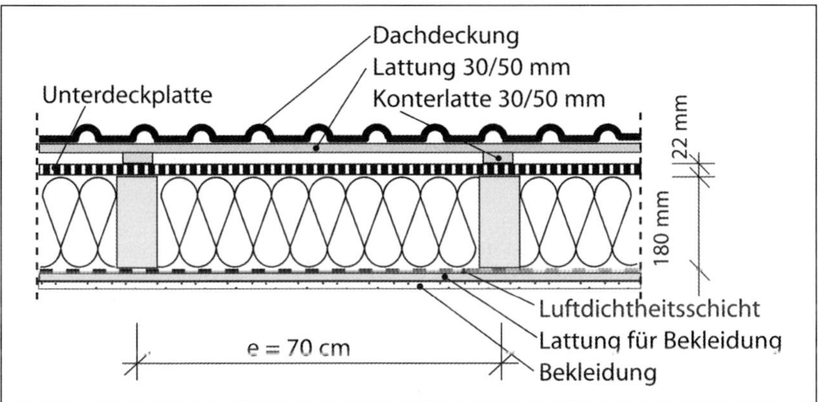

Abb. 37: Dachaufbau

Da insbesondere die DIN EN 1991-1-4 teilweise hohe Sogbeiwerte und geänderte Verteilungen der Winddrücke auf der Dachfläche vorschreibt, beispielsweise entlang des Firstes, sollen hier systematisch die auftretenden Schnittgrößen aufgezählt werden.

1. Drucklasten rechtwinklig zur Dachfläche: Über eine ausreichende Drucksteifigkeit und -festigkeit werden die Lasten $q_{c,\perp}$ (c für compression, Druck) über Kontakt in die Sparren eingeleitet.

2. Soglasten rechtwinklig zur Dachfläche: Abhebende resultierende Lasten rechtwinklig zur Dachfläche $q_{t,\perp}$ (t für tension, Zug) sind zu übertragen durch geeignete mechanische Verbindungsmittel wie Nägel, Klammern, Schrauben.

3. Lasten parallel zur Dachfläche $q_{\parallel}$: Dachschub ist zu übertragen durch geeignete mechanische Verbindungsmittel wie Nägel, Klammern, Schrauben.

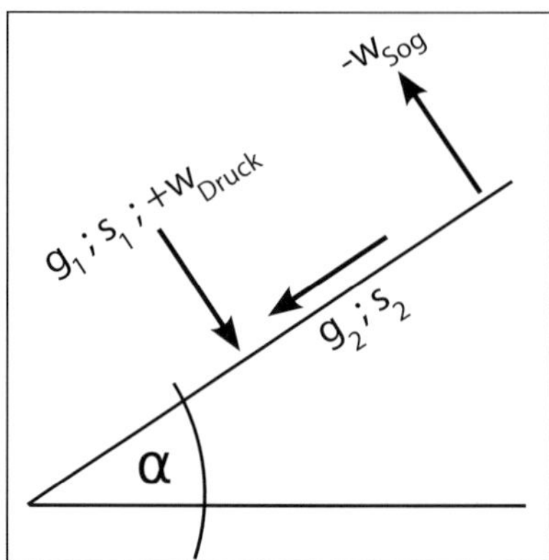

Abb. 38: Wirkungsrichtung der Lasten

Die Hinweise Holz und Holzwerkstoffe (2017) schreiben bei einer Dacheindeckung mit Dachpfannen, einem angenommenen Dachlattenabstand von 340 mm und einer angenommenen Flächenlast von $g_k = 0{,}55$ kN/m² nach DIN EN 1991-1-1 Mindestmaße der Dachlatten von 24/60 mm bei Verwendung der Sortierklasse S13, Festigkeitsklasse C30, vor und eine Befestigung mit Nägeln 3×60 nach DIN EN 10230-1 ($d = 3$ mm, $l = 60$ mm). Gewählt wird ein Lattenquerschnitt 30/50 mm, Festigkeitsklasse C30 und Nägel 3×70.

Der Hersteller der Unterdeckplatte gibt als Mindestquerschnitt der Konterlatte einen Querschnitt von 30/50 mm vor und zur Befestigung der Konterlatten auf dem Sparren Nägel 3,8 × 100 mit denen die Konterlatten durch die Unterdeckplatte aus Holzfasern auf die Sparren genagelt werden (siehe Abbildung 37). Bei der vorhandenen Schneelast von $s_k = 0{,}65$ kN/m² (Gfl) nach Abschnitt 3.2 empfiehlt der Hersteller einen Abstand der Nägel von $^1/_3$ m. Allerdings weist der Hersteller darauf hin, dass mit dieser Wahl des Aufbaus und der Abmessungen der Befestigungsmittel nur der Nachweis für die Einwirkungskombination Eigengewicht und Schnee erfüllt ist. Für die Einwirkungskombination unter Berücksichtigung des Windsoges sei bei Bedarf ein gesonderter Nachweis zu führen. Um ein Stoßen der Latten auf den Konterlatten mit einem einfachen Stumpfstoß zu ermöglichen wird ein Querschnitt der Konterlatten von 40/80 mm gewählt.

Für diese Abmessungen und den gewählten Aufbau werden einige Nachweise nach DIN EN 1995-1-1 geführt.

Biegebeanspruchung der Latten durch Nutzlast

Annahmen:

- Einfeldträger mit einer Stützweite von 66 cm, resultierend aus dem Sparrenabstand von $e = 70$ cm von dem die halbe Sparrenbreite 8 cm/2 abgezogen wird. Die Annahme eines Einfeldträgers ist ungünstig, da Dachlatten normalerweise über mehrere Sparren laufen und somit als statisches System ein Mehrfeldträger realistischer wäre.
- Lattenquerschnitt C30; $b/h = 30/50$
- Nutzlast $F_k = 0{,}5$ kN. Bemessungswert der Einwirkung: $F_d = 1{,}5 \cdot 0{,}5$ kN $F_d = 0{,}75$ kN. Diese Nutzlast ist senkrecht anzunehmen. Die Latte wird daher auf Doppelbiegung beansprucht:
  - rechtwinklig zum Dach $F_{d,1} = \cos 35° \cdot 0{,}75$ kN $= 0{,}61$ kN
  - parallel zum Dach $F_{d,2} = \sin 35° \cdot 0{,}75$ kN $= 0{,}43$ kN

– Nutzungsklasse der Latte: 2

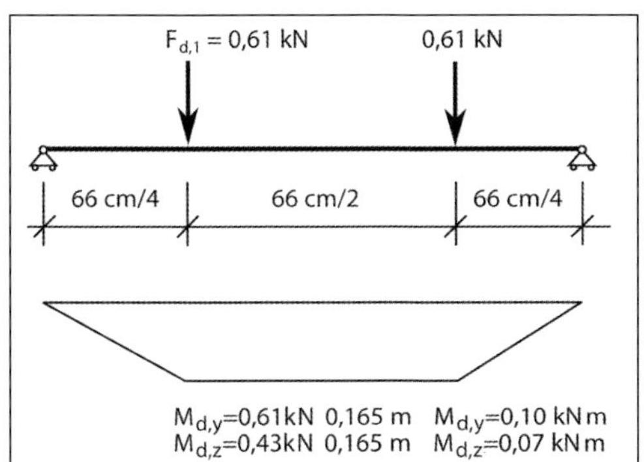

Abb. 39:
Biegebeanspruchung der Latte nach DIN EN 1991-1-1 „Nutzlasten für Dächer"

$$\sigma_{m,y,d} = \frac{M_{d,y}}{b^2 \cdot h/6} \qquad \sigma_{m,z,d} = \frac{M_{d,z}}{b \cdot h^2/6}$$

$$\sigma_{m,y,d} = \frac{0{,}10 \cdot 10^6 \text{ Nmm}}{30^2 \cdot 50/6 \text{ mm}^3} \qquad \sigma_{m,z,d} = \frac{0{,}07 \cdot 10^6 \text{ Nmm}}{30 \cdot 50^2/6 \text{ mm}^3}$$

$$\sigma_{m,y,d} = 13{,}3 \text{ N/mm}^2 \qquad \sigma_{m,z,d} = 5{,}6 \text{ N/mm}^2$$

Der Nachweis für Doppelbiegung nach Abschnitt 6.1.6 der DIN EN 1995-1-1 lautet

$$\frac{\sigma_{m,y,d}}{f_{m,y,d}} + k_{m,red} \cdot \frac{\sigma_{m,z,d}}{f_{m,z,d}} \leq 1$$

Der Faktor $k_{m,red}$ berücksichtigt, dass der Höchstwert der Biegespannung bei Doppelbiegung nicht an einer Seite, sondern lediglich an einer Ecke auftritt. Die Fläche, die durch den höchsten Wert der Biegezugspannung beansprucht wird, ist daher kleiner als bei der normalen, einachsigen Biegung. Daher ist die Versagenswahrscheinlichkeit ebenfalls reduziert.
Bei einem normalen Kantholz mit $h/b \leq 4$ ist $k_{red} = 0{,}7$. In unserem Fall $h/b = 50 \text{ mm}/30 \text{ mm} = 5/3 < 4$ ist eine Reduzierung des niedrigeren Beanspruchungswertes möglich.

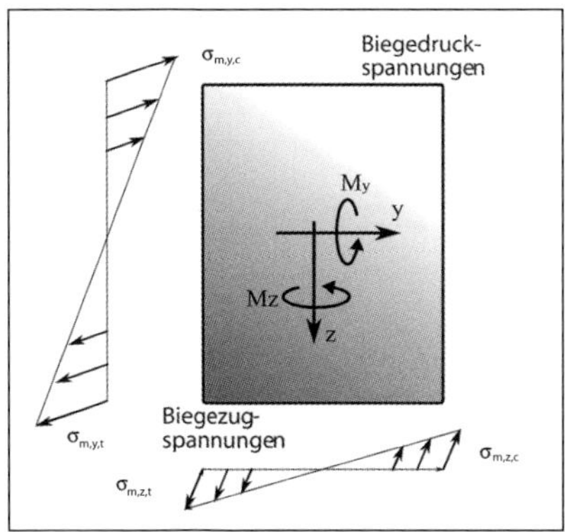

Abb. 40:
Auf Doppelbiegung beanspruchter Querschnitt

Da k_m bereits einen Größeneffekt der Spannungsverteilung beinhaltet, wird auf die Anwendung des Größeneffektes $k_h = \min\left\{\left(\frac{150}{h}\right)^{0,2}; 1,3\right\}$ zur Erhöhung der Biegefestigkeit nach Abschnitt 3.2 der DIN EN 1995-1-1 verzichtet.

$$f_{m,y,d} = f_{m,z,d} = \frac{0,9}{1,3} \cdot 30 \text{ N/mm}^2 = 20,8 \text{ N/mm}^2$$

$$\frac{13,3 \frac{\text{N}}{\text{mm}^2}}{20,8 \frac{\text{N}}{\text{mm}^2}} + 0,7 \cdot \frac{5,6 \frac{\text{N}}{\text{mm}^2}}{20,8 \frac{\text{N}}{\text{mm}^2}} = 0,64 + 0,18 = 0,82 \leq 1$$

Der Nachweis ist eingehalten. Wie in Abschnitt 3.4 beschrieben, ist nach nationalem Anhang und den Regeln des Dachdeckerhandwerks dieser Nachweis nicht zu führen.

Sogsicherung der Latten

Der größte Windsog tritt bei Anströmung parallel zum First am Ortgang im oberen Bereich auf. Das ist Bereich G nach DIN EN 1991-1-1. Abweichend von Abschnitt 2.3 ist jedoch der Druckbeiwert für eine Einzugsfläche von 1 m² zu verwenden: $c_{pe,G,1} = -2,0$.

Der Windsog als Flächenlast beträgt:

$$w_{G,1} = q_z \cdot c_{pe,1,G}$$

$$w_{G,1} = 0,49 \text{ kN/m}^2 \cdot (-2,0)$$

$$w_{G,1} = -0,98 \text{ kN/m}^2$$

Unter der Annahme, dass die Latte über mehrere Sparren läuft, folgt mit dem Lattenabstand von 340 mm und dem Sparrenabstand von e = 70 cm eine zu verankernde Zugkraft je Kreuzungspunkt Latte–Konterlatte von

$$F_d = (\gamma_G \cdot g_{k,1} + \gamma_{Q,1} \cdot w_{k,1}) \cdot A$$

$$F_d = (1,0 \cdot 0,55 \text{ kN/m}^2 \cdot \cos(\alpha) + 1,5 \cdot (-0,98) \text{ kN/m}^2) \cdot (0,34 \text{ m} \cdot 0,70 \text{ m})$$

$$F_d = (0,55 \text{ kN/m}^2 \cdot \cos(35°) - 1,47 \text{ kN/m}^2) \cdot (0,24 \text{ m}^2)$$

$$F_d = -0,24 \text{ kN}$$

Der verwendete glattschaftige Nagel 3 × 70 darf nach DIN EN 1995-1-1 bei einer kurzen Beanspruchungsdauer, hierzu gehört eine Windbeanspruchung, auf Herausziehen beansprucht werden.

Einschlagtiefe in Konterlatte l_{ef} = 70 mm – 30 mm = 40 mm

Ausziehwiderstand aus Konterlatte:

$$R_{ax,k} = f_{1,k} \cdot d \cdot l_{ef} \quad \text{EN 1995-1-1, 8.3.2}$$

$$\text{mit } f_{1,k} = 20 \cdot 10^{-6} \cdot \rho_k^2$$

$$f_{1,k} = 20 \cdot 10^{-6} \cdot (380 \text{ kg/m}^3)^2$$

$$f_{1,k} = 2,88 \text{ N/mm}^2$$

$R_{ax,k} = 2{,}88\ \text{N/mm}^2 \cdot 3{,}0\ \text{mm} \cdot 40\ \text{mm}$

$R_{ax,k} = 347\ \text{N}$

Kopfdurchziehen durch Latte: $R_{kopf,k} = f_{2,k} \cdot d_k^2$

mit $f_{2,k} = 70 \cdot 10^{-6}\ \rho_k^2$ und Kopfdurchmesser $d_k = 6{,}8$ mm

$f_{2,k} = 70 \cdot 10^{-6} \cdot (380\ \text{kg/m}^3)^2 = 10{,}1\ \text{N/mm}^2$

$R_{kopf,k} = 10{,}1\ \text{N/mm}^2 \cdot (6{,}8\ \text{mm})^2 = 467\ \text{N}$

Bemessungswert des Ausziehwiderstandes: $R_d = \frac{k_{mod}}{\gamma_M} \cdot \min\{R_{ax,k}; R_{kopf,k}\}$

$$R_d = \frac{1{,}0}{1{,}3} \cdot 347\ \text{N} = 267\ \text{N}$$

Es folgt $F_d \leq R_d$, mit $k_{mod} = 1{,}0$ für die einzige veränderliche Einwirkung Windsog, siehe dazu die Erläuterung in Kapitel 4.1.

Sogsicherung der Konterlatten

Es wird hier lediglich die Zugbeanspruchung der Verbindung zwischen Konterlatte und Sparren überprüft. Der Dachschub führt zu einer Biegebeanspruchung der Verbindungsmittel. Da die Verbindungsmittel jedoch durch die Unterdeckplatte aus Holzfaserwerkstoff geführt werden, ist eine Berechnung nach DIN EN 1995-1-1 nicht möglich. Die Unterdeckplatte weist keine Lochleibungsfestigkeit, das ist der Widerstand gegen Eindrücken des Nagelschaftes, auf. Ein Berechnungsverfahren für deratige Verbindungen, deren Verbindungsmittel durch nichttragende Schichten reicht, ist in Eberhart (2004) enthalten.

Fur den vom Hersteller vorgeschlagenen, glattschaftigen Nagel 3,8×100 folgt:

Einschlagtiefe in Sparren $l_{ef} = 100\ \text{mm} - 30\ \text{mm} - 22\ \text{mm} = 48\ \text{mm}$

Ausziehwiderstand aus Konterlatte:

$R_{ax,k} = f_{1,k} \cdot d \cdot l_{ef}$ EN 1995-1-1, 8.3.2

mit $f_{1,k} = 20 \cdot 10^{-6} \cdot \rho_k^2$

$f_{1,k} = 20 \cdot 10^{-6} \cdot (350\ \text{kg/m}^3)^2$ Sparren C24

$f_{1,k} = 2{,}45\ \text{N/mm}^2$

$R_{ax,k} = 2{,}45\ \text{N/mm}^2 \cdot 3{,}8\ \text{mm} \cdot 48\ \text{mm}$

$R_{ax,k} = 447\ \text{N}$

Kopfdurchziehen durch Latte: $R_{kopf,k} = f_{2,k} \cdot d_k^2$

mit $f_{2,k} = 70 \cdot 10^{-6} \cdot \rho_k^2$ und Kopfdurchmesser $d_k = 8{,}4$ mm

$f_{2,k} = 70 \cdot 10^{-6} \cdot (380\ \text{kg/m}^3)^2 = 10{,}1\ \text{N/mm}^2$

$R_{kopf,k} = 10{,}1\ \text{N/mm}^2 \cdot (8{,}4\ \text{mm})^2 = 713\ \text{N}$

Bemessungswert des Ausziehwiderstandes: $R_d = \frac{k_{mod}}{\gamma_M} \cdot \min\{R_{ax,k}; R_{kopf,k}\}$

$$R_d = \frac{1{,}0}{1{,}3} \cdot 447\ \text{N} = 344\ \text{N}$$

mit der Beanspruchung

$$F_d = (\gamma_G \cdot g_{k,1} + \gamma_{Q,1} \cdot w_{G,1}) \cdot A$$

$$F_d = (1{,}0 \cdot 0{,}55 \text{ kN/m}^2 \cdot \cos(\alpha) + 1{,}5 \cdot (-0{,}98) \text{ kN/m}^2) \cdot (e_{\text{Nagel } 3{,}8 \times 100} \cdot 0{,}70 \text{ m})$$

$$F_d = (-1{,}02 \text{ kN/m}^2) \cdot (e_{\text{Nagel } 3{,}8 \times 100} \cdot 0{,}70 \text{ m})$$

folgt ein erforderlicher Abstand der Nägel in der Konterlatte von

$$F_d = R_d$$

$$\left(1{,}02 \text{ kN/m}^2\right) \cdot \left(e_{\text{Nagel } 3{,}8 \text{ x } 100} \cdot 0{,}70 \text{ m}\right) = 344 \text{ N}$$

$$e_{\text{Nagel } 3{,}8 \text{ x } 100} = \frac{344 \text{ N} \cdot \text{m}^2}{1.020 \text{ N} \cdot 0{,}70 \text{ m}}$$

$$e_{\text{Nagel } 3{,}8 \text{ x } 100} = 0{,}48 \text{ m}$$

so dass der vom Produzenten empfohlene Abstand von $e_{\text{Na, } 3{,}8 \times 100} = {}^1/_3$ m maßgebend bleibt.

5.2 Aufsparrendämmung

Während die in Abschnitt 5.1 dargestellten Nachweise normalerweise nicht geführt werden, da die Ausführung nach den Regeln des Deutschen Dachdeckerhandwerks erfolgt, sind bei den auf dem Markt vorhandenen Aufsparrendämmsystemen Produkte mit Europäischer Technischer Bewertung (ETA) anzuwenden. Die Hersteller dieser Produkte bieten ebenfalls häufig Bemessungshilfen, dennoch fällt die Verantwortlichkeit stärker in das Feld des Bauingenieurs.

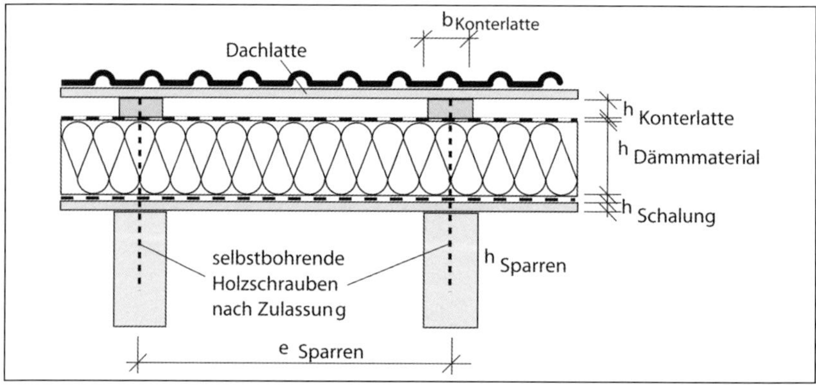

Abb. 41: Querschnitt durch eine Aufsparrendämmung

Für die Aufsparrendämmung stehen mehrere Systeme zur Verfügung, die sich nach der Drucksteifigkeit des verwendeten Dämmmaterials richten.

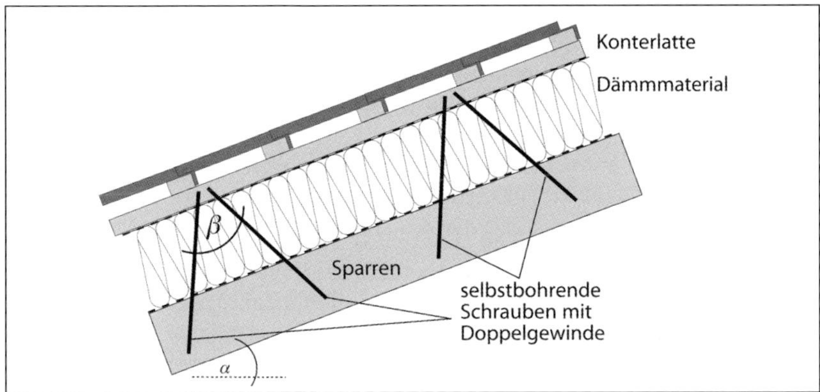

Abb. 42: Aufsparrendämmung bei druckweichem Dämmmaterial

Bei druckweichem Material werden meist Doppelgewindeschrauben paarweise eingesetzt. Die Schrauben weisen ein Gewinde im Bereich der Konterlatte und ein Gewinde im Bereich des Sparrens auf. Hierdurch wird eine Tragfähigkeit auf Ausziehen und Eindrücken in den beiden Bauteilen Konterlatte und Sparren erreicht. Die V-förmige Anordnung ermöglicht eine fachwerkartige Zerlegung der Schnittgrößen parallel und rechtwinklig zum Dach. Neben dem Ausziehen und Eindrücken in das Holz muss zusätzlich ein Knicken der Schrauben nachgewiesen werden. Diese Rechenwerte sind in den ETAs enthalten.

Abbildung 43 zeigt links die Beanspruchungen in den beiden Schrauben für die Lastfallkombination aus Eigengewicht und Schnee mit einer Resultierenden *R* je V-förmigem Schraubenpaar mit Wirkungsrichtung zum Dach. Rechts ist eine Einwirkungskombination aus Eigengewicht und Wind dargestellt, die zu einer vom Dach weg gerichteten Resultierenden *R* führt. Die Beanspruchungsrichtung und -größe beider Schrauben wechselt.

Die Konterlatte ist bei diesem System als Mehrfeldträger zu bemessen.

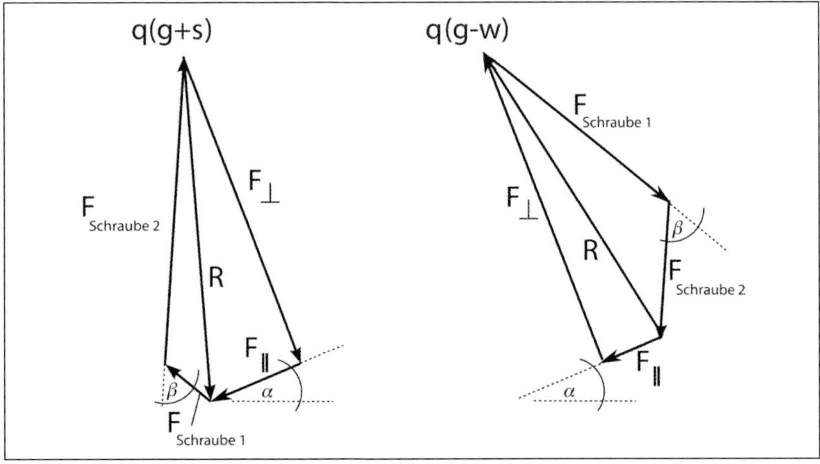

Abb. 43: Schnittgrößen bei druckweichem Dämmmaterial

Das zweite gängige System setzt Dämmmaterial mit einer definierten Mindestdrucksteifigkeit und -festigkeit voraus. Es werden einzelne schräge Schrauben nach Abbildung 44 eingebracht. Hier können einfachere Schrauben mit einem glatten Schaft im Kopfbereich verwendet werden. Die Schrauben sind ausschließlich auf Zug beansprucht; der Kopf der Schrauben auf der Konterlatte führt zu einem Kopfdurchziehwiderstand, das Gewinde im Bereich der Sparren zu dem erforderlichen Ausziehwiderstand.

Die Konterlatten sind als Balken auf elastischer Bettung zu bemessen (Abbildung 45), der im Bereich der Schrauben zusätzlich zu den Linienlasten rechtwinklig zur Dachfläche durch eine Einzellast beansprucht wird, die aus dem aufzunehmenden Dachschub herrührt. Zu den geneigt angeordneten Schrauben sind bei Bedarf rechtwinklig zur Dachfläche Schrauben einzubringen, die die abhebenden Kräfte der Einwirkungskombination bei Windsog in die Sparren abtragen. Für den letztgenannten Fall ist die Konterlatte dann als Mehrfeldträger zu bemessen, mit den Auflagerpunkten an den Stellen der rechtwinklig angeordneten Schrauben.

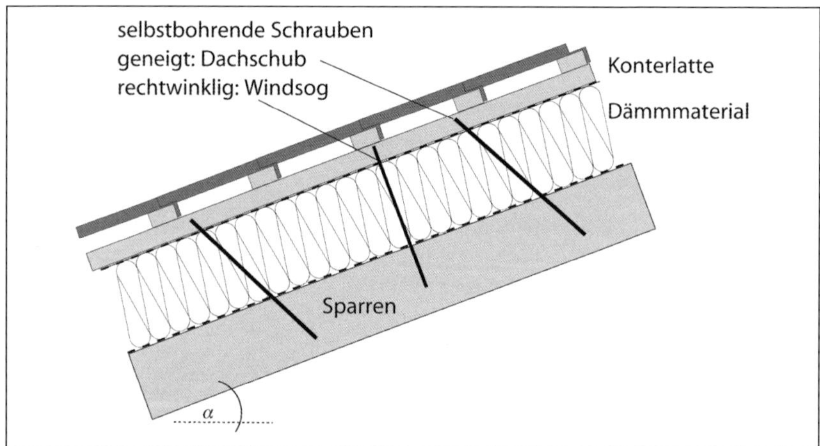

Abb. 44: Aufsparrendämmung bei drucksteifem Dämmmaterial

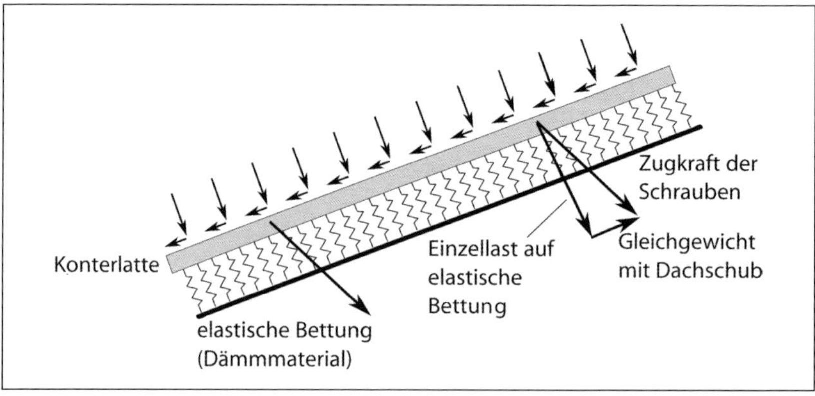

Abb. 45: Konterlatte als elastisch gebetteter Balken bei drucksteifem Dämmmaterial

6 Bemessung der Sparren

6.1 Positionen, Querschnitte

Abbildung 47 zeigt den Querschnitt im Regelbereich, Tabelle 14 enthält die gewählten Abmessungen und Festigkeitsklassen des verwendeten Voll- und Brettschichtholzes. Die Querschnitte der Sparren müssen abgesehen von den statischen Erfordernissen eine ausreichende Höhe für die Zwischensparrendämmung und eine ausreichende Breite für den Anschluss der Unterdeckplatten auch bei Stößen bieten. Der Einfluss der geometrischen und mechanischen Eigenschaften der Holzbauteile auf das Ergebnis der Schnittgrößenberechnung ist meist vernachlässigbar, dagegen sind die Nachgiebigkeiten der Anschlüsse bei einem mehrfach statisch unbestimmten System im Holzbau von größerem Einfluss. In Kapitel 10 wird dieser Einfluss untersucht und der Unterschied zu den hier angenommenen unnachgiebigen Auflagern und Anschlüssen dargestellt. Eine Änderung der Querschnitte erfordert eine Neuberechnung der Schnittgrößen meist nur bei Anwendung der Theorie zweiter Ordnung.

Der Ausgleich der Horizontalkräfte an der Mittelpfette erfolgt im Wesentlichen über die OSB-Platte. Der Kraftfluss für diese Kräfte wird folgendermaßen angenommen:
Sparren Dachseite 1 → Mittelpfette Dachseite 1 → OSB-Platte → Mittelpfette Dachseite 2 → Sparren Dachseite 2

Eine teilweise Beanspruchung des Kehlbalkens durch die zu übertragenden Horizontalkräfte ist aufgrund der Nachgiebigkeiten der mechanischen Anschlüsse vernachlässigbar und stellt jedenfalls für den Kehlbalken keine relevante Beanspruchung dar.

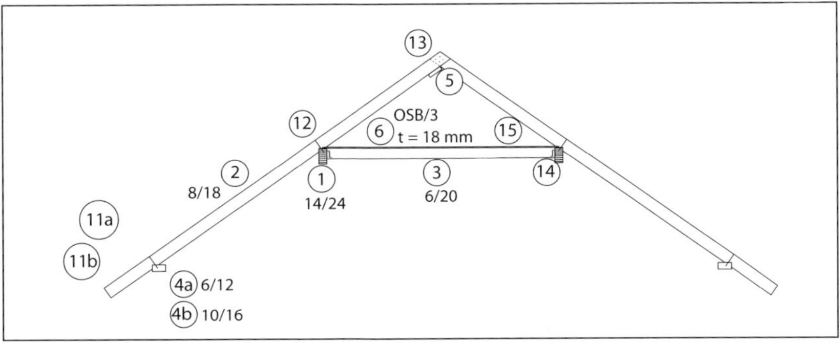

Abb. 46: Positionsplan

Tabelle 14: Maße und Festigkeitsklassen nach Positionsplan Abbildung 46

Position	Maße b/h cm	Sortier- und Festigkeitsklasse
1, Mittelpfette	14/24	GL28h
2, Regelsparren	8/18	S10; C24
3, Kehlbalken	6/20	S10; C24
4a, Fußpfette 4b, Fußpfette	6/12 10/16	S10; C24
5, Firstbohle	4/14	S10; C24
6, Kehlscheibe	t = 18 mm	OSB/3
11a, Fußpunkt 11b, Fußpunkt Randbereich	Kerventiefe 1,7 cm Kerventiefe 4,6 cm	Selbstbohrende Holzschraube
12, Sparren-Mittelpfette		Selbstbohrende Holzschraube
13, Überplattung Sparren		Drahtstifte
14, Mittelpfette-Kehlbalken		Balkenschuh
15, Mittelpfette – OSB/3-Kehlbalken		Klammern

Die Berechnung der Schnittgrößen erfolgte mit dem Programm IQ 100B, vgl. Rubin et al. (2006). Dieses Programm erlaubt, wie auch andere Software, die Kombination der Einwirkungen zu verschiedenen Einwirkungskombinationen. Dies führt in der Regel zu sehr umfangreichen Ergebnissen, die teilweise schwierig nachzuvollziehen sind. Hier wird das alternative, für die Berechnung mit nur teilweiser Nutzung von Software vorteilhaftere Vorgehen verwendet:

1. Für jede Einwirkung werden die Schnittgrößen und Auflagerreaktionen für die charakteristischen Werte der Beanspruchung ermittelt. Die Einwirkungen sind: Eigengewicht g_k, Schneelast s_k, Schneelast reduziert auf einer Dachhälfte $s_{2,k}$ (Abbildung 20), Wind rechtwinklig zum First $w_{0,k}$ (Abbildung 27), Wind parallel zum First $w_{90,k}$ (Abbildung 33), Wind parallel zum First im Giebelbereich $w_{90\text{Giebel},\,k}$ (Abbildung 34), Einzellast auf die Sparren einwirkend $Q_k = 1{,}0$ kN (Kategorie H nach DIN EN 1991-1-1, nicht mit der Schneelast zu überlagern), Flächenlast $q_k = 1{,}0$ kN/m^2 und Einzellast $Q_k = 1{,}0$ kN (Kategorie A1), für Nachweis der örtlichen Mindesttragfähigkeit (nicht zu überlagern mit q_k) auf die Kehlscheibe wirkend.
2. Die Lastfallkombinationen werden nach Erfahrung für die verschiedenen Positionen gebildet.

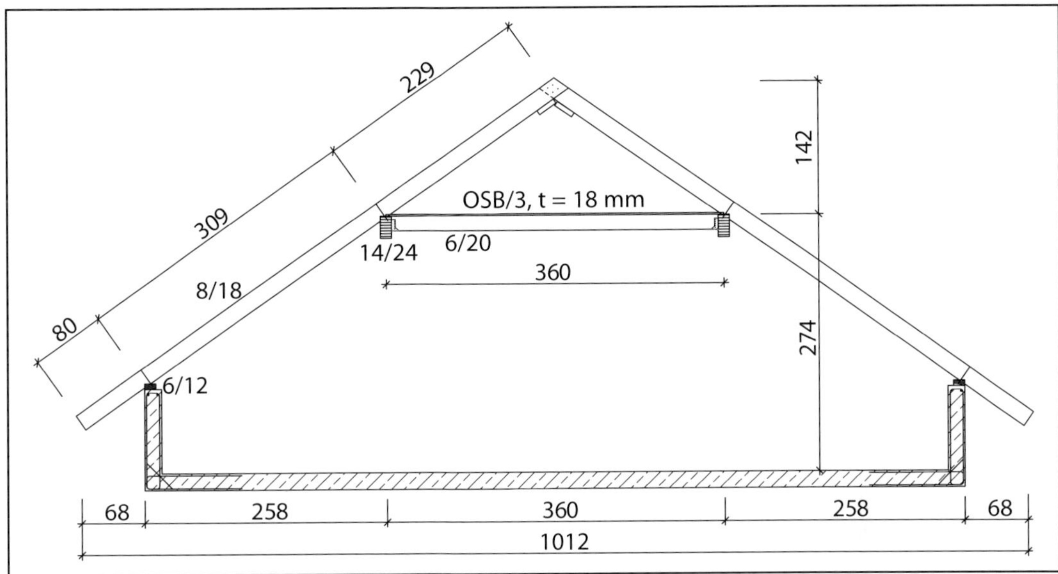

Abb. 47: Maße und Querschnitte der Bauteile

6.2 Schnittgrößen

Abbildung 48 zeigt die typischen Bezeichnungen des verwendeten Stabwerkprogramms IQ 100, vgl. Rubin et al. (2006). Da alle Stabwerk- oder Finite-Elemente-Programme ähnlich funktionieren, soll hier kurz das Vorgehen beschrieben werden. Zunächst sind die Knoten mit ihren Koordinaten einzugeben. In Abbildung 48 sind die Knotennummern *kursiv* beschriftet. Die Knoten *1*, *2* und *3* der Traufen und des Firstes werden als Erstes definiert. Zwischen zwei existierende Knoten kann ein Stabelement gelegt werden. So wurde zunächst der Stab 1 zwischen die Knoten *1* und *2* gelegt. Ein vorhandener Stab kann durch weitere Knoten, hier die Knoten *4* und *5*, unterteilt werden, es entstehen die Stabelemente 3 und 4. Vor der Berechnung müssen diejenigen Stäbe, die an den Knoten nicht gelenkig verbunden sind, biegesteif verbunden werden. Den Stäben werden Querschnittsmaße, Elastizitätsmoduln und Streckenlasten zugewiesen, den Knoten Einzellasten und Auflagerbedingungen.

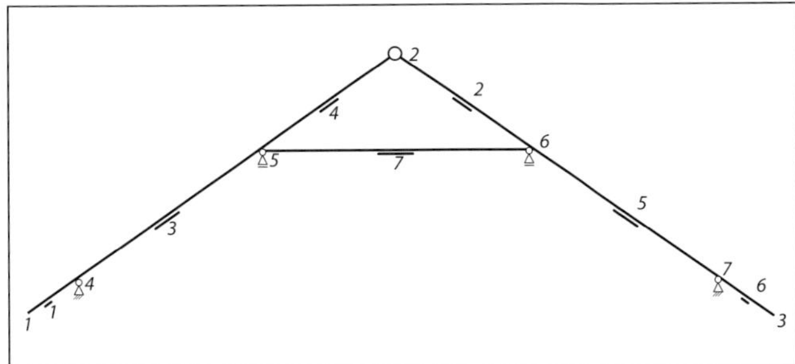

Abb. 48: Knoten- und Stabnummern des Stabwerkprogramms

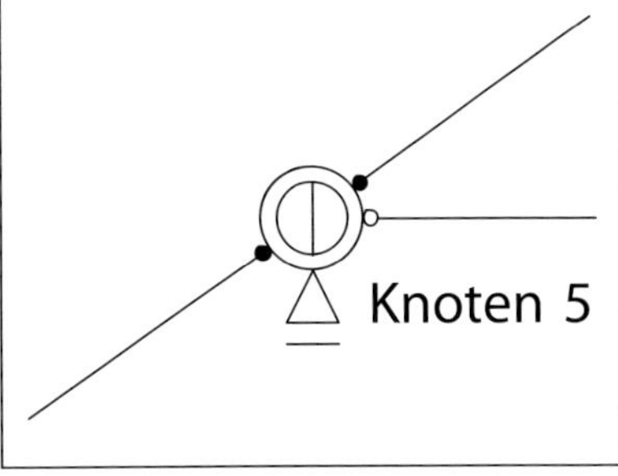

Abb. 49: Detail Knoten 5 in der Darstellung des Stabwerkprogramms

Abbildung 50 zeigt die Positionen der Sparren, die durch die Dachfenster, die Gaube und den Balkon teilweise vom Regelgespärre (2) nach den Abbildungen 46, 48 und 50 abweichen.

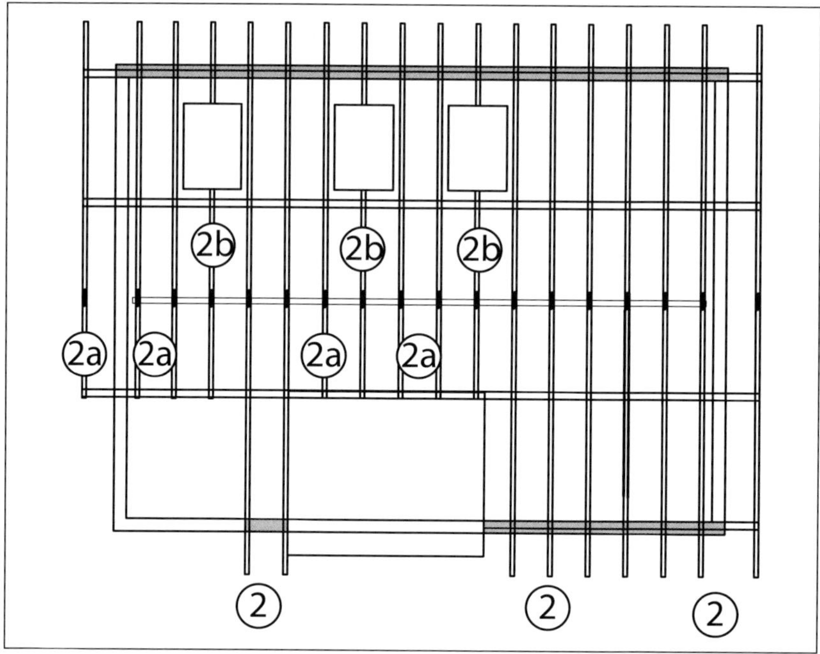

Abb. 50: Positionen der Sparren

Abbildung 51 zeigt den Verlauf der Biegemomente infolge der Beanspruchung durch Eigenlast. Der Kehlbalken, Stab 7, ist für das Eigengewicht des Spitzbodens als Einfeldträger anzusehen. Entsprechend ist der Verlauf des Biegemomentes M_k und der Querkraft V_k nach Abbildung 51 und Abbildung 52. Zusätzlich wird der Spitzboden auf Zug beansprucht, bei symmetrisch zum First angeordneten Einwirkungen treten keine Horizontalverschiebungen am Knoten 5 und 6 auf.

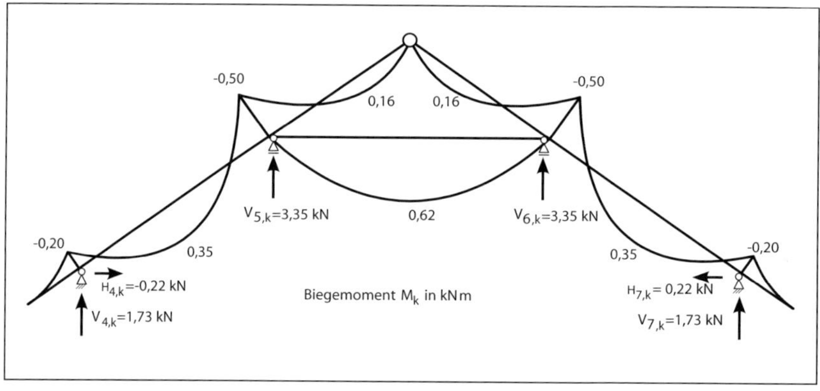

Abb. 51: Biegemomente M_k in kNm und Auflagerreaktionen infolge Eigenlast

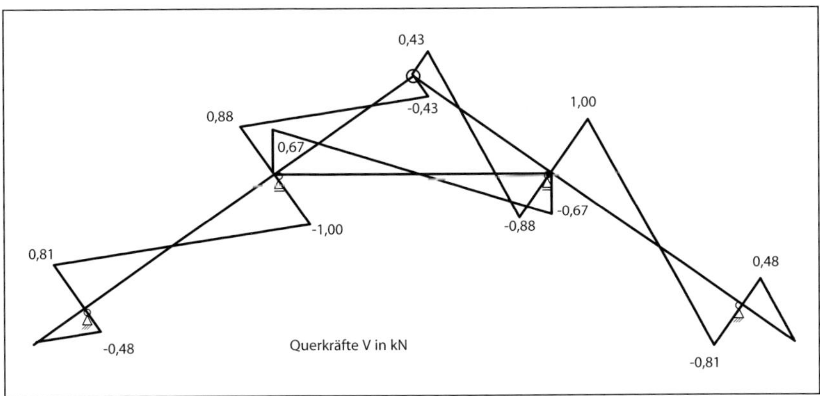

Abb. 52: Querkraft V_k kN infolge Eigenlast

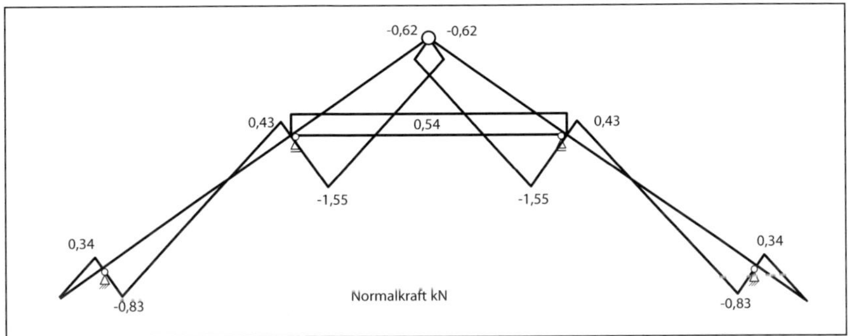

Abb. 53: Normalkraft N_k kN infolge Eigenlast

Für die Position 2a, dem teilweise unvollständigen Gespärre, ist das statische Modell nach Abbildung 54 anzunehmen.

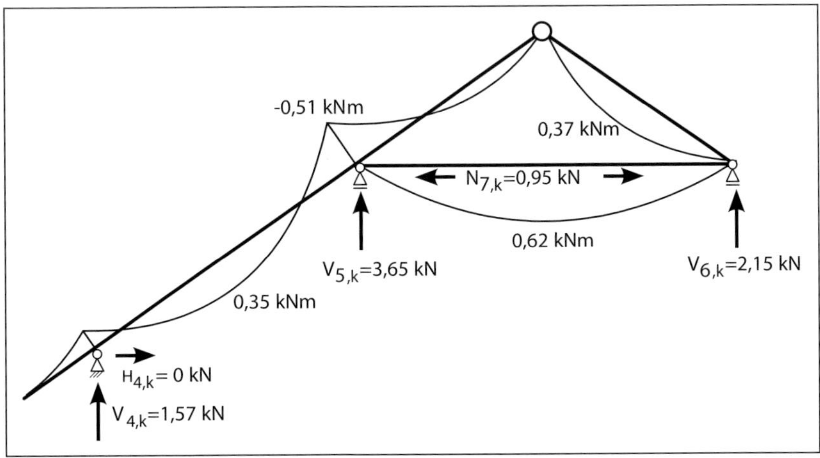

Abb. 54: Biegemomente M_k in kNm und Auflagerreaktionen infolge Eigenlast, Pos. 2a

Die Kehlscheibe des Spitzbodens, gebildet aus den Kehlbalken, den Mittelpfetten und der OSB/3-Platte, die mit Klammern verbunden sind und in

Kapitel 9 bemessen werden, kann die Horizontalkräfte ausgleichen. Die Beanspruchung durch Windanströmung rechtwinklig zum First führt dagegen zu Horizontalkräften am Fußpunkt nach Abbildung 55. Nach Abbildung 28 wurde oberhalb der Gaube bzw. des Balkones ein Druckbeiwert $c_p = 0{,}7$ und auf die Tür- bzw. Fensterflächen $c_p = 1{,}0$ angenommen, für Winddruck ist letzteres der höchstmögliche Beiwert. Es folgt dann eine Horizontalkraft bei einer Höhe der vertikalen Fensterflächen der Gaube bzw. des Balkons von $h = 3{,}0$ m nach Abbildung 1 von

$$H_w = q_{ref} \cdot c_p \cdot e_{Sparren} \cdot h/2$$

$$H_w = 0{,}47 \text{ kN/m}^2 \cdot 1{,}0 \cdot 0{,}70 \text{ m} \cdot 3{,}0 \text{ m}/2$$

$$H_w = 0{,}49 \text{ kN}$$

Abbildung 55 zeigt die resultierenden Schnittgrößen und Auflagerreaktionen.

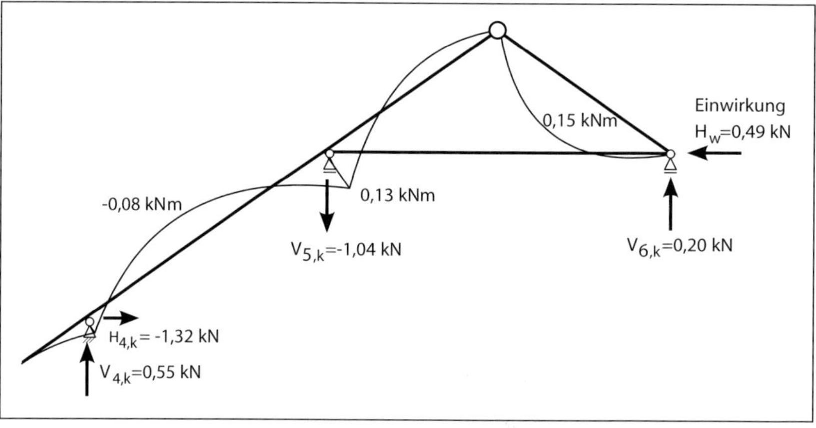

Abb. 55: Biegemomente M_k in kNm und Auflagerreaktionen bei Windanströmung rechtwinklig zum First, Pos. 2a

Abbildung 56 zeigt die Biegemomente und Auflagerreaktionen für Position 2b. Es ergibt sich das System eines Sparrendachs, das zu den größten Zugkräften in der Kehlscheibe führt.

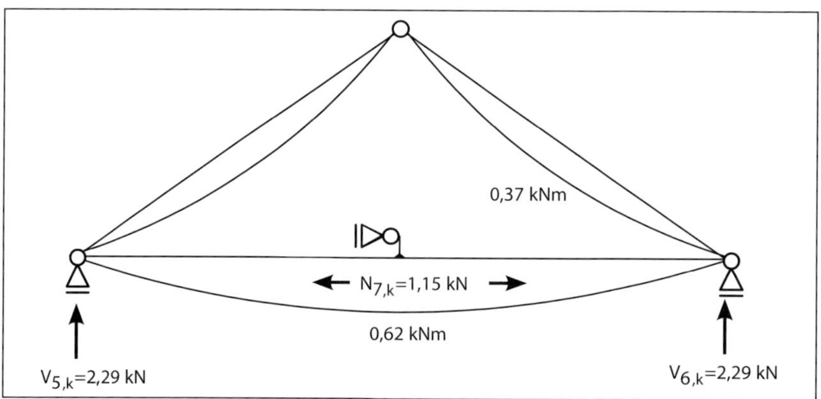

Abb. 56: Biegemoment M_k in kNm und Auflagerreaktionen infolge Eigenlast, Pos. 2b

Für die Windkräfte bei Anströmung von Position 2b rechtwinklig zum First müssen die resultierenden Horizontalkräfte über die Kehlscheibe zu den Nachbargespärren weitergeleitet werden.

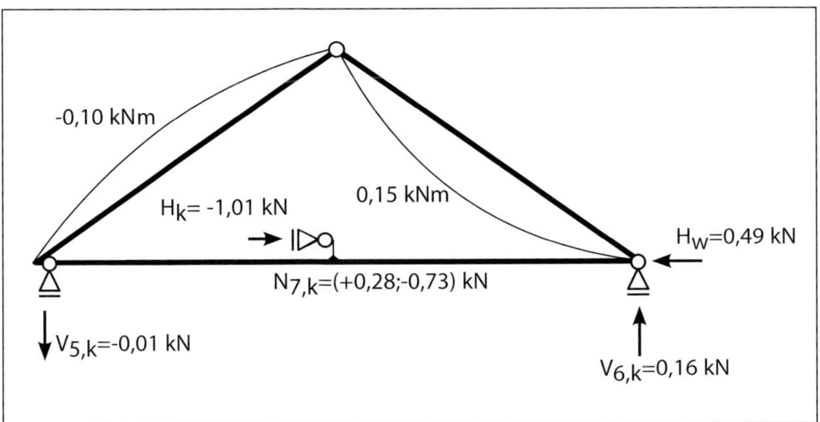

Abb. 57: Biegemomente M_k in kNm und Auflagerreaktionen infolge Windeinwirkung, Pos. 2b

Anzunehmen ist, dass bei den Gespärren der Position 2a ebenfalls ein Teil der Horizontalkraft nach Abbildung 55 über die Kehlscheibe von den benachbarten Regelgespärren abgetragen wird, sodass für diese Regelgespärre zusätzlich die Einwirkung einer Horizontalkraft von $H = 2{,}5 \cdot H_{5,k} = 2{,}5 \cdot 1{,}01\ \text{kN} \approx 2{,}5\ \text{kN}$ auf Höhe der Mittelpfetten angenommen wird, siehe hierzu Abbildung 56. Diese Annahme liegt auf der sicheren Seite, da nur im Bereich der Gaube nach Abbildung 50 fünf unvollständige Gespärre vorliegen und zudem davon auszugehen ist, dass sich nicht nur ein Vollgespärre an der Lastabtragung beteiligt sondern mehrere.

In Abbildung 58 ist die Auswirkung einer in Höhe der Kehlscheibe angreifenden Horizontalkraft von 2,5 kN auf das Regelgespärre dargestellt. Die Biegemomente sind vernachlässigbar gering, jedoch müssen die Horizontalkräfte beim Anschluss der Fußpunkte berücksichtigt werden.

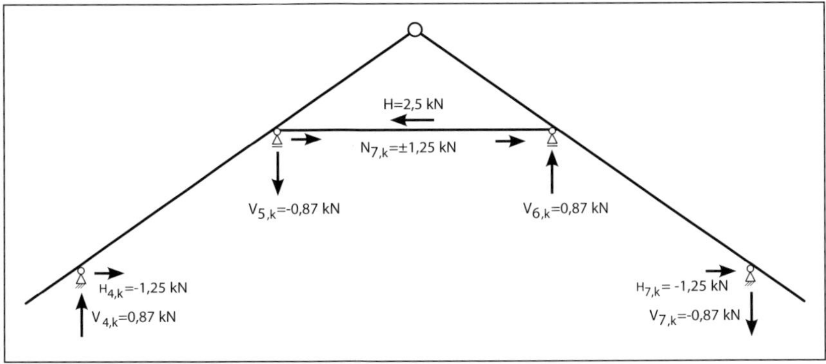

Abb. 58: Auflagerreaktionen für eine zusätzlich angreifende Horizontalkraft von 2,5 kN infolge der unvollständigen Gespärre

Unter der ungünstigen Annahme, dass die Kehlscheibe die Horizontallast der Gespärre (2b) nicht an die steiferen Vollgespärre, sondern an die benachbarten Gespärre (2a) ableitet, folgen die in Abbildung 59 dargestellten Beanspruchungen. Die horizontale Auflagerreaktion $H_{5,k}$ = 1,01 kN nach Abbildung 57 wird jeweils zur Hälfte von den benachbarten Teilgespärren (Position 2a) abgetragen.

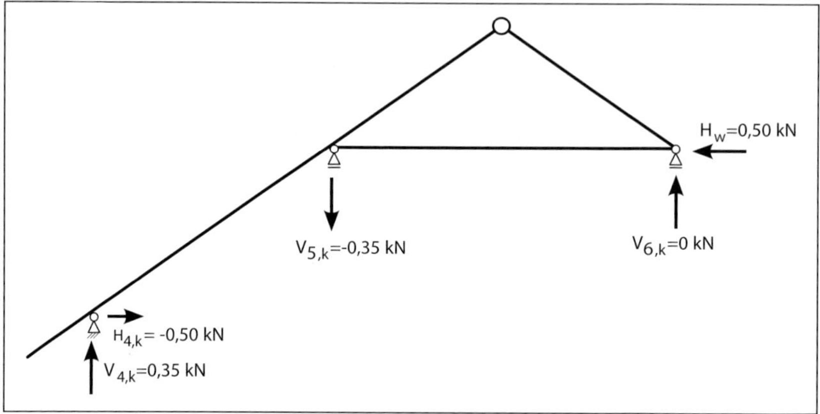

Abb. 59: Auflagerreaktionen der Gespärre 2a für eine zusätzlich angreifende Horizontalkraft von 0,5 kN infolge der Gespärre 2b

Die Bemessung des Fußpunktes erfolgt für die maßgebenden Einwirkungskombinationen in Kapitel 6.5 unter Berücksichtigung der Auflagerkraft nach Abbildung 58, die zusammen mit der Auflagerreaktion infolge der Windbeanspruchung des Vollgespärres zu größeren Horizontalkräften führt als nach den Abbildungen 55 und 59.

Abbildung 60 zeigt den Verlauf der Biegemomente M_k des Vollgespärres bei Beanspruchungen durch Windanströmung rechtwinklig zum First. Es ergibt sich das typische unsymmetrische Bild, jedoch mit deutlich geringeren Momenten verglichen mit der Beanspruchung durch Eigenlast.

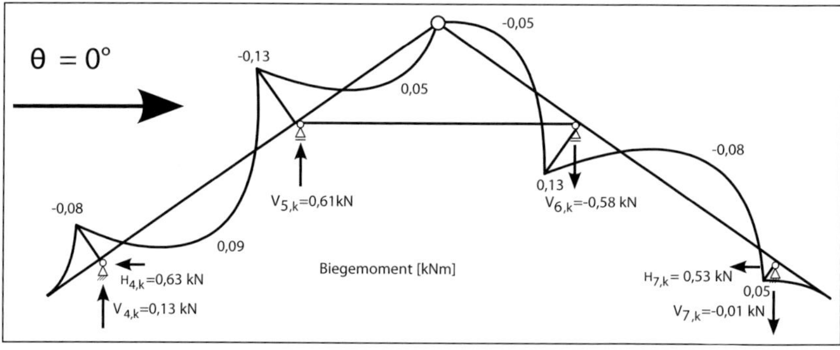

Abb. 60: Biegemoment in kNm infolge Windanströmung rechtwinklig zum First im mittleren Dachbereich θ = 0°

Abbildung 61 zeigt die Biegemomente infolge Windanströmung parallel zum First. Nach der alten DIN 1055-4:1986 war diese Beanspruchung nicht zu untersuchen.

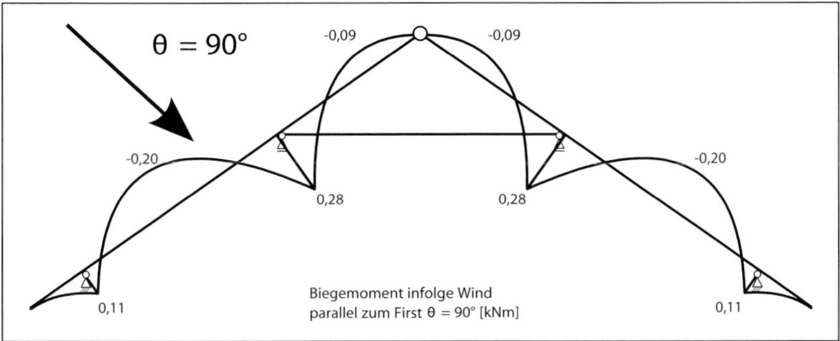

Abb. 61: Biegemomente in kNm infolge Windanströmung parallel zum First in Feldmitte $\theta = 90°$

Abbildung 62 zeigt den Verlauf der Biegemomente bei einer Einzellast von $Q_k = 1$ kN (Mannlast) am Sparrenende.

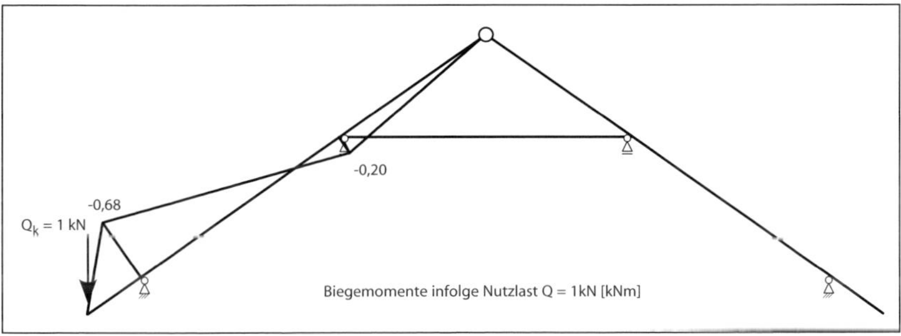

Abb. 62: Biegemomente in kNm infolge Einzellast $Q_k = 1$ kN am Dachüberstand der Traufe

6.3 Nachweise Biegebeanspruchung

Das in Kapitel 2.1, Abbildung 8 dargestellte, vereinfachte Modell mit gelenkig gelagerten Sparrenabschnitten führt zu einem Biegemoment in Feldmitte des untersten Sparrens von $M_{k,g,\text{ gelenkig}} = 0{,}60\,\text{kNm}$ bei Einwirkung des Eigengewichtes. Dieses vereinfachte System hat zum Ziel, die Nachgiebigkeit der als vertikales Auflager genutzten Mittelpfette abzuschätzen. Nach den Abbildungen 51 und 54 des vorausgehenden Abschnittes 6.2 treten bei dem Modell mit starren Lagern und idealen Gelenken Größtwerte des Biegemomentes infolge Einwirkung der Eigenlast im Bereich der Mittelpfette von $M_{k,g} = 0{,}51$ kNm auf. Aufgrund der Kerve am Anschluss des Sparrens an die Mittelpfette ist das Widerstandsmoment in diesem Bereich jedoch deutlich reduziert:

$W_{y,\text{ netto}} = b \cdot h_{\text{netto}}^2/6$	$W_{y,\text{ brutto}} = b \cdot h^2/6$
$W_y = 80\text{ mm} \cdot (122\text{ mm})^2/6$	$W_y = 80\text{ mm} \cdot (180\text{ mm})^2/6$
$W_y = 0{,}198 \cdot 10^6\text{ mm}^3$	$W_y = 0{,}432 \cdot 10^6\text{ mm}^3$

Aufgrund der Verhältnisse

$$\frac{W_{y,\text{ brutto}}}{W_{y,\text{ netto}}} = \frac{0{,}432}{0{,}198} = 2{,}18 > \frac{M_{k,g,\text{ gelenkig}}}{M_{k,g}} = \frac{0{,}60}{0{,}51} = 1{,}18$$

sind die Nachweise der Tragfähigkeit bei Biegebeanspruchung am Mittelauflager mit den Schnittgrößen des Kapitels 6.2 zu führen.

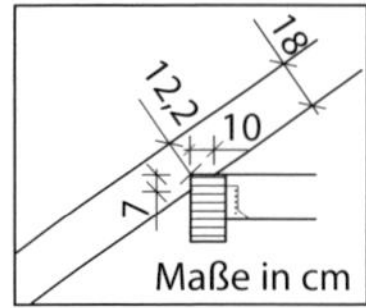

Abb. 63: Detail Pos. 12, Anschluss Sparren an Mittelpfette

Tabelle 15: Charakteristische Werte der Biegemomente infolge der Einwirkungen

Einwirkung	M_k [kNm] Anschluss an Traufpfette (Knoten *4*)	M_k [kNm] Feld zwischen Traufpfette und Mittelpfette (Stab 3)	M_k [kNm] Anschluss an Mittelpfette (Knoten *5*)
g_k	−0,20	0,35	−0,50
s_k	−0,08	0,15	−0,21
$s_k/2$ und s_k Abbildung 20	− 0,04 −0,08 (Knoten 7)	−0,08 0,15 (Stab 5)	−0,11 −0,21 (Knoten 6)
$w_{k,\,\theta=0°}$	−0,08 0,05 (Knoten 7)	0,09 −0,08 (Stab 5)	−0,13 0,12 (Knoten 6)
$w_{k,\,\theta=90°}$	0,11	−0,2	0,28
$Q_{k,\text{ Traufe}}$	−0,68	−0,24	0,2
$Q_{k,\text{ Feld}}$	0	0,5	−0,27
$Q_{k,\text{ First}}$	0	0	0

Zunächst wird der Nachweis der Biegebeanspruchung des Sparrens im Bereich der Kerve an der Mittelpfette geführt. Nach DIN EN 1995-1-1, Abschnitt 6.1.6 ist der Nachweis nach

$\frac{\sigma_{m,y,d}}{f_{m,y,d}} \leq 1$ zu führen. Für die im Anschlussbereich verwendete, bauaufsichtlich zugelassene Teilgewindeschraube 8× 240 wird der Sparren mit $d_s = 5{,}5$ mm vorgebohrt. In Abbildung 75 ist der Anschluss dargestellt. Die Schraube wird nicht im Schnitt durch die Kervenspitze mit der niedrigsten Querschnittshöhe $h_{\text{netto}} = 122$ mm des Sparrens nach Abbildung 63 eingebracht. Die Vorbohrung ist bei der Ermittlung des Widerstandsmomentes W_y daher nicht zu berücksichtigen:

$$W_y = 0{,}198 \cdot 10^6 \text{ mm}^3$$

Die an dieser Stelle zu kombinierenden Einwirkungen sind nach Tabelle 15 das Eigengewicht g_k, die Nutzlast Q_k, das ist die Mannlast, bei Einwirkung in Feldmitte zwischen Trauf- und Mittelpfette und der Winddruck $w_{k,\,\theta=0°}$ bei

Anströmung rechtwinklig zum First. Nach DIN EN 1991-1-1/NA ist die Mannlast nicht mit der Schneelast zu überlagern.

Der Kombinationsbeiwert für den Winddruck als untergeordnete Einwirkung ist nach Tabelle 5 $\psi_0 = 0{,}6$.

Der Bemessungswert des Biegemomentes folgt damit zu

$$M_{y,5,d} = 1{,}35 \cdot M_{g,k} + 1{,}5 \cdot M_{Q,k} + 1{,}5 \cdot 0{,}6 \cdot M_{w,0,k}$$

$$M_{y,5,d} = 1{,}35 \cdot 0{,}50\ \text{kNm} + 1{,}5 \cdot 0{,}27\ \text{kNm} + 1{,}5 \cdot 0{,}6 \cdot 0{,}13\ \text{kNm}$$

$$M_{y,5,d} = 0{,}68\ \text{kNm} + 0{,}41\ \text{kNm} + 0{,}12\ \text{kNm}$$

$$M_{y,5,d} = 1{,}21\ \text{kNm}$$

Die Biegespannung infolge der Beanspruchung des Querschnitts durch das Biegemoment ist

$$\sigma_{m,y,d} = \frac{M_{y,5,d}}{W_y}$$

$$\sigma_{m,y,d} = \frac{1{,}21 \cdot 10^6\ \text{Nmm}}{0{,}198 \cdot 10^6\ \text{mm}^3}$$

$$\sigma_{m,y,d} = 6{,}09\ \text{N/mm}^2$$

Der Bemessungswert der Biegefestigkeit ist

$$f_{m,y,d} = \frac{k_{mod}}{\gamma_M} \cdot f_{m,y,k}$$

$$f_{m,y,d} = \frac{0{,}9}{1{,}3} \cdot 24\ \text{N/mm}^2$$

$$f_{m,y,d} = 16{,}6\ \text{N/mm}^2$$

mit dem Modifikationsbeiwert $k_{mod} = 0{,}9$ nach Tabelle 9 zur Berücksichtigung der Nutzungsklasse (Feuchtegehalt des Holzes) und der Dauer der Lasteinwirkung. Die Dauer der Lasteinwirkung ist für die Nutzlast (Mannlast) bei nicht begehbaren Dächern und für die Schneelast nach Tabelle 7 stets „kurz“. Die Nutzungsklasse (NKL) eines Sparrens bei Zwischensparrendämmung ist entweder 1 oder 2 je nach der zu erwartenden Holzfeuchte entsprechend Tabelle 8. Da sich die Modifikationsfaktoren k_{mod} in Nutzungsklasse 1 und 2 für Voll- und Brettschichtholz nicht unterscheiden, ist die Wahl der NKL hier ohne Einfluss.

Der Nachweis $\dfrac{\sigma_{m,y,d}}{f_{m,y,d}} = \dfrac{6{,}09\ \text{N/mm}^2}{16{,}6\ \text{N/mm}^2} = 0{,}37 \leq 1$ ist somit großzügig eingehalten.

Als veränderliche Einwirkung wurde bei der Schnittgrößenkombination die Windlast berücksichtigt. Daher hätte nach Abschnitt 4.1 $k_{mod} = 1{,}0$ angesetzt werden dürfen. Der Bemessungswert der Biegefestigkeit folgt damit zu

$$f_{m,y,d} = \frac{1{,}0}{1{,}3} \cdot 24 \text{ N/mm}^2 = 18{,}5 \text{ N/mm}^2$$

Mit $k_{mod} = 1{,}0$ für die Windlast folgt $\dfrac{\sigma_{m,y,d}}{f_{m,y,d}} = \dfrac{6{,}09 \text{ N/mm}^2}{18{,}5 \text{ N/mm}^2} = 0{,}33.$

Wird nur das Eigengewicht berücksichtigt, ist das Biegemoment am Auflager an der Mittelpfette

$$M_{y,5,d} = 1{,}35 \cdot M_{g,k}$$

$$M_{y,5,d} = 1{,}35 \cdot 0{,}50 \text{ kNm}$$

$$M_{y,5,d} = 0{,}68 \text{ kNm}$$

Die Biegespannung folgt zu

$$\sigma_{m,y,d} = \frac{M_{y,5,d}}{W_y}$$

$$\sigma_{m,y,d} = \frac{0{,}68 \cdot 10^6 \text{ Nmm}}{0{,}198 \cdot 10^6 \text{ mm}^3}$$

$$\sigma_{m,y,d} = 3{,}41 \text{ N/mm}^2$$

Die Biegespannung ist natürlich geringer, jedoch ist die Klasse der Lasteinwirkungsdauer jetzt ständig und es folgt $k_{mod} = 0{,}6$ nach Tabelle 9. Der Bemessungswert der Biegefestigkeit wird

$$f_{m,y,d} = \frac{k_{mod}}{\gamma_M} \cdot f_{m,y,k}$$

$$f_{m,y,d} = \frac{0{,}6}{1{,}3} \cdot 24 \text{ N/mm}^2$$

$$f_{m,y,d} = 11{,}1 \text{ N/mm}^2$$

und der Nachweis schließlich $\dfrac{\sigma_{m,y,d}}{f_{m,y,d}} = \dfrac{3{,}41 \text{ N/mm}^2}{11{,}1 \text{ N/mm}^2} = 0{,}31 \leq 1$

In diesem Fall ist also der Nachweis unter Berücksichtigung aller veränderlichen Einwirkungen maßgebend. Es wird jedoch die Schwierigkeit der Bemessung im Holzbau deutlich, die so im Stahlbeton- oder Stahlbau nicht auftritt: die Abhängigkeit des Bauteilwiderstandes von der Klasse der Lasteinwirkungsdauer. Während im Stahlbetonbau und Stahlbau diejenige Spannungskombination für die Bemessung zu verwenden ist, die die größten Schnittgrößen im Bauteil verursacht, ist dies im Holzbau aufgrund der mit den k_{mod}-

Werten veränderlichen Tragfähigkeiten nicht garantiert. Bei üblichen Verhältnissen von veränderlichen Einwirkungen und Eigenlasten dürfte dies auch im Holzbau zutreffen. Bei im Verhältnis zu den veränderlichen Einwirkungen hohen Eigenlasten, kann jedoch die ausschließliche Berücksichtigung der Schnittgrößen infolge Eigengewicht maßgebend werden.

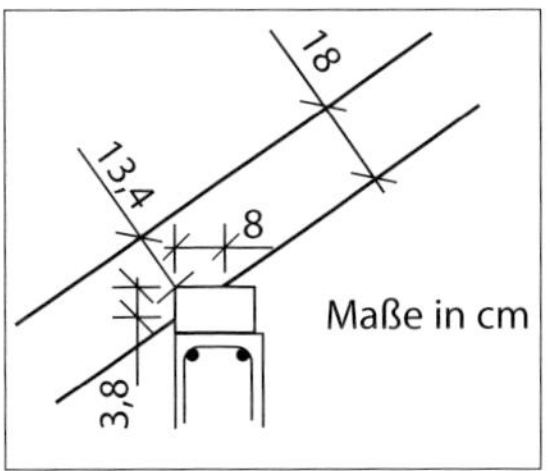

Abb. 64: Detail Pos. 11b, Anschluss Sparren an Fußbohle im Randbereich

Nachweis der Biegebeanspruchung am Fußpunkt, Pos. 11b bei gleichzeitiger Einwirkung von Eigenlast und Nutzlast

$$M_{y,4,d} = 1{,}35 \cdot M_{g,k} + 1{,}5 \cdot M_{Q,k} + 1{,}5 \cdot 0{,}6 \cdot M_{w,0,k}$$

$$M_{y,4,d} = 1{,}35 \cdot 0{,}20 \text{ kNm} + 1{,}5 \cdot 0{,}68 \text{ kNm} + 1{,}5 \cdot 0{,}6 \cdot 0{,}08 \text{ kN}$$

$$M_{y,4,d} = 0{,}27 \text{ kNm} + 1{,}02 \text{ kNm} + 0{,}07 \text{ kNm}$$

$$M_{y,4,d} = 1{,}36 \text{ kNm} > M_{y,5,d} = 1{,}24 \text{ kNm}$$

Mit dem Widerstandsmoment am Fußpunkt

$$W_{y,4} = b \cdot h^2_{netto}/6$$

$$W_{y,4} = 80 \text{ mm} \cdot (134 \text{ mm})^2/6$$

$$W_{y,4} = 0{,}239 \cdot 10^6 \text{ mm}^3$$

folgt die Biegespannung zu

$$\sigma_{m,y,4,d} = \frac{M_{y,4,d}}{W_{y,4}}$$

$$\sigma_{m,y,4,d} = \frac{1{,}36 \cdot 10^6 \text{ Nmm}}{0{,}239 \cdot 10^6 \text{ mm}^3}$$

$$\sigma_{m,y,4,d} = 5{,}68 \text{ N/mm}^2 < f_{m,y,d} = 16{,}6 \text{ N/mm}^2$$

Die Sparren sind nach Abbildung 53 durch Biegemomente und Normalkräfte beansprucht. Es müsste daher der Nachweis nach Abschnitt 6.2.3 der DIN EN 1995-1-1 geführt werden, ein Interaktionsnachweis bei gleichzeitig auftretenden Biege- und Zugspannungen. Die Normalkräfte führen jedoch zu derart geringen Spannungen, dass dieser Nachweis nicht maßgebend wird. Der Vollständigkeit halber ist er in Abschnitt 6.8.1 enthalten.

6.4 Nachweis der Gebrauchstauglichkeit

Die Nachweise der Gebrauchstauglichkeit für die bislang verwendeten Tragwerksmodelle werden zusammen mit demjenigen der Tragfähigkeit unter Berücksichtigung der Nachgiebigkeiten der Anschlüsse in Kapitel 10.3 geführt, um einen Vergleich der verschiedenen Modelle leichter zu gestalten.

6.5 Nachweise der Auflager und Anschlüsse

6.5.1 Anschluss an die Traufpfetten

Die Auflagerkräfte verursachen im Sparren Druckspannungen unter einem Winkel zur Faserrichtung, in der Pfette wirken die Spannungen dagegen rechtwinklig zur Faserrichtung des Holzes. Die vertikalen Auflagerkräfte wirken in der horizontalen Kervenfläche unter einem Winkel von 55° zur Faserrichtung des Sparrens. Die horizontalen Auflagerkräfte bei Druckkontakt unter einem Winkel von 35° in der vertikalen Kervenfläche.

Abhebende Kräfte im Flugsparren vor der Giebelwand müssen verankert werden, die Nachweise hierfür sind in Abschnitt 7.4 dargestellt.

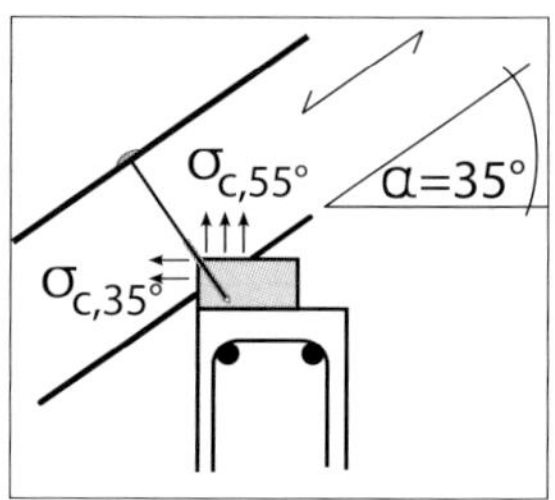

Abb. 65: Detail Pos. 11a, Anschluss Sparren an Fußbohle

Der Nachweis der Querdruckbeanspruchung im Bereich der Kerven wird nach Abschnitt 6.1.5 und 6.2.2 der DIN EN 1995-1-1 geführt. Der Nachweis für Druckspannungen unter einem Winkel nach DIN EN 1995-1-1 unterscheidet sich von demjenigen nach DIN 1052:2008. Die Nachweise beinhalten neben dem Abscheren der Holzfasern zusätzlich die Begrenzung der Verformungen. Anstelle der Annahme einer Lastausbreitung unter 45°, wird die druckbeanspruchte Fläche A_{ef} mit einem gegenüber der reinen Kontaktfläche vergrößerten Wert angesetzt. Dabei darf die Fläche von A_{ef} durch ein Verschieben der Ränder der druckbeanspruchten Fläche um 30 mm in Faserrichtung des Holzes berechnet werden, siehe hierzu die grau markierte Fläche in Abbildung 67.

Für die Traufbohle 6/12 im Fußbereich bedeutet dies

$$A_{ef} = (8\text{ cm} + 2 \cdot 3\text{ cm}) \cdot 3\text{ cm}$$

$$A_{ef} = 42\text{ cm}^2$$

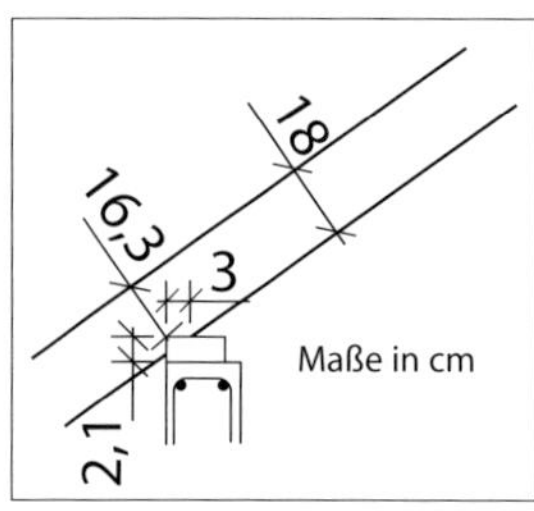

Abb. 66: Detail Pos. 11, Anschluss Sparren an Traufbohle

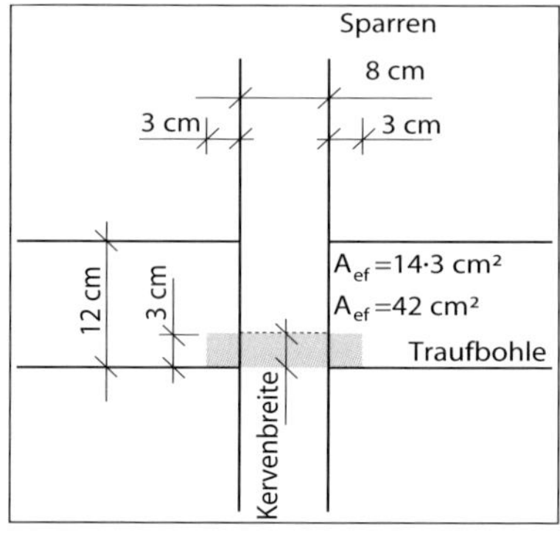

Abb. 67: Detail Pos. 11, Anschluss Sparren an Traufbohle

Tabelle 16: Charakteristische Werte der Auflagerkräfte (Knotenbezeichnungen siehe Abb. 48)

	Anschluss Traufpfette (Knoten 4)		**Anschluss Mittelpfette (Knoten 5)**
Einwirkung	$V_{4,k}$ [kN]	$H_{4,k}$ [kN]	$V_{5,k}$ [kN]
g_k	1,73 ↑	−0,22 →	3,36 ↑
s_k	0,72 ↑	−0,09 →	1,12 ↑
$s_k/2$ und s_k Abbildung 18	0,38 ↑ 0,70 (Knoten 7)	−0,07 → 0,07 (Knoten 7)	0,60 ↑ 1,08 (Knoten 6)
w_k $\theta = 180°$ Anströmung auf Gaube	0 0,13 ↑ (Knoten 7)	−0,53 → 0,63 ← (Knoten 7)	−0,58 ↓ 0,61 ↑ (Knoten 6)
Umlagerung über Kehlscheibe nach Abbildung 58	0,87 ↑ −0,87 ↓ (Knoten 7)	−1,25 → 1,25 ← (Knoten 7)	−0,87 ↓ 0,87 ↑ (Knoten 6)
$w_{k,\theta=90°}$	−0,54 ↓	−0,49 →	−1,13 ↓
$Q_{k,\text{Traufe}}$	1,31 ↑	0,05 ←	−0,37 ↓
$Q_{k,\text{Feld}}$	0,39 ↑	0,00 ←	0,69 ↑
$Q_{k,\text{First}}$	0,11 ↑	−0,16 →	0,39 ↑

Die Druckspannung rechtwinklig zur Faserrichtung folgt zu

$$\sigma_{c,90,d} = \frac{F_{c,90,d}}{A_{ef}}$$

mit

$$F_{c,90,d} = 1{,}35 \cdot V_{4,g,k} + 1{,}5 \cdot V_{4,Q,k} + 1{,}5 \cdot \psi_0 \cdot V_{4,w0,k}$$

$$F_{c,90,d} = 1{,}35 \cdot 1{,}73\text{ kN} + 1{,}5 \cdot 1{,}31\text{ kN} + 1{,}5 \cdot 0{,}6 \cdot \left(0{,}13 + 0{,}87\right)\text{ kN}$$

$$F_{c,90,d} = 5{,}20\text{ kN}$$

$$\sigma_{c,90,d} = \frac{F_{c,90,d}}{A_{ef}}$$

$$\sigma_{c,90,d} = \frac{5.201\text{ N}}{4.200\text{ mm}^2}$$

$$\sigma_{c,90,d} = 1{,}24\text{ N/mm}^2$$

Die Kombination der veränderlichen Einwirkungen Schnee- und Windlasten ($\theta = 0°$) unter Berücksichtigung des Kombinationsbeiwertes $\psi_0 = 0{,}5$ nach Tabelle 5 für die Schneelast führt zu einer niedrigeren Auflagerkraft

$$F_{c,90,d} = 1{,}35 \cdot V_{4,g,k} + 1{,}5 \cdot V_{4,w\theta=0°,k} + 1{,}5 \cdot \psi_0 \cdot V_{4,s,k}$$

$$F_{c,90,d} = 1{,}35 \cdot 1{,}73\text{ kN} + 1{,}5 \cdot \left(0{,}13 + 0{,}87\right)\text{ kN} + 1{,}5 \cdot 0{,}5 \cdot 0{,}72\text{ kN}$$

$$F_{c,90,d} = 4{,}38\text{ kN}$$

Der Nachweis für die Querdruckbeanspruchung nach Abschnitt 6.1.5 der DIN EN 1995-1-1 berücksichtigt einen Querdruckbeiwert $k_{c,90}$:

$$\frac{\sigma_{c,90,d}}{k_{c,90} \cdot f_{c,90,d}} \leq 1$$

Hier liegt der Fall des Schwellendrucks vor: $l_1 \geq 2 \cdot h$ mit $h_{\text{Fußbohle}} = 6$ cm und $l_1 = e_{\text{Sparren}} = 70$ cm folgt 70 cm $\geq 2 \cdot 6$ cm.

$$k_{c,90} = 1{,}25$$

Der Bemessungswert der Druckfestigkeit beträgt (KLED „kurz", Nutzungsklasse 2)

$$f_{c,90,d} = \frac{k_{mod}}{\gamma_M} \cdot f_{c,90,k}$$

$$f_{c,90,d} = \frac{0{,}9}{1{,}3} \cdot 2{,}5 \text{ N/mm}^2$$

$$f_{c,90,d} = 1{,}73 \text{ N/mm}^2$$

$$\frac{\sigma_{c,90,d}}{k_{c,90} \cdot f_{c,90,d}} = \frac{1{,}24 \text{ N/mm}^2}{1{,}25 \cdot 1{,}73 \text{ N/mm}^2} = 0{,}57 \leq 1$$

Druckspannungen in der vertikalen Kontaktfläche, mit $\sigma_{c,35°}$ in Abbildung 65 bezeichnet, treten nur bei der Windbeanspruchung rechtwinklig zum First $w_{\theta = 0°}$ auf (Tabelle 16). Die Querdruckfläche ergibt sich in diesem Fall nach Abbildung 66 zu

$$A_{ef} = \left(8 \text{ cm} + 2 \cdot 3 \text{ cm}\right) \cdot 2{,}1 \text{ cm}$$

$$A_{ef} = 29{,}4 \text{ cm}^2$$

Aufgrund der geringen Schnittgrößen nach Tabelle 16 bräuchte dieser Nachweis nicht geführt werden. Die Einwirkungskombination ist jedoch interessant und wird deshalb hier erläutert. Die Eigenlast und die Schneelast wirken in diesem Fall entlastend, daher wird nach Tabelle 6 der Teilsicherheitsbeiwert $\gamma_{G,\,inf} = 1{,}0$ für die Eigenlast angesetzt, die Schneelast bleibt unberücksichtigt, da nicht angenommen werden darf, dass sie bei Auftreten des Windes als entlastend wirkende veränderliche Einwirkung vorhanden ist. Der Sturm tritt zu einem Zeitpunkt auf, an dem kein Schnee liegt:

$$F_{c,90,d} = 1{,}0 \cdot H_{4,g,k} + 1{,}5 \cdot H_{4,w\theta = 0°,k}$$

$$F_{c,90,d} = 1{,}0 \cdot \left(-0{,}22 \text{ kN}\right) + 1{,}5 \cdot \left(0{,}53 + 1{,}25\right) \text{ kN}$$

$$F_{c,90,d} = 2{,}45 \text{ kN}$$

Die resultierenden Druckspannungen sind gering

$$\sigma_{c,90,d} = \frac{F_{c,90,d}}{A_{ef}}$$

$$\sigma_{c,90,d} = \frac{2.450 \text{ N}}{2.940 \text{ mm}^2}$$

$$\sigma_{c,90,d} = 0{,}83 \text{ N/mm}^2$$

Die hier untersuchten Querdruckspannungen auf die Fußbohle wirken im Sparren als Druck unter einem Winkel zur Faser. Im Fall der horizontalen Fuge unter einem Winkel von 35° nach Abbildung 65. Die Druckfestigkeit ist somit deutlich höher, sodass dieser Nachweis bei den vorliegenden Verhältnissen nicht erforderlich ist. In Abschnitt 6.8.3 wird der Nachweis zur Erläuterung geführt.

Bei den anderen Einwirkungen treten horizontale Auflagerkräfte auf, die vom First weg gerichtet sind und somit ein Abrutschen des Sparrens verursachen wollen; hierfür sind die Verbindungsmittel zu bemessen. Dass Horizontalkräfte bei den senkrecht wirkenden Einwirkungen Eigenlast und Schnee auftreten, liegt an der Mischung des Dachtragwerkes aus den Systemen Pfetten- und Kehlbalkendach.

Der Größtwert dieser Horizontalkraft ergibt sich am Auflager, Knoten 4, für $w_{\theta = 180°}$ und Anströmung auf die Gauben, da hier noch die nach Kapitel 6.2 angenommene Lastabtragung der Teilgespärre angenommen wird.

$$H_{4,d} = 1{,}35 \cdot H_{4,g,k} + 1{,}5 \cdot H_{4,w\theta = 0°,k} + 1{,}5 \cdot \psi_0 \cdot H_{4,s,k}$$

$$H_{4,d} = 1{,}35 \cdot 0{,}22 \text{ kN} + 1{,}5 \cdot \left(0{,}53 + 1{,}25\right) \text{kN} + 1{,}5 \cdot 0{,}6 \cdot 0{,}13 \text{ kN}$$

$$H_{4,d} = 0{,}29 \text{ kN} + 2{,}67 \text{ kN} + 0{,}08 \text{ kN}$$

$$H_{4,d} = 3{,}08 \text{ kN}$$

Der Kombinationsbeiwert für die Nutzlast als untergeordnete veränderliche Einwirkung ist $\psi_0 = 0$, sodass die horizontal wirkende Reaktion infolge der Einwirkung der Nutzlast auf den First nicht zu berücksichtigen ist:

$$\psi_0 \cdot H_{7,Q,k} = 0 \cdot 0{,}16 \text{ kN}$$

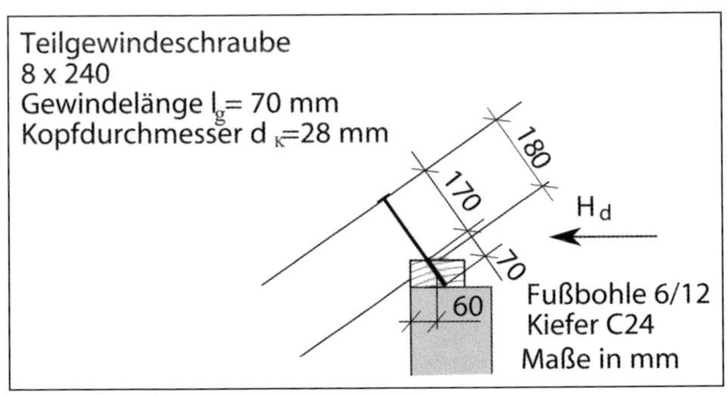

Abb. 68: Detail Pos. 11a, Knoten 4, Anschluss Sparren an Traufbohle

Abhebende vertikal wirkende Kräfte treten an diesem Punkt nicht auf. Die Sogverankerung der Rand- und Flugsparren wird in Abschnitt 7 nachgewiesen.

$$V_{4,min,d} = 1{,}0 \cdot V_{4,g,k} + 1{,}5 \cdot V_{4,w180°,k}$$

$$V_{4,min,d} = 1{,}0 \cdot 1{,}73 \text{ kN} + 1{,}5 \cdot \left(-0{,}87 + 0{,}13\right) \text{kN}$$

$$V_{4,min,d} = 1{,}77 \text{ kN} - 1{,}11 \text{ kN}$$

$$V_{4,min,d} = 0{,}62 \text{ kN}$$

Bei Dachkonstruktionen mit weniger gestörter Dachfläche, bei denen die Regelgespärre keine Horizontalkäfte der unvollständigen Nachbargespärre abzutragen haben, wäre ein Anschluss mit einem glattschaftigen Nagel ebenfalls möglich. Diese dürfen bei kurzfristigen Lasteinwirkungen, eben der Windlast, nach Abschnitt 8.3.2 der DIN EN 1995-1-1 auf Herausziehen beansprucht werden. Formal bleibt dann die Schwierigkeit, dass auch die Eigenlast zu abrutschenden Kräften führt und somit der Nagel ständig auf Herausziehen beansprucht wäre. Diese Schnittgrößen sind gering und könnten durch Reibungskräfte aufgenommen werden. In der Tat dürften viele ältere ausgeführte Traufpunkte nach dieser Mechanik funktionieren.

Bei der Ausführung mit einem Sparrennagel tritt jedoch ein weiteres Problem in Bezug auf die Randabstände und Mindestholzdicken auf. Eine Berechnung der Ausführung des Anschlusses mit einem Sparrennagel findet sich in Abschnitt 6.8.2.

Die genannten Probleme lassen sich durch Einsatz einer selbstbohrenden Schraube vermeiden. Auch diese sollte im Bereich des Sparrens vorgebohrt werden, um den Eindrehwiderstand zu reduzieren und eine Führung vorzugeben.

Das Tragverhalten dieser Schrauben ist nicht einfach abzuschätzen. Vollgewindeschrauben oder Schrauben deren Gewindebereich in beiden zu verbindenden Teilen ausreichend lang sind, werden eher in Achsrichtung mit Zug- oder Druckkräften als auf Biegung beansprucht, siehe Abbildung 69. Es bilden sich fachwerkartige Mechanismen aus, ähnlich zu denjenigen der Zug- und Druckstreben der Modelle im Stahlbetonbau, die hier aus dem Bewehrungsstahl und dem Beton gebildet werden.

Blass und Bejtka (2003) stellten ein recht einfaches Verfahren für die Bemessung schräg eingebrachter Schrauben vor. Bei diesem Ansatz wird allerdings die Reibung zwischen den zu verbindenden Bauteilen angesetzt, eine Annahme, die so in der DIN EN 1995-1-1 nicht vorgesehen ist. Zudem wurde sie bislang nur durch Experimente mit Vollgewindeschrauben bestätigt.

Hier soll eine Teilgewindeschraube mit Tellerkopf verwendet werden. Beide Ansätze werden dargestellt: Zunächst die Methode unter Berücksichtigung von Reibungskräften und als zweiter Ansatz die normkonforme Berechnung als biegebeanspruchtes Verbindungsmittel, das die Lasten über Lochleibungsspannungen in die anzuschließenden Holzbauteile einleitet.

6.5.1.1 Ermittlung der Beanpruchungen unter Berücksichtigung von Normalkräften und Reibungskräften

Die horizontale Auflagerkraft H_d steht mit der Reibungskraft F_R und der horizontalen Komponente der Zugkraft der Schraube $F_{H, Schraube}$ im Gleichgewicht. Um die Reibungskraft zu erreichen, ist eine Druckkraft in der Kontaktfläche von $F_c \cdot \mu$ erforderlich. Vorhanden ist bei der Einwirkungskombination die zu $H_{4,d} = 3{,}08$ kN geführt hat, eine vertikale Auflagerreaktion von

$$V_{4,d} = 1{,}35 \cdot V_{4,g,k} + 1{,}5 \cdot V_{4,w\theta = 0°,k} + 1{,}5 \cdot \psi_0 \cdot V_{4,s,k}$$

$$V_{4,d} = 1{,}35 \cdot 1{,}73 \text{ kN} + 1{,}5 \cdot 0{,}87 \text{ kN} + 1{,}5 \cdot 0{,}6 \cdot 0{,}72 \text{ kN}$$

$$V_{4,d} = 2{,}33 \text{ kN} + 1{,}31 \text{ kN} + 0{,}65 \text{ kN}$$

$$V_{4,d} = 4{,}29 \text{ kN}$$

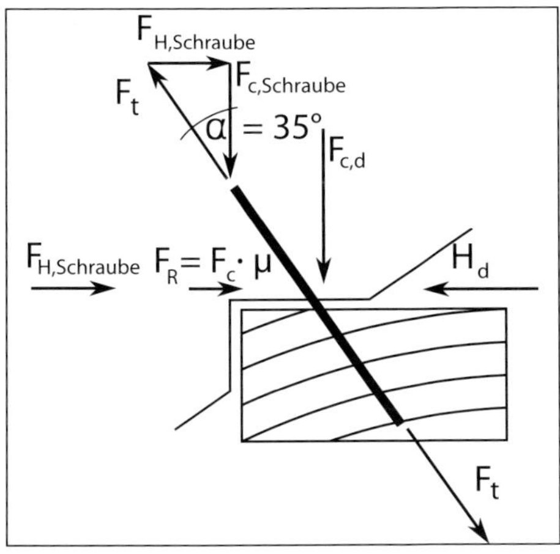

Abb. 69: Detail Pos. 11, Knoten 4, Anschluss Sparren an Traufbohle

Für das Gleichgewicht der horizontalen Kräfte muss die Schraube durch eine Zugkraft F_t beansprucht werden nach

$$H_{4,d} = F_{H,\ Schraube} + F_R$$

$$H_{4,d} = F_t \cdot \sin(\alpha) + \left(F_t \cdot \cos(\alpha) + V_{4,d}\right) \cdot \mu$$

$$F_t = \frac{H_{4,d} - V_{4,d} \cdot \mu}{\sin(\alpha) + \cos(\alpha) \cdot \mu}$$

$$F_t = \frac{3{,}08\ \text{kN} - 4{,}29\ \text{kN} \cdot 0{,}25}{\sin(35°) + \cos(35°) \cdot 0{,}25}$$

$$F_t = \frac{2{,}01\ \text{kN}}{0{,}57 + 0{,}20}$$

$$F_t = 2{,}58\ \text{kN}$$

Dabei wurde nach Blass und Brejtka (2003) ein Reibungskoeffizient von $\mu = 0{,}25$ angenommen.

Die Regelungen der ETAs zu in Achsrichtung beanspruchten Schrauben unterscheiden sich meist von denjenigen des EC5. So erlauben die ETAs häufig Winkel zwischen Achs- und Faserrichtung von $0° \leq \alpha \leq 90°$, während der EC5 $\alpha \geq 30°$ fordert. Der Ausziehwiderstand muss nach EC5 stets mit dem Faktor $\frac{1}{1{,}2 \cdot \cos^2(\alpha) + \sin^2(\alpha)}$ multipliziert werden, während in den ETAs eine Reduzierung häufig erst bei Winkeln $\alpha \leq 45°$ gefordert wird und mit einem anderen Beiwert ausgeführt wird.

Wird eine Teilgewindeschraube in einer einschnittigen Verbindung auf Herausziehen beansprucht, können zwei Versagensmechanismen auftreten:

1. Der Gewindebereich an der Spitze der Schraube wird aus dem Holz herausgezogen. Die Tragfähigkeit dieses Versagensfalles hängt vom Auszieh-

widerstand $f_{1,\alpha,k}$, dem Durchmesser d der Schraube und der Gewindelänge l_{ef} in dem betrachteten Bauteil ab. In unserem Falle ist nach der Zulassung der Ausziehbeiwert

$$f_{ax,k} = 9{,}8\ \mathrm{N/mm^2}$$

Für die verwendete Festigkeitsklasse der Traufbohle C24, Sortierklasse S10, gibt DIN EN 328 den charakteristischen Wert der Rohdichte $\rho_k = 350\ \mathrm{kg/m^3}$ an. Der Winkel α zwischen Schraubenachse und Holzfaser beträgt sowohl für den Sparren als auch die Traufbohle $\alpha = 90°$.

Die Eindringtiefe beträgt $l_{ef} = 70$ mm, der Durchmesser $d = 8$ mm, $n_{ef} = n^{0,9} = 1$. Der charakteristische Wert des Ausziehwiderstandes ergibt sich damit zu

$$F_{ax,\alpha,k} = n_{ef} \cdot k_{ax} \cdot f_{axk} \cdot d \cdot \ell \cdot \left(\frac{\rho_k}{350}\right)^{0,8}$$

$$F_{ax,\alpha,Rk} = 1 \cdot 1 \cdot 9{,}8\ \mathrm{N/mm^2} \cdot 8\ \mathrm{mm} \cdot 70\ \mathrm{mm} \cdot \left(\frac{350}{350}\right)^{0,8}$$

$$F_{ax,\alpha,Rk} = 5.488\ \mathrm{N}$$

$$F_{ax,\alpha,Rd} = \frac{k_{mod}}{\gamma_m} \cdot F_{ax,\alpha,Rk} = \frac{1{,}0}{1{,}3} \cdot 5.488\ \mathrm{N} = 4.222\ \mathrm{N}$$

Der Bemessungswert ergibt sich als Mittelwert für die Lasteinwirkungsdauer des Windes „kurz“ und „sehr kurz“ (Tabelle 7) und die Nutzungsklasse 2 (Tabelle 9) in Abhängigkeit von der zu erwartenden Holzfeuchte zu $k_{mod} = 1{,}0$. Der Teilsicherheitsbeiwert der Materialeigenschaft ist $\gamma_M = 1{,}3$ (Tabelle 11). Somit folgt schließlich der Ausziehwiderstand des profilierten Bereichs in der Traufbohle zu

$$F_{ax,Rd} = \frac{k_{mod}}{\gamma_M} \cdot R_{ax,k}$$

$$F_{ax,Rd} = \frac{1{,}0}{1{,}3} \cdot 5.488\ \mathrm{N}$$

$$F_{ax,Rd} = 4.222\ \mathrm{N}$$

2. Im Bereich des Sparrens ist kein Gewinde vorhanden. Die Zugkraft der Schraube muss daher über Querdruck unter dem Schraubenkopf eingeleitet werden. Für die Berechnung der Tragfähigkeit $R_{ax,Kopf}$ sind wiederum einige Parameter der Zulassung zu entnehmen. Der Kopfdurchmesser beträgt $d_h = 28$ mm. Die Tragfähigkeit bei dieser Beanspruchung ergibt sich nach ETA zu

$$F_{head,Rk} = n_{ef} \cdot f_{head,k} \cdot d_h^2 \cdot \left(\frac{\rho_k}{350}\right)^{0,8}$$

$$F_{head,Rk} = 1 \cdot 12{,}0\ \mathrm{N/mm^2} \cdot 28^2\ \mathrm{mm^2} \cdot \left(\frac{350}{350}\right)^{0,8}$$

$$F_{head,Rk} = 9.408\ \mathrm{N}$$

Der Bemessungswert folgt zu

$$F_{\text{head, Rd}} = \frac{k_{\text{mod}}}{\gamma_M} \cdot F_{\text{head, Rk}}$$

$$F_{\text{head, Rd}} = \frac{1{,}0}{1{,}3} \cdot 9.408 \text{ N} = 7.237 \text{ N}$$

Die Tragfähigkeit der Schraube folgt schließlich als kleinerer Wert des Ausziehwiderstandes in der Traufbohle oder dem Kopfdurchziehwiderstand an der Oberkante des Sparrens:

$$F_{\text{ax, Rd}} = \min\left\{F_{\text{ax},\alpha,\text{Rd}}; F_{\text{head, Rd}}\right\}$$

$$F_{\text{ax, Rd}} = \min\left\{4.222 \text{ N}; 7.237 \text{ N}\right\}$$

$$F_{\text{ax, Rd}} = 4.222 \text{ N} > F_{\text{t, Schraube, d}} = 2.580 \text{ N}$$

6.5.1.2 Ermittlung der Tragfähigkeit als biegebeanspruchtes Verbindungsmittel

Da die mechanischen Modelle, die Reibung berücksichtigen, so nicht in der DIN EN 1995-1-1 verankert sind, wird zum Vergleich die Verbindung nach den Abschnitten 8.2 und 8.7 der DIN EN 1995-1-1 und NA berechnet.

Da Reibung nun nicht berücksichtigt wird, ist nach Abbildung 70 die zu übertragende Horizontalkraft in eine Beanspruchung rechtwinklig zur Schraubenachse $F_{v,Ed}$ und eine Zugkomponente in Schraubenachse $F_{ax,d}$ zu zerlegen. Nach DIN EN 1995-1-1 Abschnitt 8.7.3 ist ein Interaktionsnachweis nach Abschnitt 8.3.3 zu führen

$$\left(\frac{F_{\text{ax,Ed}}}{F_{\text{ax,Rd}}}\right)^2 + \left(\frac{F_{\text{v,Ed}}}{F_{\text{v,Rd}}}\right)^2$$

Die Beanspruchungen folgen zu

$$F_{\text{v,Ed}} = H_d \cdot \cos(\alpha) \qquad F_{\text{ax,Ed}} = H_d \cdot \sin(\alpha)$$

$$F_{\text{v,Ed}} = 3.080 \text{ N} \cdot \cos(35°) \qquad F_{\text{ax,Ed}} = 3.080 \text{ N} \cdot \sin(35°)$$

$$F_{\text{v,Ed}} = 2.523 \text{ N} \quad \text{und} \quad F_{\text{ax,Ed}} = 1.767 \text{ N}$$

Aus der vorherigen Berechnung ergab sich $R_{ax,d} = F_{ax,Rd} = 3.799$ N.

Die Beanspruchung $F_{v,Ed}$ beansprucht die Verbindung klassisch auf Abscheren, d. h. die Schraube drückt sich in die Hölzer ein, in der Kontaktfläche wirken Lochleibungsspannungen f_h nach den neuen Normen, σ_e nach DIN 1052:1988. Die Schraube wird dadurch auf Biegung beansprucht. In DIN EN 1995-1-1 werden bei der Bemessung das Fließmoment $M_{y,k}$ und der Durchmesser d berücksichtigt, ähnlich zu B und d der alten Norm.

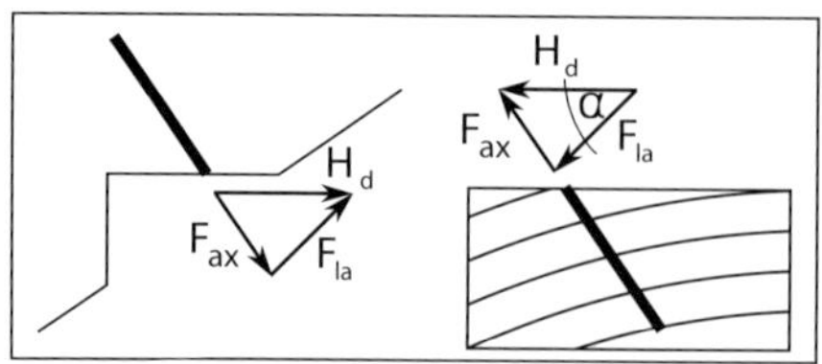

Abb. 70: Detail Pos. 11, Knoten 4, Anschluss Sparren an Traufbohle

Die Bemessungsregeln für biegebeanspruchte, stiftförmige Verbindungsmittel nach Abschnitt 8 der DIN EN 1995-1-1 sind recht komplex.

Die Bemessung für auf Abscheren beanspruchte Schrauben erfolgt nach den ETAs meist entsprechend den Regelungen des EC 5.

Bei den klassischen vorzubohrenden Holzschrauben, bei denen der Durchmesser des glatten Schaftes gleich demjenigen des Gewindes ist (z. B. Sechskantschrauben), ist häufig $d > 6$ mm, dann sind die Regelungen des Abschnittes 8.5 wie für Bolzen zu verwenden.

Nach Abschnitt 8.7.1 der DIN EN 1995-1-1 ist für die Bemessung $d = d_{ef} = 1{,}1 \cdot d_{Kern}$ zu verwenden.

Die ETAs der selbstbohrenden Schrauben erlauben jedoch meist die Verwendung des Gewindeaußendurchmessers d. Lochleibungsfestigkeit $f_{h,k}$ und Biegewiderstand $M_{y,k}$ werden in den ETA angegeben.

Bei den hier verwendeten Schrauben beträgt der Außendurchmesser $d = 8{,}0$ mm, der nach ETA für die Bemessung nach EC5 verwendet werden darf.

Der charakteristische Wert der Tragfähigkeit einer auf Abscheren beanspruchten Verbindung von Schrauben mit $d = 8{,}0$ mm, wird nach NA zu Abschnitt 8.2.4, „Verbindungen von Bauteilen aus Holz“, berechnet zu

$$F_{v,Rk} = \sqrt{\frac{2 \cdot \beta}{1+\beta}} \cdot \sqrt{2 \cdot M_{y,Rk} \cdot f_{h,1,k} \cdot d}$$

mit dem charakteristischen Wert des Fließmomentes der Schrauben (Biegewiderstand) nach Zulassung $M_{y,k} = 20$ Nm und dem Verhältnis der Lochleibungsfestigkeiten *ß* der beiden verbundenen Hölzer. Die Traufbohle wird nicht vorgebohrt, die Lochleibungsfestigkeit folgt zu

$$f_{h,k,\,\text{Traufbohle}} = 0{,}082 \cdot \rho_k \cdot d^{-0{,}3} \text{ N/mm}^2$$

$$f_{h,k,\,\text{Traufbohle}} = 0{,}082 \cdot 350 \cdot 8^{-0{,}3} \text{ N/mm}^2$$

$$f_{h,k,\,\text{Traufbohle}} = 15{,}4 \text{ N/mm}^2$$

Werden die Sparren vorgebohrt, um eine Führung vorzugeben und den Eindrehwiderstand zu reduzieren, berechnet sich die Lochleibungsfestigkeit für vorgebohrte Holz-Holz-Nagelverbindungen zu

$$f_{h,k,\text{ Sparren}} = 0{,}082 \cdot \left(1 - 0{,}01 \cdot d\right) \cdot \rho_k \text{ N/mm}^2$$

$$f_{h,k,\text{ Sparren}} = 0{,}082 \cdot \left(1 - 0{,}01 \cdot 8\right) \cdot 350 \text{ N/mm}^2$$

$$f_{h,k,\text{ Sparren}} = 26{,}4 \text{ N/mm}^2$$

Abschnitt 8.3.1.3 des NA für Verbindungen mit Holzschrauben erlaubt hier Bohrlochdurchmesser zwischen $0{,}6 \cdot d$ und $0{,}8 \cdot d$. Da sich die Verhältnisse zwischen glattem Schaft und Außendurchmesser des Gewindes bei den selbstbohrenden Schrauben nach Zulassungen deutlich von denjenigen der genormten Schrauben unterscheidet, sollte der Sparren höchstens mit dem Durchmesser des glatten Schaftes d_s vorgebohrt werden. Bei der gewählten selbstbohrenden Schraube mit einem Außendurchmesser $d = 8$ mm ist dies $d_s = 5{,}5$ mm.

Der charakteristische Wert der Tragfähigkeit ergibt sich zu

$$F_{v,\text{Rk}} = \sqrt{\frac{2 \cdot 1{,}71}{1+1{,}71}} \cdot \sqrt{2 \cdot 20 \text{ N } 1.000 \text{ mm} \cdot 26{,}4 \text{ N/mm}^2 \cdot 8 \text{ mm}}$$

$$F_{v,\text{Rk}} = 1{,}13 \cdot 2.907 \text{ N} = 3{,}27 \text{ kN}$$

Nach Abschnitt 8.2.2 der DIN EN 1995-1-1 und NCI zu 8.7 darf bei einschnittigen Verbindungen der sogenannte Einhängeeffekt berücksichtigt werden und der charakteristische Wert der Tragfähigkeit $F_{v,\text{Rk}}$ um

$$\Delta F_{v,\text{Rk}} = \min\left\{F_{v,\text{Rk}}; \frac{1}{4} \cdot F_{ax,\text{Rk}}\right\}$$

erhöht werden. Eine Tragfähigkeitssteigerung, die bei den hohen Ausziehwiderständen der selbstbohrenden Schrauben recht hoch sein kann.

Für unseren Fall

$$\Delta F_{v,\text{Rk}} = \min\{3.270 \text{ N}; 0{,}25 \cdot 5.488 \text{ N}\} = \min\{2.906 \text{ N}; 1.372 \text{ N}\} = 1.372 \text{ N}$$

Die Tragfähigkeit der durch $F_{v,\text{Ed}} = 2.523$ N auf Abscheren beanspruchten Verbindung darf demnach mit

$$F_{v,\text{Rk}} + \Delta F_{v,\text{Rk}} = 3.270 \text{ N} + 1.372 \text{ N} = 4.642 \text{ N}$$

bemessen werden.

Der Interaktionsnachweis für die horizontale Auflagerreaktion $H_d = 3{,}08$ kN wird mit

$$F_{v,\text{Rd}} = \frac{k_{mod}}{\gamma_M} \cdot F_{v,\text{Rk}}$$

$$F_{v,\text{Rd}} = \frac{1{,}0}{1{,}3} \cdot 4.642 \text{ N}$$

$$F_{v,\text{Rd}} = 3.570 \text{ N}$$

und dem Bemessungswert des Ausziehwiderstandes

$$F_{ax,Rd} = \frac{k_{mod}}{\gamma_M} \cdot F_{ax,Rk}$$

$$F_{ax,\,Rd} = \frac{1{,}0}{1{,}3} \cdot 5.488 \text{ N}$$

$$F_{ax,\,Rd} = 4.222 \text{ N}$$

geführt. Da die Schraube bei der Abscherbeanspruchung auf Biegung beansprucht wird und somit die mechanischen Eigenschaften des Stahls die Tragfähigkeit bestimmen, hätte nach NCI NA 8.2.4 $\gamma_M = 1{,}1$ angenommen werden dürfen. Bei der Ausziehbeanspruchung werden dagegen die Holzfasern in der Mantelfläche der Schraube abgeschert, sodass $\gamma_M = 1{,}3$ anzusetzen ist. Da der Seileffekt dann nochmals gesondert zu untersuchen wäre, wurde hier konservativ $\gamma_M = 1{,}3$ angesetzt. Der Nachweis folgt zu

$$\left(\frac{F_{ax,Ed}}{F_{ax,Ed}}\right)^2 + \left(\frac{F_{v,Ed}}{F_{v,Rd}}\right) \leq 1$$

$$\left(\frac{1.767 \text{ N}}{4.222 \text{ N}}\right)^2 + \left(\frac{2.523 \text{ N}}{3570 \text{ N}}\right) \leq 1$$

$$0{,}42^2 + 0{,}71^2 \leq 1$$

$$1{,}8 + 0{,}5 = 0{,}67 \leq 1$$

Auch dieser Nachweis ist somit eingehalten.

Günstig für die Anwendung sind Programme oder Tabellen. Bei der Verwendung von selbstbohrenden Schrauben ist darauf zu achten, dass der Biegewiderstand der Schrauben infolge der Kaltverfestigung und der Verwendung von Legierungen in der Regel der Zulassung zu entnehmen ist und nicht nach DIN EN 1995-1-1 berechnet werden kann. Die Zulassungen beinhalten meist einen Hinweis, dass die Bemessung mit dem Gewindeaußendurchmesser durchgeführt werden darf.

6.5.1.3 Mindestholzdicken

Einige Zulassungen selbstbohrender Holzschrauben bieten den weiteren Vorteil, dass die Abstände und Mindestholzdicken, wie bei vorgebohrten Nägeln verwendet werden dürfen. Dies ist jedoch nicht in allen Zulassungen derart günstig geregelt. Für die verwendete Schraube wird daher angenommen, dass die ungünstigen Regelungen wie für nicht vorgebohrte Nägel zu berücksichtigen sind.

Abschnitt 8.3.1.2 der DIN EN fordert Mindestholzdicken, um ein Spalten der Hölzer bereits beim Einbringen von Nägeln auszuschließen. Abschnitt 8.7.1 zu Holzschrauben verweist auf diese Regelung. Wenn in den Zulassungen keine günstigeren Vorgaben gemacht werden, gelten diese daher auch für Schraubenverbindungen ohne Vorbohren. Diese Regelungen führen häufig zu größeren Mindestholzdicken als die Vorgaben der DIN 1052:1988. Die Mindestholzdicken für Nagelverbindungen und Schraubenverbindungen ohne Vorbohren folgen zu

$$t = \max\left\{14 \cdot d;\ \left(13 \cdot d - 30\ \text{mm}\right) \cdot \frac{\rho_k}{200}\right\}$$ für alle Holzarten außer

Kiefernholz. Bei einer Fußbohle aus Fichten- oder Tannenholz und einem Schraubendurchmesser $d = 8$ mm bedeutet dies eine Mindestholzdicke von

$$t = \max\left\{14 \cdot 8\ \text{mm};\ \left(13 \cdot 8\,\text{mm} - 30\ \text{mm}\right) \cdot \frac{350\ \text{kg/m}^3}{200}\right\}$$

$$t = \max\left\{112\ \text{mm};\ 130\ \text{mm}\right\} = 130\ \text{mm}$$

Eine Fußbohle aus Fichtenholz müsste mindestens eine Breite $b = 13$ cm aufweisen. Eine Alternative besteht in der Verwendung von Kiefernholz, dieses neigt weniger zum Spalten und bietet zudem den Vorteil höherer Dauerhaftigkeit.

Für Kiefernholz ist eine Mindestdicke von

$$t = \max\left\{7 \cdot d;\ \left(13 \cdot d - 30\ \text{mm}\right) \cdot \frac{\rho_k}{400}\right\}$$

$$t = \max\left\{7 \cdot 8\ \text{mm};\ \left(13 \cdot 8\ \text{mm} - 30\ \text{mm}\right) \cdot \frac{350}{400}\right\}$$

$$t = \max\left\{56\ \text{mm};\ 65\ \text{mm}\right\}$$

erforderlich.

Nicht ganz einfach ist die Forderung der DIN EN 1995-1-1, Abs. 8.3.1.2 in Bezug auf den Mindestabstand rechtwinklig zur Faserrichtung zum Rand für geneigt angeordnete Verbindungsmittel auszulegen. Blaß et al. (2005) schlagen für Schrauben ein Verfahren vor, das sich auch in vielen Zulassungen selbstbohrender Schrauben findet. Hierbei wird der Abstand vom Schwerpunkt der Schraube im betrachteten Holzteil berücksichtigt. Abschnitt 8.7.2 der DIN EN 1995-1-1 enthält diesen Ansatz für auf Herausziehen beanspruchte Schrauben. Bei einer Eindringtiefe von 70 mm (nach Abbildung 68) ist der Randabstand bei 35 mm in der Mitte der Eindringlänge einzuhalten. Für die einzuhaltenden Randabstände verweisen die Zulassungen der selbstbohrenden Schrauben in der Regel auf die Abstände der Nagelverbindungen, günstige Zulassungen auf die Regelungen für vorgebohrte, weniger günstige Zulassungen auf diejenigen der nicht vorgebohrten Nagelverbindungen. Für letztere ist der einzuhaltende Randabstand quer zur Faserrichtung und zum beanspruchten Rand

$$a_{4,t} = \left(5 + 5 \cdot \sin\left(\alpha\right)\right) \cdot d$$

$$a_{4,t} = \left(5 + 5 \cdot \sin\left(90°\right)\right) \cdot 8\ \text{mm}$$

$$a_{4,t} = 10 \cdot 8\ \text{mm} = 80\ \text{mm}$$

Daher müsste für selbstbohrende Schrauben, deren Abstände sich nach den Vorgaben der nicht vorgebohrten Nagelverbindungen richten, die Anordnung der Schraube nach Abbildung 68 etwas verändert werden.

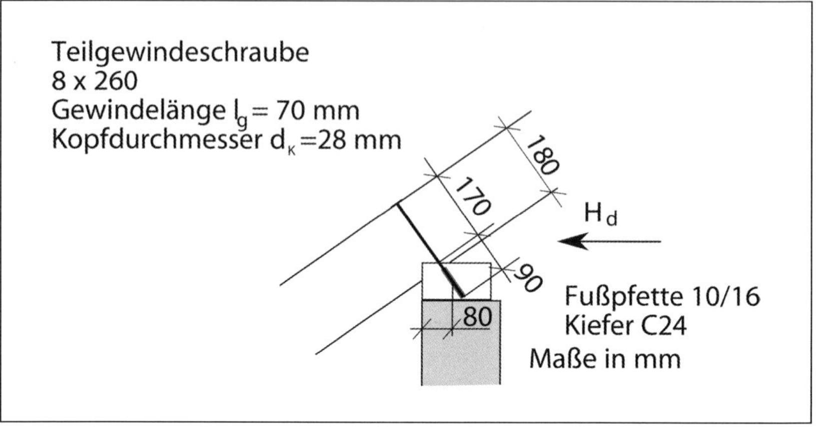

Abb. 71: Detail Pos. 11. Knoten 4, Anschluss Sparren an Traufbohle

Mit einer Neuwahl des Fußpfettenquerschnittes nach Abbildung 71 und der Schraubenlänge ist zusätzlich die Voraussetzung der NA erfüllt, wonach für die Anwendung der vereinfachten Bemessungsgleichung für auf Abscheren beanspruchte Nägel eine Mindesteindringtiefe von

$$t_{\mathrm{req}} = 9 \cdot d$$

$$t_{\mathrm{req}} = 9 \cdot 8\ \mathrm{mm} = 72\ \mathrm{mm}$$

vorhanden sein muss. Alternativ kann eine selbstbohrende Schraube verwendet werden, deren Zulassung auf die Verwendung von Abständen verweist, wie sie für vorgebohrte Nagelverbindungen angewendet werden dürfen. In vielen ETAs ist dies allerdings nur für ausschließlich auf Zug beanspruchte Schrauben erlaubt.

6.5.1.4 Anschluss mit Sparrenpfettenankern

Abbildung 72 zeigt als Variante einen Anschluss mit zwei liegenden Sparrenpfettenankern. Der Anschluss erfolgt mit Rillennägeln 4,0×40 mit d = 4,0 mm und l = 40 mm der Tragfähigkeitsklasse 3. Die Hersteller der Sparrenpfettenanker bieten meist Bemessungshilfen an, die die Nageltragfähigkeit, die Anzahl der Nägel und die Tragfähigkeit des Blechformteiles berücksichtigen. Bei einem Anschluss mit 4 Rillennägeln 4,0×40 je Sparrenpfettenanker folgt dann beispielsweise eine Tragfähigkeit für zwei Sparrenpfettenanker von $F_{Rd} = 5{,}1\ \mathrm{kN} > H_{\mathrm{d}} = 3{,}08\ \mathrm{kN}$. Bei der Wahl der Sparrenpfettenanker sind die Mindestabstände nach Abschnitt 8.3.1.2 der DIN EN 1995-1-1 zu beachten. Die Mindestnagelabstände parallel zur Faserrichtung a_1 und derjenige rechtwinklig zur Faserrichtung a_2 dürfen bei Stahlblech-Holz-Verbindungen auf den 0,7-fachen Wert der für Holz-Holz-Verbindungen nach Abschnitt 8.3.1.2 der DIN EN 1995-1-1 vorgeschriebenen Werte reduziert werden.

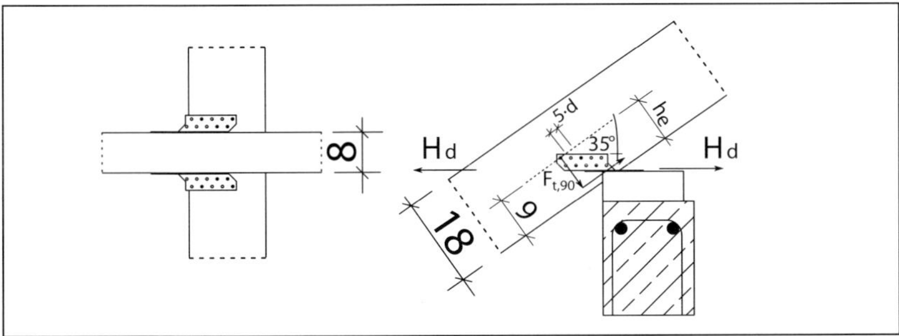

Abb. 72: Detail Pos. 11, Knoten 4, Anschluss Sparren an Traufbohle mit Sparrenpfettenankern

Der Nachweis für die Querzugbeanpruchung des Anschlusses wird mit der Querkraft $F_{v,Ed} = H_d \cdot \sin(35°) = 3{,}08\ \text{kN} \cdot \sin(35°) = 1{,}77\ \text{kN}$ geführt.

Nach DIN EN 1995-1-1/NA ist

$$\frac{F_{t,90,d}}{R_{90,d}} \leq 1 \quad \text{zu erfüllen.}$$

Mit der Tragfähigkeit bei Querzugbeanspruchung von

$$R_{90,d} = k_s \cdot k_r \cdot \left(6{,}5 + \frac{18 \cdot a^2}{h^2}\right) \cdot \left(t_{ef} \cdot h\right)^{0{,}8} \cdot f_{t,90,d}$$

Die im NA beschriebene Anordnung der Verbindungsmittel, die gitterförmig verteilt angenommen werden, stimmt nicht mit der hier vorliegenden Anordnung der Nägel überein.

Die Faktoren k_s zur Berücksichtigung mehrerer nebeneinander liegender Verbindungsmittel und k_r zur Berücksichtigung übereinander angeordneter Verbindungsmittel werden beide auf der sicheren Seite liegend zu 1 angenommen.

Mit $t_{ef} = \min\{b; 2 \cdot t; 30 \cdot d\} = \min\{80\ \text{mm}; 2 \cdot 40\ \text{mm}; 30 \cdot 4\ \text{mm}\} = 80\ \text{mm}$, $a = 90$ mm, $h = 180$ mm und

$$f_{t,90,d} = \frac{k_{mod}}{\gamma_M} \cdot f_{t,90,k} = \frac{1{,}0}{1{,}3} \cdot 0{,}4\ \text{N/mm}^2 = 0{,}31\ \text{N/mm}^2$$

folgt

$$R_{90,d} = 1{,}0 \cdot 1{,}0 \cdot \left(6{,}5 + \frac{18 \cdot 90^2}{180^2}\right) \cdot (80 \cdot 180)^{0{,}8} \cdot 0{,}31$$

$$R_{90,d} = 7{,}1\ \text{kN} \geq F_{t,90,d} = 1{,}77\ \text{kN}$$

6.5.2 Anschluss an Mittelpfette

Der Bemessungswert der vertikalen Auflagerkraft am Auflager Pos. 2 in Abbildung 46 kann nach Tabelle 16 berechnet werden, wobei die Einwirkung infolge Eigenlast um das Eigengewicht des Spitzbodens reduziert werden kann. Die Einwirkungen auf den Spitzboden werden direkt in die Mittelpfetten eingeleitet, die im statischen System nach Abbildung 48 die einwertigen Auflager an den Knoten 5 und 6 bilden. Die Eigenlast der Decke wurde in Abschnitt 3.1 mit $g_k = 0{,}52$ kN/m² angesetzt. Im Modell hat der Stab 7 nach Abbildungen 5 und 48 eine Länge von $l = 3{,}74$ m. Bei einem Abstand der Gespärre von 0,70 m folgt damit die Auflagerlast des Spitzbodens zu

$$V_{g,\text{ Spitzboden, k}} = 1/2 \cdot 3{,}74\ \text{m} \cdot 0{,}70\ \text{m} \cdot 0{,}52\ \text{kN/m}^2$$

$$V_{g,\text{ Spitzboden, k}} = 0{,}68\ \text{kN}$$

Die senkrecht wirkende Auflagerlast am Anschluss der Sparren an die Mittelpfette ergibt sich mit den Werten der Tabelle 16

$$F_{c,90,d} = 1{,}35 \cdot \left(V_{g,k} - V_{g,\text{ Spitzboden, k}}\right) + 1{,}5\left(V_{w\theta = 0°,k} + V_{w\theta = 0°,\text{ Umlagerung, k}}\right) + 1{,}5 \cdot \psi_0 \cdot V_{s,\text{ k}}$$

$$F_{c,90,d} = 1{,}35 \cdot \left(3{,}36\ \text{kN} - 0{,}68\ \text{kN}\right) + 1{,}5\left(0{,}61\ \text{kN} + 0{,}87\ \text{kN}\right) + 1{,}5 \cdot 0{,}5 \cdot 1{,}12\ \text{kN}$$

$$F_{c,90,d} = 3{,}62\ \text{kN} + 2{,}22\ \text{kN} + 0{,}84\ \text{kN}$$

$$F_{c,90,d} = 6{,}68\ \text{kN}$$

Horizontalkräfte treten an den einwertig modellierten Auflagern 5 und 6 des statischen Systems nach Abbildung 48 nicht auf. Dennoch müssen horizontale Kräfte von den Sparren in die Mittelpfetten eingeleitet werden. Diese Schnittgrößen der beiden Dachhälften stehen im Gleichgewicht und werden durch die Zugkräfte in der Kehlscheibe ausgeglichen. Die Berechnung dieses Anschlusses ist in Abschnitt 6.6 enthalten.

Die Abmessungen der Kerve des Sparrens im Anschlussbereich an die Mittelpfette ist in Abbildung 63 dargestellt. Die Kerventiefe mit beinahe 6 cm ist größer als das üblicherweise empfohlene Maß von $^1/_4$ der Sparrenhöhe, vgl. Neumann et al. (2008) oder Schmitt (1956). Da das statische System kein reines Pfettendach ist und somit zu geringeren Biegemomenten am Mittenauflager führt, stellt dies für den Nachweis der Biegebeanspruchung in Abschnitt 6.3 keinen Nachteil dar. Vorteilhaft ist dagegen, dass die Torsionsbeanspruchung M_T der Pfette durch die breite horizontale Kervenfläche stark reduziert ist. Die Auflagerkraft weist lediglich eine Exzentrizität von $e_x = 14\ \text{cm}/2 - 5\ \text{cm} = 2\ \text{cm}$ auf.

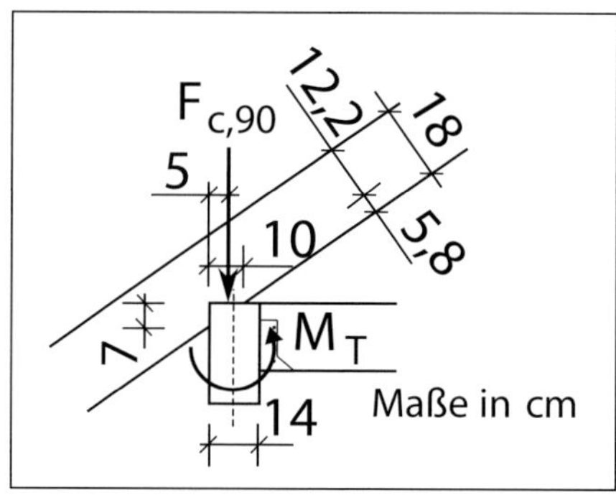

Abb. 73: Detail Pos. 12, Knoten 5, Anschluss Sparren an Mittelpfette

Als querdruckbeanspruchte Auflagerfläche folgt nach Abschnitt 6.1.5 der DIN EN 1995-1-1 und Abbildung 74 $A_{ef} = 140\ \text{cm}^2$.

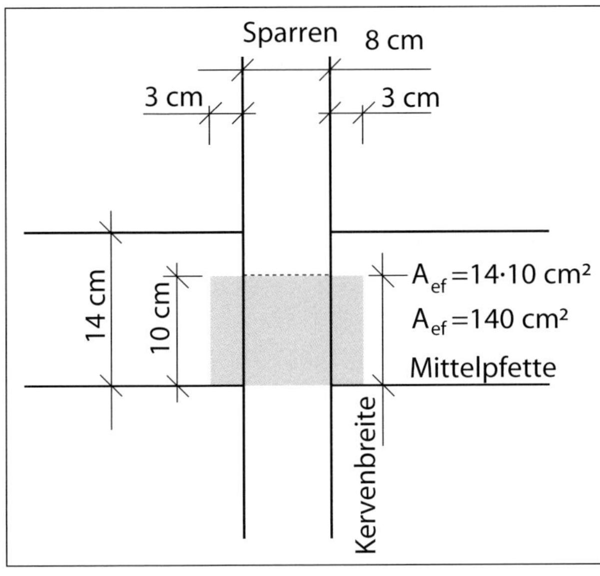

Abb. 74: Detail Pos. 12, Knoten 5, Anschluss Sparren an Mittelpfette

Der Bemessungswert der Querdruckspannung ist

$$\sigma_{c,90,d} = \frac{F_{c,90,d}}{A_{ef}}$$

$$\sigma_{c,90,d} = \frac{6.680\ \text{N}}{14.000\ \text{mm}^2}$$

$$\sigma_{c,90,d} = 0{,}48\ \text{N/mm}^2$$

Der Querdruckbeiwert für Auflagerdruck und Brettschichtholz beträgt nach Abschnitt 6.1.5 der DIN EN 1995-1-1 $k_{c,90} = 1{,}75$. Der Nachweis stellt mit dem Bemessungswert der Querdruckfestigkeit für Brettschichtholz der Festigkeitsklasse GL28h (BS14)

$$f_{c,90,d} = \frac{k_{mod}}{\gamma_M} \cdot f_{c,90,k}$$

$$f_{c,90,d} = \frac{0{,}9}{1{,}3} \cdot 3{,}0\ \text{N/mm}^2$$

$$f_{c,90,d} = 2{,}08\ \text{N/mm}^2$$

kein Problem dar

$$\frac{\sigma_{c,90,d}}{k_{c,90} \cdot f_{c,90,d}} \leq 1$$

$$\frac{0{,}42\ \text{N/mm}^2}{1{,}75 \cdot 2{,}08\ \text{N/mm}^2} = \frac{0{,}42\ \text{N/mm}^2}{3{,}64\ \text{N/mm}^2} = 0{,}12 < 1$$

Zur Lagesicherung des Sparrens erfolgt ein Anschluss mit der gleichen selbstbohrenden Teilgewindeschraube 8 × 240, die am Sparrenfuß nach Kapitel 6.5.1 verwendet wird.

6.6 Zugkrafteinleitung Sparren–Mittelpfette

Da das Dach eine Mischung aus Sparren- und Pfettendach ist, wird die Kehlscheibe auf Zug beansprucht. Diese Zugkraft muss vom Sparren in die Mittelpfette eingeleitet werden und von dort über die OSB-Beplankung der Kehlscheibe mit den Kräften des gegenüberliegenden Sparrens ausgeglichen werden. Die Schraube oder der Sparrennagel zur Lagesicherung des Sparrens sollte vorteilhafterweise dazu in der Lage sein, die Horizontalkräfte weiterzuleiten. Ein Anschluss mit einem stehenden oder liegenden Sparrenpfettenanker ist ebenfalls möglich.

Der erste Randsparren innerhalb der Giebelwände weist eine etwas höhere Zugkraft auf als die Regelsparren, vergleiche dazu die Windlasten des Regelsparrens nach Abbildung 33 und diejenigen des Randsparrens nach Abbildung 34. Das statische System des Flugsparrens außerhalb der Giebelwand weicht von demjenigen der Sparren innerhalb ab, es wird in Abschnitt 7 behandelt. Deutlich höhere Zugkräfte weist die Kehlscheibe der Position 2b auf, das ist das unvollständige Gespärre ähnlich einem Sparrendach.

Tabelle 17: Charakteristische Werte der Reaktionen

	Zugkraft im Kehlbalken (Stab 7) $F_{7,k}$ [kN]	
Einwirkung	**Regelgespärre**	**Pos. 2b nach Abbildung 56**
g_k	0,54	1,15
s_k	0,22	0,48
$s_k/2$ und s_k Abbildung 20	0,17	0,36
$w_{k,\theta=0°}$	−0,01	0,28
$w_{k,\theta=90°}$	0,25	−0,22
$Q_{k,\text{First}}$	0,54	0,71

Für die Kehlscheibe der Pos. 2b tritt der maßgebende Bemessungswert $F_{t,d}$ der Zugbeanspruchung nach Tabelle 17 bei Einwirken der Nutzlast $Q_k = 1$ kN im First als führende veränderliche Einwirkung auf:

$$F_{t,d} = \gamma_G \cdot F_{7,g} + \gamma_Q \cdot F_{7,Q} + \gamma_Q \cdot \psi_0 \cdot F_{7,w0k}$$

Eine Überlagerung der Nutzlast mit der Schneelast ist nach DIN EN 1991-1-1 nicht erforderlich

$$F_{t,d} = 1{,}35 \cdot 1{,}15\text{ kN} + 1{,}5 \cdot 0{,}71\text{ kN} + 1{,}5 \cdot 0{,}6 \cdot 0{,}28\text{ kN}$$

$$F_{t,d} = 2{,}5\text{ kN} + 1{,}07\text{ kN} + 0{,}25\text{ kN}$$

$$F_{t,d} = 3{,}82\text{ kN}$$

Aufgrund der in Kapitel 6.2, Abbildung 58, angenommenen Abtragung eines Teils der Windlast durch die Vollgespärre, Pos. 2, muss auch diese Kombination untersucht werden:

$$F_{t,d} = \gamma_G \cdot F_{7,g} + \gamma_Q \cdot \left(F_{7,w0k} + F_{7,w,\,\text{Umlagerung},\,k}\right) + \gamma_Q \cdot \psi_0 \cdot F_{7,sk}$$

$$F_{t,d} = 1{,}35 \cdot 0{,}54\ \text{kN} + 1{,}5 \cdot \left(-\ 0{,}01\ \text{kN} + 1{,}25\ \text{kN}\right) + 1{,}5 \cdot 0{,}5 \cdot 0{,}22\ \text{kN}$$

$$F_{t,d} = 0{,}73\ \text{kN} + 1{,}86\ \text{kN} + 0{,}16\ \text{kN}$$

$$F_{t,d} = 2{,}75\ \text{kN}$$

Maßgebend wird demnach die Zugbeanspruchung im Gespärre der Pos. 2b.

Die für den Fußanschluss vorgesehene Teilgewindeschraube 8 × 240 nach Kapitel 6.5.1.2 soll hier gleichfalls eingesetzt werden.

Nach Kapitel 6.5.1.2, Abbildung 70, ist eine Kraftzerlegung in Achsrichtung der Schraube $F_{ax,\,d}$ und rechtwinklig zur Achse $F_{la,d}$ erforderlich:

$$F_{v,Ed} = F_{t,d} \cdot \cos\left(\alpha\right) \qquad F_{ax,Ed} = F_{t,d} \cdot \sin\left(\alpha\right)$$

$$F_{v,Ed} = 3.820\ \text{N} \cdot \cos\left(35°\right) \qquad F_{ax,Ed} = 3.820\ \text{N} \cdot \sin\left(35°\right)$$

$$F_{v,Ed} = 3.129\ \text{N} \quad \text{und} \quad F_{ax,Ed} = 2.191\ \text{N}$$

Der Ausziehbeiwert aus der Mittelpfette darf unter Berücksichtigung der höheren Rohdichte des Brettschichtholzes der Festigkeitsklasse GL28h $\rho_k = 380\ \text{kg/m}^3$ berechnet werden zu

$$F_{ax,\,\alpha,\,k} = n_{ef} \cdot k_{ax} \cdot f_{axk} \cdot d \cdot \ell \cdot \left(\frac{\rho_k}{350}\right)^{0{,}8}$$

$$F_{ax,\,\alpha,\,Rk} = 1 \cdot 1 \cdot 9{,}8\ \text{N/mm}^2 \cdot 8\ \text{mm} \cdot 70\ \text{mm} \cdot \left(\frac{380}{350}\right)^{0{,}8}$$

$$F_{ax,\,\alpha,\,Rk} = 5.861\ \text{N}$$

$$F_{ax,\,\alpha,\,Rd} = \frac{k_{mod}}{\gamma_m} \cdot F_{ax,\,\alpha,\,Rk} = \frac{1{,}0}{1{,}3} \cdot 5.8618\ \text{N} = 4.510\ \text{N}$$

Der Kopfdurchziehwiderstand wurde in Kapitel 6.5.1.1 zu $F_{head,Rd} = 7.237$ N bestimmt, sodass der Ausziehwiderstand maßgebend bleibt.

Der charakteristische Wert der Tragfähigkeit bei Biegebeanspruchung $F_{v,Rk}$ darf um $\Delta F_{v,Rk} = \min\ \{F_{v,Rk};\ \frac{1}{4} \cdot F_{ax,Rk}\}$ erhöht werden.

$$\Delta F_{v,Rk} = \min\left\{3.270\ \text{N};\ 0{,}25 \cdot 5.861\ \text{N}\right\} = \min\left\{3.270\ \text{N};\ 1.465\ \text{N}\right\} = 1.618\ \text{N}$$

Die Tragfähigkeit der durch $F_{v,Ed} = 3.129$ N auf Abscheren beanspruchten Verbindung darf demnach zu

$$F_{v,Rk} + \Delta F_{v,Rk} = 3.270\ \text{N} + 1.465\ \text{N} = 4.735\ \text{N}$$

angenommen werden. Der Bemessungswert folgt zu

$$F_{v,Rd} = \frac{k_{mod}}{\gamma_M} \cdot F_{v,Rk}$$

$$F_{v,Rd} = \frac{1,0}{1,3} \cdot 4.735 \text{ N}$$

$$F_{v,Rd} = 3.643 \text{ N}$$

Der Interaktionsnachweis nach Abschnitt 6.5.1.2 für die Teilgewindeschraube 8×240 folgt zu

$$\left(\frac{F_{ax,Ed}}{F_{ax,Rd}}\right)^2 + \left(\frac{F_{v,Ed}}{F_{v,Rd}}\right)^2 \leq 1$$

$$\left(\frac{2.191 \text{ N}}{4.510 \text{ N}}\right)^2 + \left(\frac{3.129 \text{ N}}{4.735 \text{ N}}\right)^2 \leq 1$$

$$0,49^2 + 0,66^2 \leq 1$$

$$0,24 + 0,44 = 0,67 \leq 1$$

sodass dieser Nachweis eingehalten ist. Der Nachweis nach Kapitel 6.5.1.1 könnte ebenfalls geführt werden.

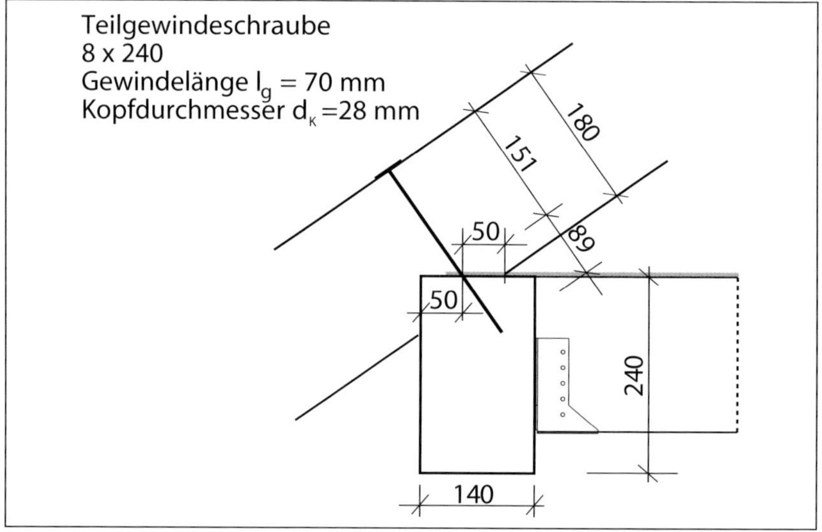

Abb. 75: Detail Pos. 12, Anschluss Sparren an Mittelpfette mit Teilgewindeschraube

Bei Abmessungen, die zu höheren Zugkräften in der Kehlscheibe führen, können entsprechend Kapitel 6.5.1.4 liegende Sparrenpfettenanker angeordnet werden. Überwiegen bei leichten, flachgeneigten Dächern in Windzone 3 oder 4, kann eine senkrechte Anordnung der Sparrenpfettenanker erforderlich sein.

Die Sparrenpfettenanker müssen, wenn sie bei liegender Anordnung nach Abbildung 76 auch zur Übertragung von senkrecht wirkenden Verankerungskräften herangezogen werden sollen, nach den Regelungen der Zulassung in der Lage sein, weitere Lasten rechtwinklig zur ihrer Längsachse abzutragen. Andererseits muss bei einer senkrechten Anordnung für große abhebenden Kräfte die Einleitung der Zugkraft in der Kehlscheibe rechtwinklig zur Längsachse der Sparrenpfettenanker möglich sein. Eine Kombination beider Verbindungsmittel, Sparrenpfettenanker und Sparrennagel oder Schraube, bei der Bemessung wäre zwar wirklichkeitsnah, aber aufgrund der verschiedenen Steifigkeiten mechanisch aufwendiger zu modellieren (Kapitel 10).

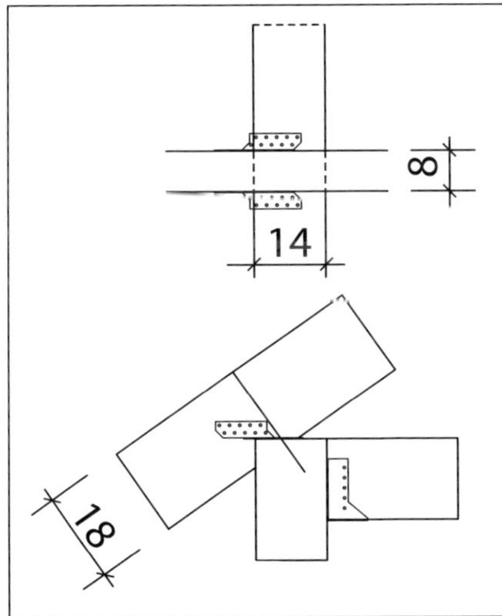

Abb. 76: Detail Pos. 12, Anschluss Sparren an Mittelpfette mit liegenden Sparrenpfettenankern

6.7 Anschlüsse Firstbereich

Tabelle 18 enthält die Normal- und Querkräfte bezogen auf die Schwerachse der Sparren am Sparrenende im Firstbereich. Für die Beanspruchung der Verbindungsmittel im Firstpunkt ist die Konstruktion des Firstgelenkes entscheidend. Bei einer Ausbildung mit einem Blatt nach Abbildung 78 werden die Verbindungsmittel durch die Resultierende der Normal- und Querkraft beansprucht. Bei einer Ausbildung mit Druckkontakt zwischen den Sparren nach den Abbildungen 80 und 81 werden die Verbindungsmittel nur durch die in dem Stoß wirkenden Querkräfte nach Abbildung 79 beansprucht.

Tabelle 18: Charakteristische Werte der Reaktionen

	Quer- und Längskraft der im Firstpunkt angeschlossenen Stäbe (Knoten 2, Stab 4)			
	Regelgespärre		Pos. 2b nach Abbildung 56	
Einwirkung	$V_{2,k}$ [kN]	$N_{2,k}$ [kN]	$V_{2,k}$ [kN]	$N_{2,k}$ [kN]
g_k	−0,43 ↑	−0,62 ←	−0,66	−0,94
s_k	−0,18 ↑	−0,26 ←	−0,28	−0,39
$s_k/2$ und s_k Abbildung 20	−0,09 0,18 (Stab 2)	−0,22 ← −0,16 (Stab 2)	−0,14 0,28 (Stab 2)	−0,34 −0,25 (Stab 2)
$w_{k,\theta=0°}$	−0,12 ↑ −0,13 ↑	0,1 → −0,08 ←	−0,21 −0,19	0,1 −0,22
Umlagerung über Kehlscheibe nach Abbildung 58	0,00	0,00		
$w_{k,\theta=90°}$	0,25 ↓	0,35 →	0,37	0,53
$Q_{k,\text{im First}}$	0,00	−0,87 ←	0,00 ←	−0,87

In Abbildung 77 ist die Querkraft V und die Normalkraft N, die dem Stabwerksprogramm entnommen werden können, für das linke Schnittufer des Sparrens dargestellt. Nach den Schnittgrößen der Tabelle 17 ist offensichtlich, dass die Einwirkung der Nutzlast $Q_k = 1$ kN im Firstpunkt maßgebend wird, überlagert mit den Schnittgrößen infolge Eigenlast und Windanströmung rechtwinklig zum First. Sollen alle Firstanschlüsse gleichartig ausgeführt werden, ist das unvollständige Gespärre Pos. 2b für die Bemessung zu verwenden. Nach DIN EN 1991-1-1 ist eine Überlagerung der Nutzlast mit der Schneelast nicht erforderlich.

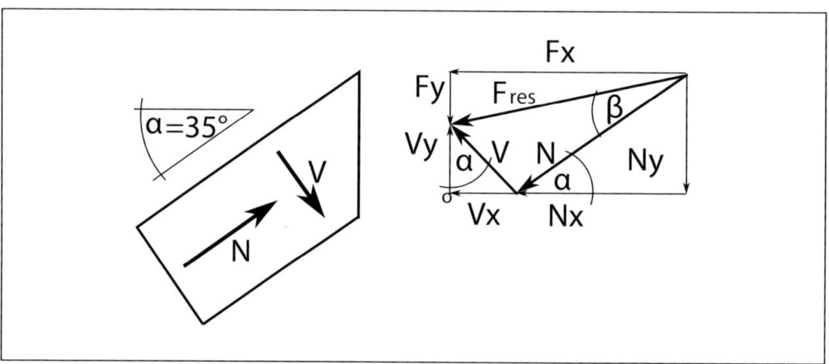

Abb. 77: Detail Pos. 13, Firstanschluss

Abbildung 78 zeigt eine mögliche Ausführung des Firstanschlusses mit einer Überblattung und Nägeln 2,8 × 65 mm.

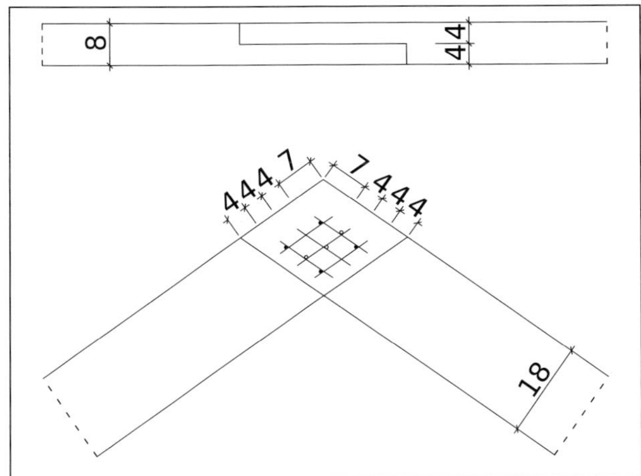

Abb. 78: Detail Pos. 13, Anschluss im First

Die Bestimmung der resultierenden Beanspruchung F_{res} für die Verbindungsmittel erfolgt am günstigsten indem alle Schnittgrößen zunächst in horizontale und senkrechte Komponenten F_x und F_y zerlegt werden und die Resultierende aus der Summe der horizontal und senkrecht wirkenden Kräfte ermittelt wird.

Tabelle 19: Kräftezerlegung der Schnittgrößen am Firstpunkt

Einwirkung	[kN]	F_x [kN]	F_y [kN]
g_k	$V_{2,k} = -0{,}66$	$V \cdot \sin(\alpha) =$ $-0{,}66 \cdot \sin(35°) = -0{,}38$	$-V \cdot \cos(\alpha) =$ $0{,}66 \cdot \cos(35°) = 0{,}54$
	$N_{2,k} = -0{,}94$	$N \cdot \cos(\alpha) =$ $-0{,}94 \cdot \cos(35°) = -0{,}77$	$N \cdot \sin(\alpha) =$ $-0{,}94 \cdot \sin(35°) = -0{,}54$
$w_{k,\,\theta=0°}$	$V_{4,k} = -0{,}19$	$V \cdot \sin(\alpha) = -0{,}11$	$-V \cdot \cos(\alpha) = 0{,}16$
	$N_{4,k} = -0{,}22$	$N \cdot \cos(\alpha) = -0{,}18$	$N \cdot \sin(\alpha) = -0{,}13$
Q_k	$V_{2,k} = 0$	$V \cdot \sin(\alpha) = 0{,}00$	$-V \cdot \cos(\alpha) = 0{,}00$
	$N_{2,k} = -0{,}87$	$N \cdot \cos(\alpha) = -0{,}71$	$N \cdot \sin(\alpha) = -0{,}50$

Es folgen die Summen der Bemessungswerte in x-Richtung zu

$$F_{x,d} = \gamma_G \cdot \sum F_{g,x} + \gamma_Q \cdot F_{Q,x} + \gamma_Q \cdot \psi \cdot \sum F_{w,x}$$

$$F_{x,d} = 1{,}35 \cdot (-0{,}38 - 0{,}77) + 1{,}5 \cdot (-0 - 0{,}71) + 1{,}5 \cdot 0{,}6 \cdot (-0{,}11 - 0{,}18)$$

$$F_{x,d} = -2{,}88 \text{ kN}$$

und in y-Richtung

$$F_{y,d} = \gamma_G \cdot \sum F_{g,y} + \gamma_Q \cdot F_{Q,y} + \gamma_Q \cdot \psi \cdot \sum F_{w,y}$$

$$F_{y,d} = 1{,}35 \cdot (0{,}54 - 0{,}54) + 1{,}5 \cdot (0 - 0{,}5) + 1{,}5 \cdot 0{,}6 \cdot (0{,}16 - 0{,}13)$$

$$F_{y,d} = -0{,}72 \text{ kN}$$

Damit folgt die Resultierende

$$F_{\text{res,d}} = \sqrt{(-2{,}88)^2 + (-0{,}72)^2}$$

$$F_{\text{res,d}} = 2{,}97 \text{ kN}$$

Bei einem Anschluss mit Nägeln ist der Winkel β zwischen der Resultierenden und der Faserrichtung des Holzes ohne Einfluss auf die Tragfähigkeit. Der Anschluss könnte jedoch auch mit einem Passbolzen oder Dübel besonderer Bauart ausgeführt werden. Bei derartigen Verbindungsmitteln beeinflusst der Winkel zwischen Kraft und Faserrichtung die Tragfähigkeit.

Der Winkel β folgt nach Abbildung 77 zu

$$\beta = \alpha - \text{arctg}\left(F_y / F_x\right)$$

$$\beta = 35° - \text{arctg}\left(0{,}72/2{,}88\right)$$

$$\beta = 21°$$

Zunächst sollte die in 8.3.1.2 des EC5 geforderte Mindestholzdicke für Nagelverbindungen ohne Vorbohren überprüft werden. Es werden Drahtstifte $2{,}8 \times 65$ mm verwendet.

$$t = \max\left\{14 \cdot d;\ \left(13 \cdot d - 30 \text{ mm}\right) \cdot \frac{\rho_k}{200}\right\}$$

$$t = \max\left\{14 \cdot 2{,}8 \text{ mm};\ \left(13 \cdot 2{,}8 \text{ mm} - 30 \text{ mm}\right) \cdot \frac{350}{200}\right\}$$

$$t = \max\left\{39{,}2 \text{ mm};\ 11{,}2 \text{ mm}\right\} < t_{\text{vorh}} = 40 \text{ mm}$$

Die Mindesteinschlagtiefe für die vereinfachte Berechnung von Nägeln

$$t_{\text{req}} = 9 \cdot d = 25{,}2 \text{ mm} \approx l_{\text{Nagel}} - t_1 = 65 \text{ mm} - 40 \text{ mm} = 25 \text{ mm}$$

kann als eingehalten angenommen werden.

Die Lochleibungsfestigkeit folgt nach Abschnitt 8.3.1.1 des EC5 zu

$$f_{\text{h,k}} = 0{,}082 \cdot \rho_k \cdot d^{-0{,}3} \text{ N/mm}^2$$

$$f_{\text{h,k}} = 0{,}082 \cdot 350 \cdot 2{,}8^{-0{,}3} \text{ N/mm}^2$$

$$f_{\text{h,k}} = 21{,}1 \text{ N/mm}^2$$

Der Biegewiderstand des Nagels folgt nach DIN EN 1995-1-1 zu

$$M_{\text{y,Rk}} = 0{,}3 \cdot f_{\text{u,k}} \cdot d^{2{,}6} \text{ Nmm}$$

$$M_{\text{y,Rk}} = 0{,}3 \cdot 600 \cdot 2{,}8^{2{,}6} \text{ Nmm}$$

$$M_{\text{y,Rk}} = 2.617 \text{ Nmm}$$

Dabei wird wie in der alten DIN 1052:1988 eine Mindestzugfestigkeit

$$f_{\text{u,k}} = 600 \text{ N/mm}^2 \text{ gefordert.}$$

Der charakteristische Wert der Tragfähigkeit eines auf Abscheren beanspruchten Nagels folgt damit zu

$$F_{v,Rk} = \sqrt{2 \cdot M_{y,Rk} \cdot f_{h,1,k} \cdot d}$$

$$F_{v,Rk} = \sqrt{2 \cdot 2.617 \text{ Nmm} \cdot 21{,}1 \text{ N/mm}^2 \cdot 2{,}8 \text{ mm}}$$

$$F_{v,Rk} = 556 \text{ N}$$

Der Bemessungswert der Tragfähigkeit je Nagel beträgt

$$F_{v,Rd} = \frac{k_{mod}}{\gamma_M} \cdot R_k$$

$$F_{v,Rd} = \frac{0{,}9}{1{,}1} \cdot 556 \text{ N}$$

$$F_{v,Rd} = 454 \text{ N}$$

Somit genügen Nägel $F_{res,d}/F_{v,Rd} = 2.970$ N/454 N = 6,54 → $n = 7$ Nägel 2,8 × 65.

In Abbildung 78 ist das Nagelbild des Anschlusses dargestellt. Die Abstände sind großzügig gewählt, da ausreichend Platz vorhanden ist.

Weitere Anschlussvarianten sind in den Abbildungen 78 und 80 dargestellt. Wobei die in Abbildung 81 dargestellten Zangen lediglich das Firstholz halten und daher nicht an jedem Sparrenpaar anzuordnen sind. Die Weiterleitung der Knotenkräfte erfolgt bei diesen Anschlüssen im Wesentlichen über Druckkontakt. Allerdings stellen beide Anschlüsse auch einen weiteren Zwangspunkt dar, während der Anschluss mit Nägeln und Überblattung aufgrund des ausreichenden Platzes für die Nägel etwas mehr Spielraum lässt, um eventuelle Ungenauigkeiten auszugleichen.

Die Varianten mit Druckkontakt weisen aufgrund des gewählten mechanischen Systems nur bei den unsymmetrischen Lastfällen $s_{k/2}$, $w_{k,\theta 0}$ und Einwirkung der Einzellast Q_k Querkräfte V in der Fuge am Firstanschluss auf, die durch die mechanischen Verbindungsmittel übertragen werden müssen. In Abbildung 79 ist ein klassischer Ritterschnitt gezeigt, um dies zu verdeutlichen.

Für das gesamte System gilt zunächst $s_k \cdot l/2 = A_v + B_v$. Für die frei geschnittene Hälfte folgt dann $C_v = 0$, in Tabelle 19 folgt aus der Addition der beiden F_y-Kräfte infolge g_k ebenfalls 0.

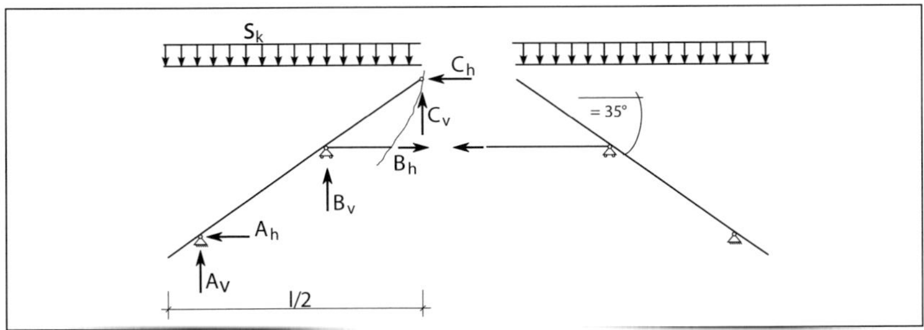

Abb. 79: Detail Pos. 13, Firstpunkt

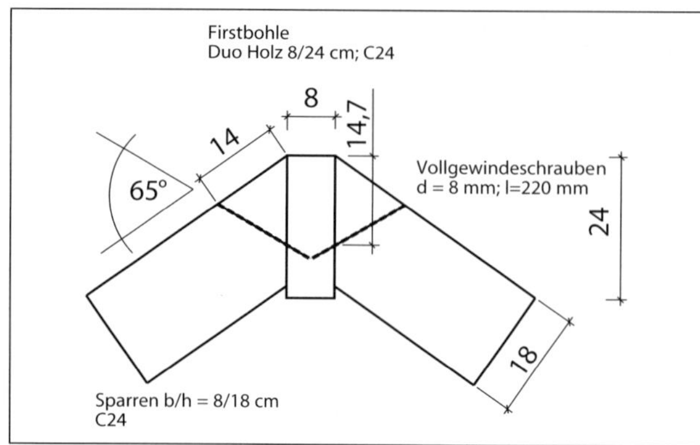

Abb. 80: Detail Pos. 13, Anschluss Sparren an Firstbohle mit Vollgewindeschrauben

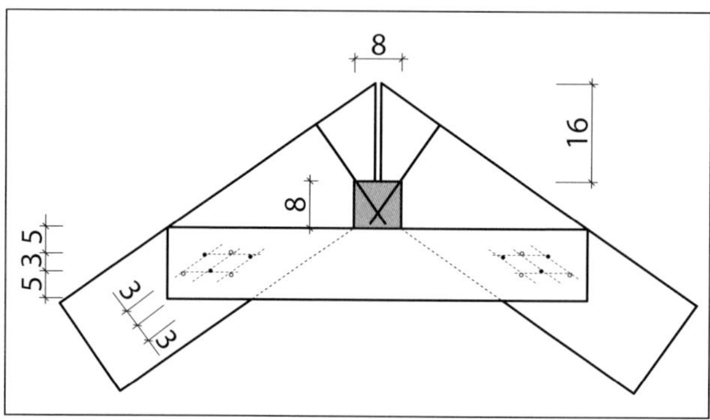

Abb. 81: Detail Pos. 13, Anschluss Sparren an Firstbohle mit Sparrennagel und Zangen

Für die beiden in den Abbildungen 80 und 81 dargestellten Varianten muss noch untersucht werden, ob bei Windanströmung parallel zum First, die Resultierende zu einer Zugbeanspruchung des Stoßes führt. Mit den Werten der Tabelle 18 folgt eine Resultierende infolge der Eigenlast zu

$$F_{res,g,k} = -\sqrt{V_g^2 + N_g^2}$$

$$F_{res,g,k} = -\sqrt{0{,}66^2 + 0{,}94^2}$$

$$F_{res,g,k} = -1{,}15 \text{ kN}$$

und für die Windbeanspruchung $w_{\theta 90}$

$$F_{res,w\theta 90,k} = \sqrt{V_w^2 + N_w^2}$$

$$F_{res,w\theta 90,k} = \sqrt{0{,}37^2 + 0{,}53^2}$$

$$F_{res,w\theta 90,k} = 0{,}64 \text{ kN}$$

und damit ein Bemessunsgwert der Einwirkung

$$F_{res,d} = \gamma_{G,inf} \cdot F_{res,g,k} + \gamma_Q \cdot F_{res,w\theta 90,k}$$

$$F_{res,d} = 1{,}0 \cdot (-1{,}15 \text{ kN}) + 1{,}5 \cdot 0{,}64 \text{ kN}$$

$$F_{res,d} = -1{,}15 + 0{,}97 = -0{,}18 \text{ kN}$$

Somit ist für das Verbindungsmittel keine Zugbeanspruchung zu erwarten. Die vorgesehenen Vollgewindeschrauben weisen dabei, als weitere Sicherheit, einen hohen Ausziehwiderstand auf. Die Vollgewindeschraube ist als auf Biegung beanspruchtes Verbindungsmittel für die Kraft $F_{\|d}$ zu bemessen.

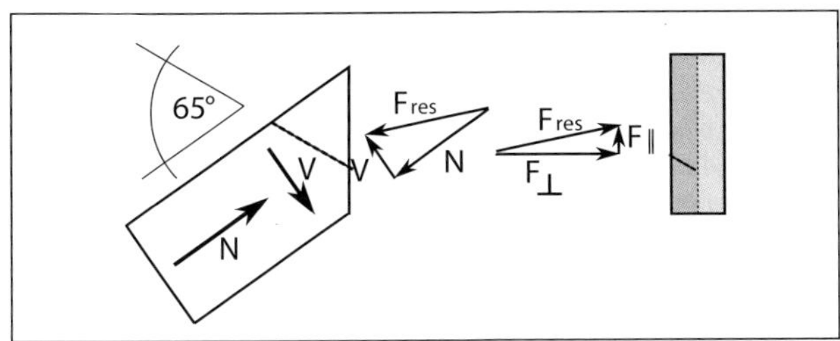

Abb. 82: Zerlegung der Kräfte in Richtung der Fuge und rechtwinklig zur Fuge

6.8 Ergänzende Nachweise

6.8.1 Nachweise am Fußpunkt bei Biegung und Zugbeanspruchung

Streng genommen müssten die Nachweise an den Stellen der Sparrenkerven nach Kapitel 6.3 als Interaktionsnachweise nach den Abschnitten 6.2.3 und 6.2.4 der DIN EN 1995-1-1 geführt werden:

Bei gleichzeitiger Beanspruchung durch Biegung um die y-Achse und Zugspannungen (t = englisch, französisch für tension)

$$\frac{\sigma_{t,0,d}}{f_{t,0,d}} + \frac{\sigma_{m,y,d}}{f_{m,y,d}} \leq 1$$

Bei gleichzeitiger Beanspruchung durch Biegung um die y-Achse und Druckspannungen (c = englisch, französisch für compression)

$$\left(\frac{\sigma_{c,0,d}}{f_{c,0,d}}\right)^2 + \frac{\sigma_{m,y,d}}{f_{m,y,d}} \leq 1$$

Die DIN EN 1995-1-1 enthält in den o. g. Abschnitten auch die Formeln für die Bemessung bei vorhandener Doppelbiegung, d. h. M_y und M_z mit y und z als den beiden Schwerachsen des Querschnittes nach Abbildung 90.

Tabelle 20: Charakteristische Werte der Biegemomente infolge der Einwirkungen

Einwirkung	M_k [kNm] Anschluss an Traufpfette	N_x [kN] Zugkräfte unterhalb des Fußpunktes	N_k [kN] Druckkräfte oberhalb des Fußpunktes
g_k	−0,20	0,34 kN	−0,83 kN
$w_{k,\theta=0°}$	−0,08	0,00	−0,44 kN
$Q_{k,Traufe}$	−0,68	0,58 kN	0,14 kN
Umlagerung über Kehlscheibe nach Abbildung 58	0,00	0,00	−1,53 kN

Der Bemessungswert der Normalkraft wird unter Berücksichtigung der Nutzlast als führender veränderlichen Einwirkung berechnet zu

$$N_{4,d} = 1{,}35 \cdot N_{g,k} + 1{,}5 \cdot N_{Q,k} + 1{,}5 \cdot 0{,}6 \cdot N_{w,0,k}$$

Für die Zugkraft

$$N_{4,t,d} = 1{,}35 \cdot 0{,}34 \text{ kN} + 1{,}5 \cdot 0{,}58 \text{ kN} + 1{,}5 \cdot 0{,}6 \cdot 0 \text{ kN}$$

$$N_{4,t,d} = 0{,}46 \text{ kN} + 0{,}87 \text{ kN} + 0 \text{ kN}$$

$$N_{4,t,d} = 1{,}33 \text{ kN}$$

Bei einer Nettoquerschnittsfläche nach Abbildung 64 von

$$A_{netto} = b \cdot h_{netto}$$

$$A_{netto} = 80 \text{ mm} \cdot 136 \text{ mm}$$

$$A_{netto} = 10.880 \text{ mm}^2$$

folgt die vernachlässigbar geringe Zugspannung von

$$\sigma_{t,0,d} = \frac{N_{t,0,d}}{A_{netto}}$$

$$\sigma_{t,0,d} = \frac{1.329 \text{ N}}{10.880 \text{ mm}^2}$$

$$\sigma_{t,0,d} = 0{,}12 \text{ N/mm}^2$$

Der Nachweis der Biegespannung nach Kapitel 6.3 lautete

$$\sigma_{m,y,4,d} = \frac{M_{y,4,d}}{W_{y,4}}$$

$$\sigma_{m,y,4,d} = \frac{1{,}36 \cdot 10^6 \text{ Nmm}}{0{,}239 \cdot 10^6 \text{ mm}^3}$$

$$\sigma_{m,y,4,d} = 5{,}68 \text{ N/mm}^2 < f_{m,y,d} = 16{,}6 \text{ N/mm}^2$$

Der Interaktionsnachweis für Zug- und Biegebeanspruchung folgt mit dem Bemessungswert der Zugfestigkeit des verwendeten Nadelholzes der Festigkeitsklasse C24

$$f_{t,0,d} = \frac{k_{mod}}{\gamma_M} \cdot f_{t,0,k}$$

$$f_{t,0,d} = \frac{0{,}9}{1{,}3} \cdot 14 \text{ N/mm}^2$$

$$f_{t,0,d} = 9{,}7 \text{ N/mm}^2$$

zu

$$\frac{\sigma_{t,0,d}}{f_{t,0,d}} + \frac{\sigma_{m,y,d}}{f_{m,y,d}} = \frac{0{,}12 \text{ N/mm}^2}{9{,}7 \text{ N/mm}^2} + \frac{5{,}68 \text{ N/mm}^2}{16{,}6 \text{ N/mm}^2} = 0{,}01 + 0{,}34 = 0{,}35 \le 1$$

Der Interaktionsnachweis bei gleichzeitigem Auftreten von Druck und Biegespannungen führt zu ähnlich geringen Ausnutzungsgraden.

6.8.2 Anschluss an Traufbohle mit Sparrennagel 6,0 x 230

Der in Abschnitt 6.5.1 dargestellte Anschluss der Sparren an die Traufbohle soll nun mit einem Sparrennagel ausgeführt werden. Der Durchmesser ist $d = 6{,}0$ mm, die Länge $l = 230$ mm und die Länge des profilierten Bereiches an der Nagelspitze $l_g = 80$ mm. Eingestuft sind die Nägel in Tragfähigkeitsklasse 3C. Diese Einstufung ist bei einer Beanspruchung auf Herausziehen von Bedeutung, die zu verwendenden Beiwerte finden sich in Abschnitt 8.3.2 der DIN EN 1995-1-1.

Die Schnittgrößen sind in Abschnitt 6.5.1 dargestellt. Zu übertragen ist eine Horizontalkraft von $H_{4,d} = 3{,}08$ kN.

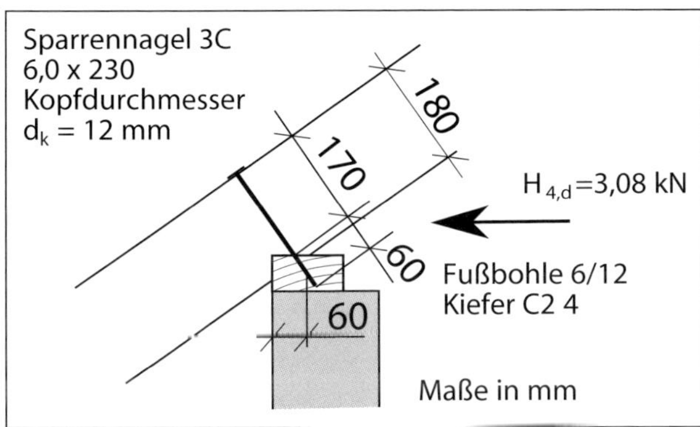

Abb. 83: Pos. 11, Anschluss Sparren an Traufbohle mit Sparrennagel

Wie in Abschnitt 6.5.1.2 soll der Anschluss für den Sparrennagel als auf Abscheren und auf Zug beanspruchtes Verbindungsmittel nach DIN EN 1995-1-1 Abschnitt 8.2 und 8.3 untersucht werden.

6.8.2.1 Ermittlung der Tragfähigkeit als biegebeanspruchtes Verbindungsmittel

Der Interaktionsnachweis entsprechend zu Abschnitt 6.5.1.2 folgt zu

$$\left(\frac{F_{ax,Ed}}{F_{ax,Rd}}\right)^2 + \left(\frac{F_{v,Ed}}{F_{v,Rd}}\right)^2 \leq 1$$

$$\left(\frac{1.767\ \text{N}}{F_{ax,Rd}}\right)^2 + \left(\frac{2.523\ \text{N}}{F_{v,Rd}}\right)^2 \leq 1$$

Die Verankerungslänge beträgt nach Abbildung 83 $l_{ef} = 60$ mm. Der Ausziehbeiwert folgt nach NA zu Abschnitt 8.3.2, für Sondernägel, die in Tragfähigkeitsklasse 3C eingestuft sind, zu

$$f_{1,k} = 50 \cdot 10^{-6} \cdot \rho_k^2\ \text{N/mm}^2$$

$$f_{1,k} = 50 \cdot 10^{-6} \cdot 350^2\ \text{N/mm}^2$$

$$f_{1,k} = 6{,}13\ \text{N/mm}^2$$

Dieser Wert ist deutlich niedriger als derjenige der selbstbohrenden Holzschraube nach Abschnitt 6.5.1.1, obwohl der Nagel in die höchste Tragfähigkeitsklasse eingestuft ist. Dies beruht auf der stärkeren Profilierung der Schrauben und dem günstigeren Einbringverhalten.

Der Ausziehwiderstand ist

$$F_{ax,Rk} = f_{1,k} \cdot d \cdot l_{ef}$$

$$F_{ax,Rk} = 6{,}13 \text{ N/mm}^2 \cdot 6 \text{ mm} \cdot 60 \text{ mm}$$

$$F_{ax,Rk} = 2.205 \text{ N}$$

Der Kopfdurchziehbeiwert ergibt sich für Tragfähigkeitsklasse 3C zu

$$f_{head,k} = 100 \cdot 10^{-6} \cdot \rho_k^2 \text{ N/mm}^2$$

$$f_{head,k} = 100 \cdot 10^{-6} \cdot 350^2 \text{ N/mm}^2$$

$$f_{head,k} = 12{,}3 \text{ N/mm}^2$$

und damit der Kopfdurchziehwiderstand

$$F_{ax,Kopf,k} = f_{2,k} \cdot d_K^2$$

$$F_{ax,Kopf,k} = 12{,}3 \text{ N/mm}^2 \cdot (12 \text{ mm})^2$$

$$F_{ax,Kopf,k} = 1.764 \text{ N}$$

Der charakteristische Wert der Tragfähigkeit bei Zugbeanspruchung folgt damit zu

$$F_{ax,Rk} = \min\left\{F_{ax,Rk};\ F_{ax,Kopf,k}\right\}$$

$$F_{ax,Rk} = \min\left\{2.205 \text{ N};\ 1.764 \text{ N}\right\}$$

$$F_{ax,Rk} = 1.764 \text{ N}$$

Der Bemessungswert der Tragfähigkeit beträgt

$$F_{ax,Rd} = \frac{k_{mod}}{\gamma_M} \cdot F_{ax,Rk}$$

$$F_{ax,Rd} = \frac{0{,}9}{1{,}3} \cdot 1.764 \text{ N}$$

$$F_{ax,Rd} = 1.221 \text{ N}$$

Die Tragfähigkeit des auf Biegung durch $F_{v,d}$ beanspruchten Sparrennagels wird nach Abschnitt 8.3.1.2 des NA ermittelt.

Die Lochleibungsfestigkeit in der Fußpfette, die nicht vorgebohrt ist, folgt nach Abschnitt 8.3.1.1 der NA 1995-1-1 zu

$$f_{h,\ Traufbohle,\ k} = 0{,}082 \cdot \rho_k \cdot d^{-0{,}3} \text{ N/mm}^2$$

$$f_{h,\ Traufbohle,\ k} = 0{,}082 \cdot 350 \cdot 6^{-0{,}3} \text{ N/mm}^2$$

$$f_{h,\ Traufbohle,\ k} = 16{,}8 \text{ N/mm}^2$$

Die Lochleibungsfestigkeit im vorgebohrten Sparren zu

$$f_{h,\,Sparren,\,k} = 0{,}082 \cdot (1 - 0{,}01 \cdot d) \cdot \rho_k \text{ N/mm}^2$$

$$f_{h,\,Sparren,\,k} = 0{,}082 \cdot (1 - 0{,}01 \cdot 6) \cdot 350 \text{ N/mm}^2$$

$$f_{h,\,Sparren,\,k} = 27{,}0 \text{ N/mm}^2$$

Nach NA (NCI zu 8.3) darf bei Nagelverbindungen der höhere Wert der Lochleibungsfestigkeit der beiden miteinander verbundenen Querschnitte berücksichtigt werden

$$f_{h,k} = 27{,}0 \text{ N/mm}^2$$

Der Biegewiderstand des Nagels folgt nach DIN 1052 zu

$$M_{y,Rk} = 0{,}3 \cdot f_{u,k} \cdot d^{2,6} \text{ Nmm}$$

$$M_{y,Rk} = 0{,}3 \cdot 600 \cdot 6^{2,6} \text{ Nmm}$$

$$M_{y,Rk} = 18.987 \text{ Nmm}$$

Dabei wird, wie in der alten DIN 1052:1988, eine Mindestzugfestigkeit

$f_{uk} = 600$ N/mm² gefordert.

Der charakteristische Wert der Tragfähigkeit der auf Abscheren beanspruchten Nagelverbindung folgt damit zu

$$F_{v,Rk} = \sqrt{2 \cdot M_{y,k} \cdot f_{h,1,k} \cdot d}$$

$$F_{v,Rk} = \sqrt{2 \cdot 18.987 \text{ Nmm} \cdot 27 \text{ N/mm}^2 \cdot 6 \text{ mm}}$$

$$F_{v,Rk} = 2.480 \text{ N}$$

Eine Erhöhung dieser Tragfähigkeit der auf Abscheren beanspruchten Nagelverbindung um ΔR_k, wie bei einschnittigen Schraubenverbindungen oder einschnittigen Stahlblech-Holz-Nagelverbindungen möglich, wäre nach Abschnitt 8.2.2 der DIN EN 1995-1-1 bei einer genaueren Berechnung möglich. Für die vereinfachte Berechnung enthält der NA jedoch keine Angaben.

Der Bemessungswert der Tragfähigkeit folgt zu

$$F_{v,Rd} = \frac{k_{mod}}{\gamma_M} \cdot F_{v,Rk}$$

$$F_{v,Rd} = \frac{0{,}9}{1{,}1} \cdot 2.480 \text{ N}$$

$$F_{v,Rd} = 2.029 \text{ N}$$

Der Interaktionsnachweis entsprechend zu Abschnitt 6.5.1.2 folgt zu

$$\left(\frac{F_{ax,Ed}}{F_{ax,Rd}}\right)^2 + \left(\frac{F_{v,Ed}}{F_{v,Rd}}\right)^2 \leq 1$$

$$\left(\frac{1.767\ \mathrm{N}}{1.221\ \mathrm{N}}\right)^2 + \left(\frac{2.523\ \mathrm{N}}{2.029\ \mathrm{N}}\right)^2 \leq 1$$

$$(1{,}45)^2 + (1{,}243)^2 \leq 1?$$

$$2{,}09 + 1{,}55 = 3{,}64 > 1!$$

Der Anschluss mit einem Sparrennagel derjenigen Gespärre, die die Horizontallasten der unvollständigen Gespärre aufnehmen müssen, ist daher nicht möglich. Bei Dachkonstruktionen, bei denen der Fußpunkt eines Gespärres nur die Horizontalkraft infolge der Beanspruchung dieses Gespärres aufnehmen muss, wird die Tragfähigkeit des Sparrennagels meist genügen.

Unabhängig von der Beanspruchung wird für Nagelverbindungen ohne Vorbohren eine Mindestdicke der Hölzer von

$$t = \max\left\{14 \cdot d;\ (13 \cdot d - 30\ \mathrm{mm}) \cdot \frac{\rho_k}{200}\right\}$$

für alle Holzarten außer Kiefernholz gefordert. Bei einer Fußbohle aus Fichten- oder Tannenholz und einem Nageldurchmesser $d = 6$ mm bedeutet dies eine Mindestholzdicke von

$$t = \max\left\{14 \cdot 6;\ (13 \cdot 6 - 30\ \mathrm{mm}) \cdot \frac{350\ \mathrm{kg/m^3}}{200}\right\}$$

$$t = \max\{84\ \mathrm{mm};\ 84\ \mathrm{mm}\} = 84\ \mathrm{mm}$$

Eine Fußbohle aus Fichtenholz müsste also mindestens eine Dicke $t = 8{,}4$ cm aufweisen. Eine Alternative besteht in der Verwendung von Kiefernholz, dieses neigt weniger zum Spalten und bietet zudem den Vorteil höherer Dauerhaftigkeit.

Für Kiefernholz ist eine Mindestdicke von

$$t = \max\left\{7 \cdot d;\ (13 \cdot d - 30\ \mathrm{mm}) \cdot \frac{\rho_k}{400}\right\}$$

$$t = \max\left\{7 \cdot 6\ \mathrm{mm};\ (13 \cdot 6\ \mathrm{mm} - 30\ \mathrm{mm}) \cdot \frac{350}{400}\right\}$$

$$t = \max\{42\ \mathrm{mm};\ 42\ \mathrm{mm}\}$$

erforderlich.

Der einzuhaltende Abstand zum beanspruchten Rand quer zur Faser beträgt

$$a_{4,t} = \left(5 + 5 \cdot \sin\left(\alpha\right)\right) \cdot d$$

$$a_{4,t} = \left(5 + 5 \cdot \sin\left(90°\right)\right) \cdot 6\ \text{mm}$$

$$a_{4,t} = 10 \cdot 6\ \text{mm} = 60\ \text{mm}$$

Da sich die Lochleibungsfestigkeiten im vorgebohrten Sparren und in der nicht vorgebohrten Traufbohle stark unterscheiden, werden hier einmal die genaueren Nachweise dieser Verbindung nach dem Johansen Modell, das ist das Regelverfahren nach Abschnitt 8.2.2 der DIN EN 1995-1-1, berechnet. Das Seitenholz 1 entspricht dem Sparren mit $t_1 = 170$ mm nach Abbildung 83, die Traufbohle entspricht dem Seitenholz 2 mit $t_2 = 60$ mm. Die zugehörigen Lochleibungsfestigkeiten sind

$$f_{h,1,k} = f_{h,\text{ Sparren},\ k} \qquad f_{h,2,k} = f_{h,\text{ Traufbohle},\ k}$$

$$f_{h,1,k} = 27{,}0\ \text{N/mm}^2 \quad \text{und} \quad f_{h,1,k} = 16{,}8\ \text{N/mm}^2$$

Daraus folgt ein Verhältnis der Lochleibungsfestigkeiten von

$$\beta = \frac{f_{h,2,k}}{f_{h,1,k}}$$

$$\beta = \frac{16{,}8\ \text{N/mm}^2}{27\ \text{N/mm}^2} = 0{,}62$$

Mit dem Biegewiderstand $M_{y,k} = 18.987$ Nmm sind alle Eingangsgrößen gegeben.

Der Anteil des Seileffektes wird nach EC 5, Abschnitt 8.2.2 für nicht glattschaftige Nägel auf 50 % der Tragfähigkeit nach der Johansen-Theorie begrenzt. Dies ist in den Gleichungen der Tabelle 21 für $\Delta F_{v,Rk}$ mit $0{,}5 \cdot F_{v,Rk}$ berücksichtigt.

Tabelle 21: Johansens Modell für einschnittige Verbindungen nach Abschnitt 8.2.2 DIN EN 1995-1-1

<table>
<tr><td>Lochleibungsverformung in Seitenholz 1
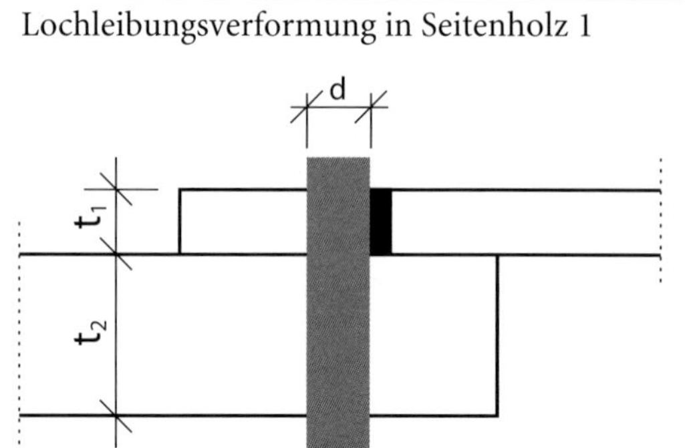</td><td>$F_{v,Rk} = f_{h,1,k} \cdot t_1 \cdot d$
$F_{v,Rk} = 27 \text{ N/mm}^2 \cdot 170 \text{ mm} \cdot 6 \text{ mm}$
$F_{v,Rk} = 27{,}54 \text{ kN}$</td></tr>
<tr><td>Lochleibungsverformung in Seitenholz 2
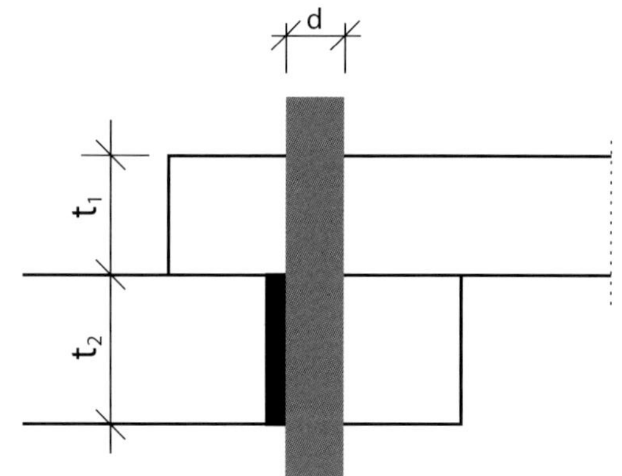</td><td>$F_{v,Rk} = f_{h,2,k} \cdot t_2 \cdot d$
$F_{v,Rk} = 27 \text{ N/mm}^2 \cdot 60 \text{ mm} \cdot 6 \text{ mm} \cdot 0{,}62$
$F_{v,Rk} = 6{,}03 \text{ kN}$</td></tr>
<tr><td colspan="2">Lochleibungsverformung in beiden Seitenhölzern
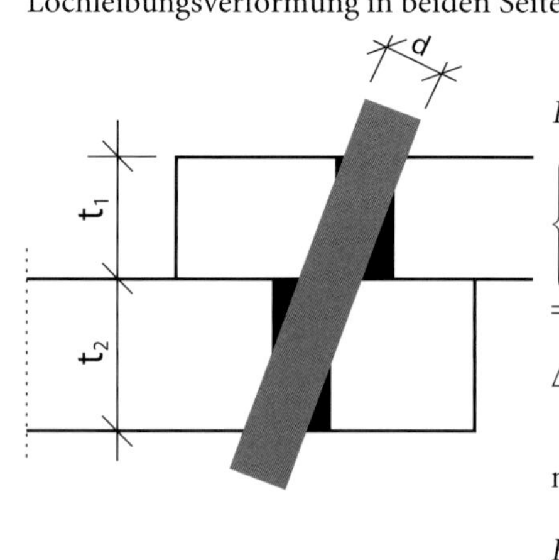
$F_{v,Rk} = \frac{f_{h,1,k} \cdot t_1 \cdot d}{2+\beta} \cdot \left\{\sqrt{\beta + 2\beta^2 \left[1 + \frac{t_2}{t_1} + \left(\frac{t_2}{t_1}\right)^2\right] + \beta^3 \left(\frac{t_2}{t_1}\right)^2} - \beta \cdot \left(1 + \frac{t_2}{t_1}\right)\right\}$
$= 8{,}46 \text{ kN}$
$\Delta F_{v,Rk} = \min\left\{\frac{F_{ax,Rk}}{4}; 0{,}5 \cdot F_{v,Rk}\right\} =$
$\min\left\{\frac{1{,}76 \text{ kN}}{4}; 0{,}5 \cdot 8{,}46 \text{ kN}\right\} = 0{,}88 \text{ kN}$
$F_{v,Rk} + \Delta F_{v,Rk} = 8{,}90 \text{ kN}$</td></tr>
</table>

Tabelle 22: Johansens Modell für einschnittige Verbindungen nach Abschnitt 8.2.2 DIN EN 1995-1-1

<table>
<tr><td>Lochleibungsverformungen und Fließen des Nagels
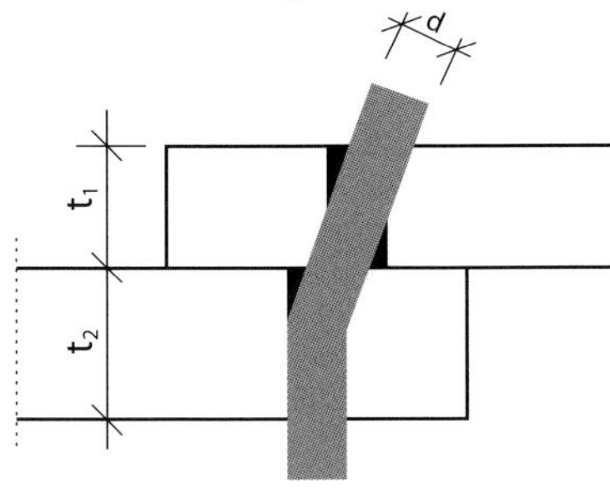</td><td>$$F_{v,Rk} = 1{,}05 \cdot \frac{f_{h,1,k} \cdot t_1 \cdot d}{2+\beta} \cdot \left\{ \sqrt{2\,\beta \cdot (1+\beta) + \frac{4 \cdot \beta \cdot (2+\beta) \cdot M_{y,Rk}}{f_{h,1,k} \cdot d \cdot t_1^2}} - \beta \right\}$$
$$F_{v,Rk} = 8{,}91 \text{ kN}$$
$$\Delta F_{v,Rk} = \min\left\{\frac{F_{ax,Rk}}{4}; 0{,}5 \cdot F_{v,Rk}\right\} =$$
$$\min\left\{\frac{1{,}76 \text{ kN}}{4}; 0{,}5 \cdot 8{,}91 \text{ kN}\right\} = 0{,}44 \text{ kN}$$
$$F_{v,Rk} + \Delta F_{v,Rk} = 9{,}35 \text{ kN}$$</td></tr>
<tr><td>Lochleibungsverformungen und Fließen des Nagels
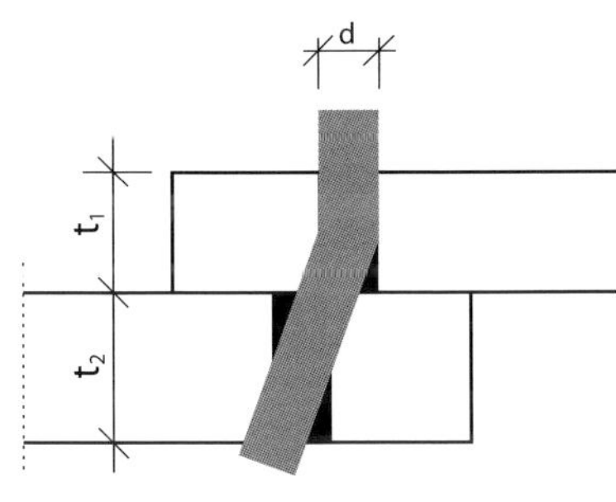</td><td>$$F_{v,Rk} = 1{,}05 \cdot \frac{f_{h,1,k} \cdot t_2 \cdot d}{2+\beta} \cdot \left\{ \sqrt{2\,\beta^2 \cdot (1+\beta) + \frac{4 \cdot \beta \cdot (1+2 \cdot \beta) \cdot M_{y,k}}{f_{h,1,k} \cdot d \cdot t_2^2}} - \beta \right\}$$
$$F_{v,Rk} = 2{,}62 \text{ kN}$$
$$\Delta F_{v,Rk} = \min\left\{\frac{F_{ax,Rk}}{4}; 0{,}5 \cdot F_{v,Rk}\right\}$$
$$= \min\left\{\frac{1{,}76 \text{ kN}}{4}; 0{,}5 \cdot 2{,}62 \text{ kN}\right\} = 0{,}44 \text{ kN}$$
$$F_{v,Rk} + \Delta F_{v,Rk} = 3{,}06 \text{ kN}$$</td></tr>
<tr><td>Lochleibungsverformungen und Fließen des Nagels
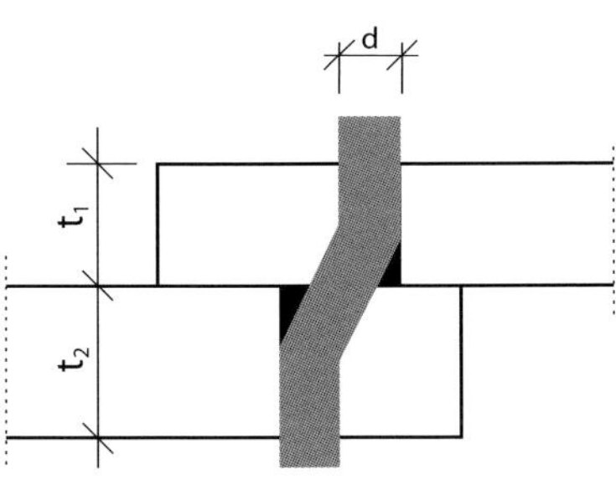</td><td>$$F_{v,Rk} = 1{,}15 \cdot \sqrt{\frac{2 \cdot \beta}{1+\beta}} \cdot \sqrt{2 \cdot M_{y,Rk} \cdot f_{h,1,k} \cdot d}$$
$$F_{v,Rk} = 2{,}50 \text{ kN}$$
$$\Delta F_{v,Rk} = \min\left\{\frac{F_{ax,Rk}}{4}; 0{,}5 \cdot F_{v,Rk}\right\}$$
$$= \min\left\{\frac{1{,}76 \text{ kN}}{4}; 0{,}5 \cdot 2{,}50 \text{ kN}\right\} = 0{,}44 \text{ kN}$$
$$F_{v,Rk} + \Delta F_{v,Rk} = 2{,}94 \text{ kN}$$</td></tr>
</table>

Der Bemessungswert folgt zu $F_{v,Rd} = \frac{k_{mod}}{\gamma_M} \min\left\{F_{v,Rd} + \Delta F_{v,Rd}\right\}$. Im Gegensatz zur vereinfachten Bemessung nach NA wird jetzt jedoch $\gamma_M = 1{,}3$ nach Tabelle 11 eingesetzt. Es folgt

$$F_{v,Rd} = \frac{0{,}9}{\gamma_M} \cdot 2{,}94\ \text{kN} = 2{,}04\ \text{kN} \approx 2{,}03\ \text{kN} = F_{v,RdNA}$$

Diese gute Übereinstimmung ist in unserem Fall einem „Fehler" des vereinfachten Modells zuzuschreiben. Durch die Berücksichtigung der sehr hohen Lochleibungsfestigkeit des vorgebohrten Sparrens $f_{h,Sparren,k} = 27{,}0\ \text{N/mm}^2$ für die gesamte Verbindung wird die Tragfähigkeit überschätzt. Die genauere Berechnung nach Tabelle 21 gleicht dies durch die Berücksichtigung des Seileffektes $\Delta F_{v,Rk}$ aus.

Bei zwei annähernd gleich hohen Lochleibungsfestigkeiten $f_{h,1,k} \approx f_{h,2,k}$ führt die Berechnung nach Tabelle 21 aufgrund der zusätzlichen Berücksichtigung des Seileffektes $\Delta F_{v,Rk}$ zu höheren Bemessungswerten der Tragfähigkeit.

6.8.3 Druckbeanspruchung unter einem Winkel zur Faserrichtung

Dieser Nachweis nach Abschnitt 6.2.2 der DIN EN 1995-1-1 ist meist nicht erforderlich, wenn eines der Hölzer unter einem rechten Winkel beansprucht wird. Die Druckfestigkeit unter einem Winkel zur Faserrichtung $f_{c,\alpha,d}$ ist höher als diejenige unter 90° zur Faserrichtung $f_{c,90,d}$. Nur wenn die Vergrößerung der querdruckbeanspruchten Fläche A_{ef} stark durch die Vergrößerung in Faserrichtung um 30 mm beeinflusst wird, kann der Nachweis für Druck unter einem Winkel maßgebend werden.

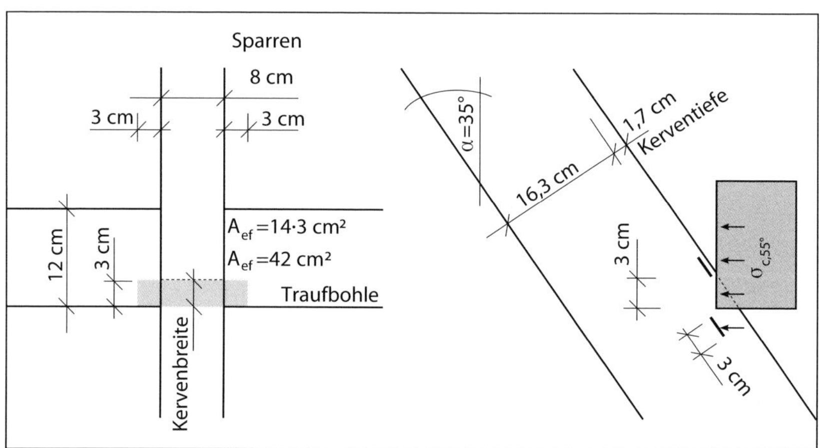

Abb. 84: Pos. 11a, druckbeanspruchte Flächen

Nach Abbildung 84 beträgt die unter einem Winkel von 90° beanspruchte Fläche der Traufpfette

$$A_{ef} = (8\ \text{cm} + 2 \cdot 3\ \text{cm}) \cdot 3\ \text{cm}$$
$$A_{ef} = 42\ \text{cm}^2$$

Die maßgebende Kraft betrug nach Abschnitt 6.5.1

$$F_{c,90,d} = 1{,}35 \cdot V_{4,g,k} + 1{,}5 \cdot V_{4,Q,k} + 1{,}5 \cdot \psi_0 \cdot V_{4,w0,k}$$

$$F_{c,90,d} = 5{,}20 \text{ kN}$$

Der Nachweis für die Traufpfette lautete

$$\frac{\sigma_{c,90,d}}{k_{c,90} \cdot f_{c,90,d}} \leq 1$$

mit

$$\sigma_{c,90,d} = \frac{F_{c,90,d}}{A_{ef}}$$

$$\sigma_{c,90,d} = \frac{5.201 \text{ N}}{4.200 \text{ mm}^2}$$

$$\sigma_{c,90,d} = 1{,}24 \text{ N/mm}^2$$

der Druckfestigkeit $f_{c,90,d} = 1{,}73$ N/mm² und $k_{c,90} = 1{,}25$

folgte

$$\frac{\sigma_{c,90,d}}{k_{c,90} \cdot f_{c,90,d}} = \frac{1{,}24 \text{ N/mm}^2}{1{,}25 \cdot 1{,}73 \text{ N/mm}^2} = 0{,}57 \leq 1$$

Die wirksame Querdruckfläche $A_{ef,\,55}$, die für die Ermittlung der Druckspannung $\sigma_{c,55,d}$ verwendet werden darf, darf ebenfalls mit einer Vergrößerung der Kontaktfläche berechnet werden. Jedoch dürfen nur die auf die Ebene der Kontaktfläche projizierten Anteile der 3 cm breiten Streifen berücksichtigt werden. Nach Abbildung 84 folgt

$$A_{ef,55} = 8 \text{ cm} \cdot \left(3 \text{ cm} + 2 \cdot \cos\left(35°\right) \cdot 3 \text{ cm}\right)$$

$$A_{ef,55} = 63{,}3 \text{ cm}^2$$

und damit

$$\sigma_{c,55,d} = \frac{F_{c,90,d}}{A_{ef,55}} = \frac{5.201 \text{ N}}{6.330 \text{ mm}^2} = 0{,}82 \text{ N/mm}^2$$

Der Bemessungswert der Druckfestigkeit unter einem Winkel α für den Sparren berechnet sich zu

$$\frac{f_{c,0,d}}{\frac{f_{c,0,d}}{k_{c,90} \cdot f_{c,90,d}} \cdot \sin^2(\alpha) + \cos^2(\alpha)} = f_{c,\alpha,d}$$

mit dem Querdruckbeiwert für Auflagerdruck

$$k_{c,90} = 1{,}5$$

während für die Traufpfette der Druckbeiwert für Schwellendruck $k_{c,90} = 1{,}25$ anzusetzen war.

Mit dem Bemessungswert der Druckfestigkeit parallel zur Faserrichtung

$$f_{c,0,d} = \frac{0{,}9}{1{,}3} \cdot 21\ \text{N/mm}^2 = 14{,}5\ \text{N/mm}^2$$

und demjenigen rechtwinklig zur Faserrichtung

$$f_{c,90,d} = \frac{0{,}90}{1{,}3} \cdot 2{,}5\ \text{N/mm}^2 = 1{,}73\ \text{N/mm}^2$$

folgt der Bemessungswert der Druckfestigkeit unter einem Winkel $\alpha = 55°$ zu

$$\frac{f_{c,0,d}}{\frac{f_{c,0,d}}{k_{c,90} \cdot f_{c,90,d}} \cdot \sin^2(\alpha) + \cos^2(\alpha)} = \frac{14{,}5\ \text{N/mm}^2}{\frac{14{,}5}{1{,}5 \cdot 1{,}73} \cdot \sin^2(55°) + \cos^2(55°)} =$$

$$14{,}5\ \text{N/mm}^2/4{,}08 = 3{,}56\ \text{N/mm}^2 \geq \sigma_{c,55,d} = 0{,}82\ \text{N/mm}^2$$

Das Verhältnis von Beanspruchung zu Tragfähigkeit $\frac{0{,}82}{3{,}56} = 0{,}23$ ist damit deutlich geringer als dasjenige der querdruckbeanspruchten Traufpfette mit

$$\frac{\sigma_{c,90,d}}{k_{c,90} \cdot f_{c,90,d}} = \frac{1{,}05\ \text{N/mm}^2}{1{,}25 \cdot 1{,}73\ \text{N/mm}^2} = 0{,}49 \leq 1$$

7 Bemessung der Flugsparren

7.1 Kragarm der Traufpfette

Abbildung 85 zeigt den Verlauf der Biegemomente und die Auflagerreaktionen für den Flugsparren infolge der Einwirkung durch Eigenlast.

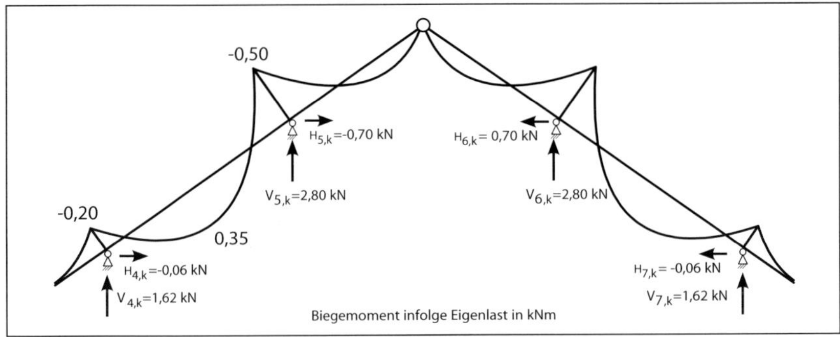

Abb. 85: Biegemomente und Auflagerreaktionen infolge Eigenlast

In Tabelle 23 sind die für die Bemessung zu berücksichtigenden Auflagerreaktionen enthalten. Die vertikalen Auflagerkräfte ändern sich infolge des geänderten Systems nur sehr geringfügig. Dabei ist zu beachten, dass bei den Berechnungen, die zu den Ergebnissen der Tabelle 16 geführt haben, die Eigenlast des nun nicht mehr vorhandenen Spitzbodens die Auflagerkraft am mittleren Auflager erhöht, ohne den Anschluss des Sparrens an die Mittelpfette zu beanspruchen.

Tabelle 23: Charakteristische Werte der Auflagerkräfte am Flugsparren

	Anschluss Traufpfette (Knoten 4)		Anschluss Mittelpfette (Knoten 5)	
Einwirkung	$V_{4,k}$ [kN]	$H_{4,k}$ [kN]	$V_{5,k}$ [kN]	$H_{5,k}$ [kN]
g_k	1,62 ↑	− 0,06 →	2,8 ↑	− 0,70 →
s_k	0,68 ↑	− 0,03 →	1,17 ↑	− 0,29 →
$w_{k,\theta=0°}$	1,18 ↑	0,83 ←	1,47 ↑	0,76 ←
$w_{k,\theta=90°}$	− 1,39 ↓	− 0,97 →	− 2,84 ↓	− 0,77 →
$Q_{k=1\text{ kN an Traufe}}$	1,23 ↑	0,16 ←	− 0,29 ↓	−0,24 →
$Q_{k=1\text{ kN in Feldmitte}}$	0,43 ↑	− 0,05 ←	0,65 ↑	0,16 ←

Abbildung 86 zeigt die auskragende Fußpfette, die auf dem Stahlbetondrempel aufliegt.

Abb. 86: Querschnitt Ortgang mit Traufpfette

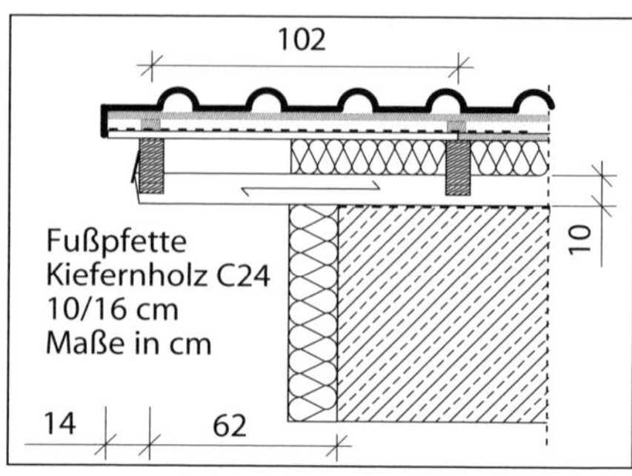

Der Bemessungswert der vertikalen, auf die Traufpfette wirkenden Kraft $F_{v,d}$ ergibt sich bei Berücksichtigung der Nutzlast $Q_k = 1$ kN als führende veränderliche Einwirkung

$$F_{v,d} = \gamma_g \cdot V_{4,g,k} + \gamma_Q \cdot V_{Q,k} + \gamma_Q \cdot \psi_0 \cdot V_{w,0,k}$$

$$F_{v,d} = 1{,}35 \cdot 1{,}62 \text{ kN} + 1{,}5 \cdot 1{,}23 \text{ kN} + 1{,}5 \cdot 0{,}6 \cdot 1{,}18$$

$$F_{v,d} = 2{,}19 \text{ kN} + 1{,}85 \text{ kN} + 1{,}06 \text{ kN} = 5{,}09 \text{ kN}$$

Die Traufpfette wird auf der Oberkante des Drempels mit Dübeln befestigt. Sie kann daher als drehsteif eingespannt angesehen werden, das Moment an der Vorderkante der Giebelwand folgt zu

$$M_{y,d} = F_{y,d} \cdot l_{Krag}$$

$$M_{y,d} = 5{,}09 \text{ kN} \cdot 0{,}62 \text{ m} = 3{,}16 \text{ kNm} = 3{,}16 \cdot 10^6 \text{ Nmm}$$

Die Biegespannung folgt zu

$$\sigma_{m,d} = \frac{M_{y,d}}{W_{y,d}}$$

mit dem Widerstandsmoment

$$W_{y,d} = b \cdot h^2/6$$

$$W_{y,d} = 160 \cdot 100^2/6$$

$$W_{y,d} = 266{,}7 \cdot 10^3 \text{mm}^3$$

$$\sigma_{m,d} = \frac{M_{y,d}}{W_{y,d}} = \frac{3{,}16 \cdot 10^6 \text{ Nmm}}{266{,}7 \cdot 10^3 \text{ mm}^3} = 11{,}8 \text{ N/mm}^2$$

Der Flugsparren kann Nutzungsklasse 2 zugeordnet werden, da er durch den Dachüberstand vor direkter Bewitterung geschützt ist. Die veränderlichen Lasten, Nutzlast und Schneelast für Standorte mit einer Höhe < 1.000 m über NN sind der Nutzungsklasse „kurz“ zugeordnet. Es folgt mit den Tabellen 7, 8 und 9 des Abschnittes 4.1 $k_{mod} = 0{,}9$ und damit die Biegefestigkeit für das Holz der Festigkeitsklasse C24

$$f_{m,d} = \frac{k_{mod}}{\gamma_M} \cdot f_{m,k} \cdot k_h$$

Wie in Abschnitt 4.1 erläutert wird auf den günstigen Ansatz von $k_{mod} = 1{,}0$ für Windlast außer bei reinen Sogsicherungen verzichtet, um die Untersuchung einer weiteren Lastfallkombination zu vermeiden.

Der Faktor $k_h = \min \{(150/h)^{0{,}2}; 1{,}3\}$ für biegebeanspruchte Bauteile berücksichtigt einen Größeneffekt und war so in DIN 1052:2008 nicht enthalten: $k_h = \min \{(150/100)^{0{,}2}; 1{,}3\} = 1{,}08$

$$f_{m,d} = \frac{0{,}9}{1{,}3} \cdot 24\,\text{N/mm}^2 \cdot 1{,}08$$

$$f_{m,d} = 18{,}0\ \text{N/mm}^2 > \sigma_{m,d} = 11{,}8\ \text{N/mm}^2$$

Die Verformung der Fußpfette berechnet sich für den am Ende durch eine Einzellast beanspruchten Kragarm zu

$$w_{g,inst} = \frac{V_{4,g,k} \cdot l^3_{Kragarm}}{3 \cdot E_{0,mean} \cdot I_y}$$

Holz der Festigkeitsklasse C24 weist nach DIN EN 338 einen mittleren Elastizitätsmodul von $E_{0,\,mean} = 11.000\ \text{N/mm}^2$ auf. Mit dem Flächenträgheitsmoment

$$I_y = b \cdot h^3/12$$

$$I_y = 160\ \text{mm} \cdot (100\ \text{mm})^3/12 = 13{,}33 \cdot 10^6\ \text{mm}^4$$

ergibt sich eine elastische Anfangsverformung (engl. instantaneous, franz. instantané = augenblicklich, sofort) infolge der Eigenlast von

$$w_{g,\,inst} = \frac{V_{4,g,k} \cdot l^3_{Kragarm}}{3 \cdot E_{0,\,mean} \cdot I_y}$$

$$w_{g,\,inst} = \frac{V_{4,g,k} \cdot (620\ \text{mm})^3}{3 \cdot 11.000\ \text{N/mm}^2 \cdot 13{,}33 \cdot 10^6\ \text{mm}^4}$$

$$w_{g,\,inst} = V_{4,g,k} \cdot 0{,}541 \cdot 10^{-3}\ \text{mm/kN}$$

$$w_{g,\,inst} = V_{4,g,k} \cdot 0{,}541\ \text{mm/kN}$$

$$w_{g,\,inst} = 1{,}620\ \text{kN} \cdot 0{,}541\ \text{mm/kN}$$

$$w_{g,\,inst} = 0{,}88\ \text{mm}$$

infolge der Schneelast

$$w_{s,\,inst} = V_{4,s,k} \cdot 0{,}541\ \text{mm/kN}$$

$$w_{s,\,inst} = 680\ \text{N} \cdot 0{,}541\ \text{mm/kN}$$

$$w_{s,\,inst} = 0{,}37\ \text{mm}$$

infolge der Windlast bei Anströmung rechtwinklig zum First

$$w_{w,\,0,\,inst} = 0{,}64\ \text{mm}$$

und infolge der Nutzlast (Mannlast) von

$Q_k = 1$ kN

$W_{Q,\,inst} = 0{,}54$ mm

Die Kombination dieser Verformungen erfolgt nach den in Absatz 2.2.3 vorgestellten Regelungen der DIN EN 1995-1-1.

Tabelle 24: Verformungen unter Berücksichtigung des Kriechens w_{fin} für den Kragarm der Traufpfette

$w_{G,\,fin} = w_{G,\,inst} \cdot (1 + k_{def})$	1,58 mm = 1,8 · 0,88 mm
Quasi ständige Bemessungssituation	
Einwirkung	Kragarm Fußpfette
$w_{Q,\,i,\,fin} = \psi_{2,i} \cdot w_{Q,\,i,\,inst} \cdot (1 + k_{def})$	alle veränderlichen Einwirkungen mit $\psi_2 = 0$ 0 mm
Nachweis nach Tabelle 12	$w_{fin} = 1{,}58$ mm $\leq l/100 = 620$ mm/100 = 6,2 mm
Seltene, charakteristische Bemessungssituation, berücksichtigt wird die Nutzlast (Mannlast) am Pfettenende als führende veränderliche Einwirkung. Nach Abschnitt 4.2 ist die Untersuchung dieser Kombination für diese Stelle nicht erforderlich.	
Q_k Traufe $w_{Q,\,fin} = w_{Q,\,inst} \cdot (1 + \psi_2 \cdot k_{def})$	0,54 mm = 0,54 mm · (1 + 0 • 0,8)
Windlast $w_{w,\,0,\,fin} = w_{w,\,0,\,inst} \cdot (\psi_0 + \psi_2 \cdot k_{def})$	0,38 mm = 0,64 mm · (0,6 + 0 • 0,8)
Eine Überlagerung mit der Schneelast ist nach DIN EN 1991 nicht erforderlich.	
Nachweise	$w_{inst} = (0{,}88 + 0{,}54 + 0{,}64)$ mm = 2,1 mm $\leq l_{Kragarm} = \frac{620\text{ mm}}{250} = 2{,}5$ mm $w_{fin} = (1{,}58 + 0{,}54 + 0{,}38)$ mm = 2,5 mm $\leq l_{Kragarm} = \frac{620\text{ mm}}{250} = 2{,}5$ mm

Die Verformungen sind ausreichend gering, um auf eine Extrapolation der Durchbiegungen bis zum Dachrand verzichten zu können. Will man bei größeren Überständen der Dachlatten eine genauere Untersuchung durchführen, kann den Tabellenwerken die Endverdrehung $\Delta\varphi$ der Traufpfette entnommen werden. Die Verformungen Δw der Dachlattenüberstände kann mit $\Delta l = 14$ cm berechnet werden.

Hier würde sich eine Endverdrehung der Traufpfette infolge der Einwirkung der Eigenlast ergeben von

$$\Delta\varphi = \frac{V_{4,g,k} \cdot l^2_{Kragarm}}{E_{0,\,mean} \cdot I_y}$$

$$\Delta\varphi = \frac{1.620\text{ N} \cdot (620\text{ mm})^2}{2 \cdot 11.000\text{ N/mm}^2 \cdot 13{,}33 \cdot 10^6\text{mm}^4}$$

$$\Delta\varphi = 0{,}0021\text{ rad}$$

$$\Delta w_{g,\,inst} = \Delta\varphi \cdot \Delta l$$

$$\Delta w_{g,\,inst} = 0{,}0021 \cdot 14 \text{ cm}$$

$$\Delta w_{g,\,inst} = 0{,}3 \text{ mm}$$

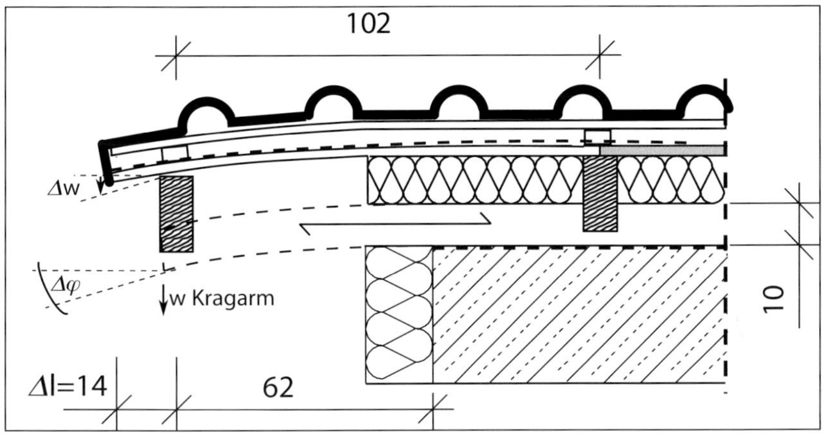

Abb. 87: Querschnitt Ortgang mit Traufpfette

7.2 Beanspruchung der Schalbretter durch die Mannlast

Abbildung 88 zeigt den Ortgang im Detail.

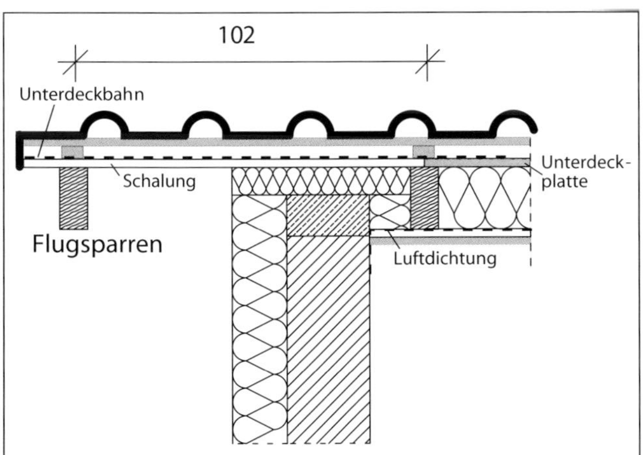

Abb. 88: Querschnitt Ortgang, Maße in cm

Am Ortgang ist die Unterdeckplatte durch Bretter zu ersetzen. Die maßgebende Biegebeanspruchung folgt aus der Mannlast $Q_k = 1$ kN. Die Entscheidung, ob der sogenannte Nachweis der örtlichen Mindesttragfähigkeit zu führen ist, muss vom Tragwerksplaner getroffen werden. Da gerade im Bereich des Ortganges mit aufwendigeren Dachdeckerarbeiten, z. B. der Verankerung der Dachpfannen mit Sturmklammern oder Holzschutzmaßnahmen zu rechnen ist, wird hier der Nachweis geführt.

Die Mannlast $Q_k = 1$ kN wirkt lotrecht. Es folgt nach Abbildung 89 eine vertikal auf das einzelne Brett wirkende Last von $Q_{k,\perp} = 0{,}82$ kN.

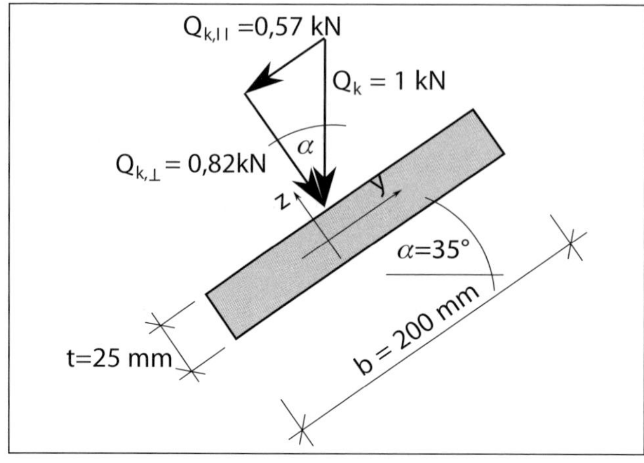

Abb. 89: Einwirkung der lotrechten Nutzlast $Q_k = 1$ kN

Das Biegemoment folgt zu

$$M_{d,y} = \gamma_Q \cdot \frac{Q_{k,\perp}}{2} \cdot \frac{l_{Bretter}}{2}$$

$$M_{d,y} = 1{,}5 \cdot \frac{0{,}82\ \text{kN}}{2} \cdot \frac{102\ \text{cm}}{2}$$

$$M_{d,y} = 314 \cdot 10^3\ \text{Nmm}$$

Ein Brett mit einer Breite $b = 200$ mm und einer Höhe von $t = 25$ mm hat ein Widerstandsmoment von

$$W_y = \frac{b \cdot t^2}{6}$$

$$W_y = \frac{200\ \text{mm} \cdot (25\ \text{mm})^2}{6}$$

$$W_y = 20{,}8 \cdot 10^3\ \text{mm}^3$$

Es folgt die Biegebeanspruchung von

$$\sigma_{m,y,d} = \frac{M_{d,y}}{W_y}$$

$$\sigma_{m,y,d} = \frac{314 \cdot 10^3\ \text{Nmm}}{20{,}8 \cdot 10^3\ \text{mm}^3}$$

$$\sigma_{m,y,d} = 15{,}1\ \text{N/mm}^2$$

Theoretisch müsste das Brett auf Doppelbiegung untersucht werden. Das Widerstandsmoment um die z-Achse ist natürlich hoch.

$$W_z = \frac{b^2 \cdot t}{6}$$

$$W_z = \frac{(200\ \text{mm})^2 \cdot 25\ \text{mm}}{6}$$

$$W_z = 166 \cdot 10^3\ \text{mm}^3$$

mit

$$M_{d,z} = \gamma_Q \cdot \frac{Q_{k,||}}{2} \cdot \frac{l_{Bretter}}{2}$$

$$M_{d,z} = 1{,}5 \cdot \frac{0{,}57\ \text{kN}}{2} \cdot \frac{102\ \text{cm}}{2}$$

$$M_{d,z} = 218 \cdot 10^3\ \text{Nmm}$$

folgt

$$\sigma_{m,z,d} = \frac{M_{d,z}}{W_z}$$

$$\sigma_{m,z,d} = \frac{218 \cdot 10^3\ \text{Nmm}}{166 \cdot 10^3\ \text{mm}^3}$$

$$\sigma_{m,z,d} = 1{,}31\ \text{N/mm}^2$$

Der Nachweis für Doppelbiegung nach Abschnitt 6.1.6 der DIN EN 1995-1-1 lautet:

$$\frac{\sigma_{m,y,d}}{f_{m,y,d}} + k_m \cdot \frac{\sigma_{m,z,d}}{f_{m,z,d}} \leq 1$$

Der Faktor k_m berücksichtigt, dass der Höchstwert der Biegespannung bei Doppelbiegung nicht an einer Seite, sondern lediglich an einer Ecke auftritt. Die Fläche, die durch den höchsten Wert der Biegezugspannung beansprucht wird, ist daher kleiner als bei der normalen einachsigen Biegung. Daher ist die Versagenswahrscheinlichkeit ebenfalls reduziert.

Der Anteil von $\frac{\sigma_{m,z,d}}{f_{m,z,d}}$ ist recht gering. Es ist daher gerechtfertigt, den Größeneffekt $k_h = \min\{(150/25)^{0,2}; 1{,}3\} = 1{,}3$ für den Spannungsnachweis um die y-Achse zu berücksichtigen. Um nicht zwei Größeneffekte zu berücksichtigen, wird dafür $k_m = 1{,}0$ und

$f_{m,z,d} = f_{m,d} = \frac{0{,}9}{1{,}3} \cdot 24\ \text{N/mm}^2 = 16{,}6\ \text{N/mm}^2$ angenommen:

$$\frac{\sigma_{m,y,d}}{k_h \cdot f_{m,y,d}} + \frac{\sigma_{m,z,d}}{f_{m,z,d}} = \frac{15{,}1\ \text{N/mm}^2}{1{,}3 \cdot 16{,}6\ \text{N/mm}^2} + \frac{1{,}31\ \text{N/mm}^2}{16{,}6\ \text{N/mm}^2} = 0{,}70 + 0{,}08 = 0{,}78$$

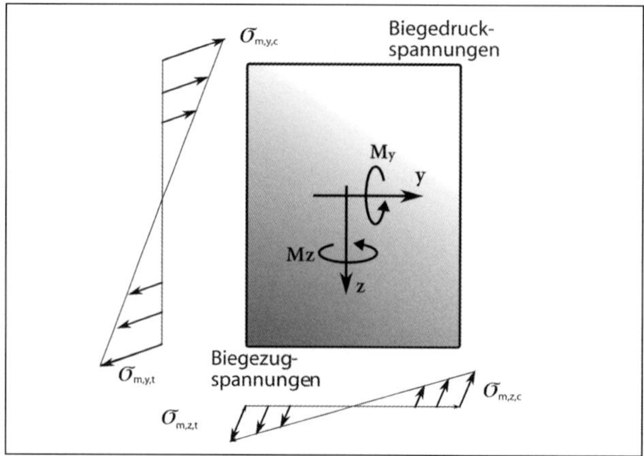

Abb. 90: Auf Doppelbiegung beanspruchter Querschnitt

Für die dachparallele Kraft $Q_{k,\parallel} = 0{,}57$ kN nach Abbildung 89 sind die mechanischen Verbindungsmittel zu bemessen, mit denen die Schalbretter auf den Sparren befestigt werden. Bei der Sogverankerung der Schalbretter nach Abschnitt 7.3 werden Klammern $1{,}5 \times 50$ mit $d = 1{,}5$ mm, $l = 50$ mm und einer Rückenbreite von 20 mm verwendet. Diese Klammern werden durch $Q_{k,\parallel}$ auf Abscheren beansprucht.

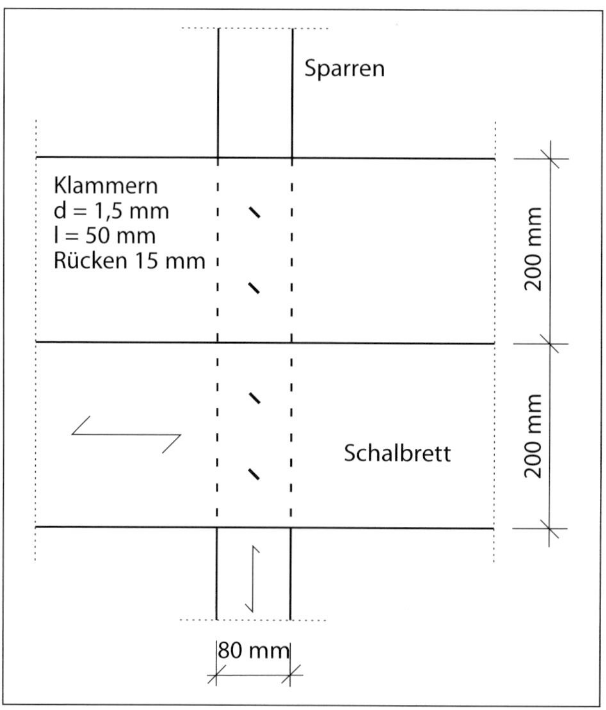

Abb. 91: Anordnen der Klammern zur Verbindung der Schalbretter mit den Sparren

Die Zugfestigkeit des Klammermaterials ist der Zulassung des Herstellers zu entnehmen, sie wird hier zu $f_{u,k} = 900\ \text{N/mm}^2$ angenommen.

Nach Abschnitt 8.4 der DIN EN 1995-1-1 folgt das Fließmoment der Klammern zu

$$M_{y,k} = 0{,}3 \cdot f_{u,k} \cdot d^{2{,}6} \text{ in Nmm}$$

$$M_{y,k} = 0{,}3 \cdot 900 \cdot 1{,}5^{2{,}6} \text{ in Nmm}$$

$$M_{y,k} = 775 \text{ Nmm}$$

$$\text{mit } d = \sqrt{1{,}35 \text{ mm} \cdot 1{,}6 \text{ mm}} = 1{,}5 \text{ mm}$$

Die Tragfähigkeit der auf Abscheren beanspruchten Klammer wird nach den Regelungen für Nägel ermittelt. Die Lochleibungsfestigkeit folgt unabhängig vom Winkel zwischen Kraft und Faserrichtung zu

$$f_{h,k} = 0{,}082 \cdot \rho_k \cdot d^{-0{,}3} \text{ in N/mm}^2$$

$$f_{h,k} = 0{,}082 \cdot 350 \cdot 1{,}5^{-0{,}3} \text{ in N/mm}^2$$

$$f_{h,k} = 25{,}4 \text{ N/mm}^2$$

Der charakteristische Wert der Tragfähigkeit ergibt sich nach den Regelungen des NA wie für zwei auf Abscheren beanspruchte Nägel zu

$$F_{v,Rk} = 2 \cdot \sqrt{2 \cdot M_{y,k} \cdot f_{h,k} \cdot d}$$

$$F_{v,Rk} = 2 \cdot \sqrt{2 \cdot 775 \text{ Nmm} \cdot 25{,}4 \text{ N/mm}^2 \cdot 1{,}5 \text{ mm}}$$

$$F_{v,Rk} = 486 \text{ N}$$

Der Bemessungswert folgt zu

$$F_{v,Rd} = \frac{k_{mod}}{\gamma_M} \cdot R_k$$

$$F_{v,Rd} = \frac{0{,}9}{1{,}3} \cdot 486 \text{ N}$$

$$F_{v,Rd} = 336 \text{ N}$$

Anzuschließen ist eine Auflagerkraft parallel zum Dach von

$$F_{d,\parallel} = 1{,}5 \cdot Q_{k,\parallel}/2$$

$$F_{d,\parallel} = 1{,}5 \cdot 570 \text{ N}/2$$

$$F_{d,\parallel} = 428 \text{ N}$$

sodass zwei Klammern je Schalbrett erforderlich sind. Der Winkel zwischen dem Klammerrücken und der Faserrichtung des Schalbrettes muss > 30° sein, da ansonsten eine Abminderung der Tragfähigkeit erforderlich ist.

Für die Befestigung der Konterlatten werden die gleichen Nägel 3,8 × 100 verwendet, die nach den Herstellerangaben bei der Anordnung der Holzfaserplatte als Unterdeckplatte zu verwenden sind, siehe Abschnitt 5.1. Die Nachweise für Anschlüsse durch nachgiebige Zwischenschichten, das sind in unserem Falle die Schalbretter, gestalten sich außerordentlich kompliziert, vgl. Eberhart (2004), Blaß und Laskewitz (2003). Sie brauchen nicht geführt zu werden, da die festere Zwischenschicht der Schalbretter zu einer höheren Tragfähigkeit dieses Anschlusses führt, verglichen mit dem Anschluss durch die weiche Zwischenschicht der Unterdeckplatte aus Holzfasermaterial. Nicht ganz eingehalten werden allerdings die geforderten Mindestholzdicken, um ein Spalten der Schalbretter zu vermeiden. Nach NA dürfen bei Schalbrettern und Lattung die geringeren Mindestdicken angewendet werden.

$$t = \max\left\{7 \cdot d;\ \left(13 \cdot d - 30\ \text{mm}\right) \cdot \frac{\rho_k}{400}\right\}$$

$$t = \max\left\{7 \cdot 3{,}8\ \text{mm};\ \left(13 \cdot 3{,}8\ \text{mm} - 30\ \text{mm}\right) \cdot \frac{350}{400}\right\}$$

$$t = \max\left\{26{,}6\ \text{mm};\ 17\ \text{mm}\right\} > t_{\text{vor}} = 25\ \text{mm}$$

Die Schalbretter sind zwar nicht aus Kiefernholz, jedoch ist der Abstand rechtwinklig zum Rand groß

$$a_2 = \frac{b}{3} = \frac{200\ \text{mm}}{3} = 67\ \text{mm} > 10 \cdot d_{\text{Nagel}} = 10 \cdot 3{,}8\ \text{mm} = 38\ \text{mm}$$

Sollte tatsächlich ein Spalten der Schalbretter beim Befestigen der Konterlatte auf den Sparren auftreten, sind anstelle der Nägel selbstbohrende Holzschrauben zu verwenden.

7.3 Sogverankerung der Schalbretter

Winddruck breitet sich sehr schnell aus. Die Dacheindeckung mit Dachpfannen kann nicht als dicht im Sinne der DIN EN 1991-1-4 angesehen werden, sodass die Schalbretter für die Windbeanspruchung Windsog auf die Dachoberfläche und Winddruck von unten auf den Dachüberstand zu bemessen sind.

Nach Abbildung 31 folgt im Firstbereich ein Sogbeiwert von $c_{p,G} = -1{,}62$ für Anströmung parallel zum First. Dieser Wert wurde jedoch mit der größeren Einzugsfläche der Sparren ermittelt, vgl. Tabelle 3. Der Sogbeiwert für die Schalbretter ist jedoch als der höhere Beiwert $c_{p,G,1} = -2{,}0$ für Lasteinzugsflächen $A \leq 1\ \text{m}^2$ anzunehmen. Der Druckbeiwert auf den Dachüberstand darf entsprechend dem Druckbeiwert auf die Giebelwand zu $c_{p,D,1} = 1{,}0$ angenommen werden.

Mit dem Böengeschwindigkeitsdruck $q(z) = 0{,}49\ \text{kN/m}^2$ nach Abschnitt 3.3.1 folgt eine Flächenlast von

$$w_k = \left(c_{p,G,1} + c_{pe,D,1}\right) \cdot q\left(z\right)$$

$$w_k = \left(2{,}0 + 1{,}0\right) \cdot 0{,}49\ \text{kN/m}^2$$

$$w_k = 1{,}47\ \text{kN/m}^2$$

Die entlastend wirkende Eigenlast der Bretter bleibt unberücksichtigt. Es folgt ein Biegemoment von

$$q_d = \gamma_Q \cdot w_K$$

$$q_d = 1{,}5 \cdot 1{,}47 \text{ kN/m}^2$$

$$q_d = 2{,}21 \text{ kN/m}^2$$

$$m_d = \frac{q_d \cdot l^2}{8}$$

$$m_d = \frac{2{,}21 \text{ kN/m}^2 \cdot 1{,}02^2 \text{ m}^2}{8}$$

$$m_d = 0{,}287 \text{ kNm/m} = 287 \cdot 10^3 \text{ Nmm/m}$$

Die Biegebeanspruchung der einseitig gehobelten Bretter mit $t = 25$ mm folgt mit dem Widerstandsmoment W je m von

$$W = 1 \text{ m} \cdot t^2/6 \cdot 1/\text{m}$$

$$W = 1.000 \text{ mm} \cdot 25^2 \text{ mm}^2/6 \cdot 1/\text{m}$$

$$W = 104 \cdot 10^3 \text{ mm}^3/\text{m}$$

zu

$$\sigma_{m,y,d} = \frac{m_d}{W}$$

$$\sigma_{m,y,d} = \frac{287 \cdot 10^3 \text{ Nmm/m}}{104 \cdot 10^3 \text{ mm}^3/\text{m}}$$

$$\sigma_{m,y,d} = 2{,}76 \text{ N/mm}^2$$

und stellt demnach kein Problem dar.

Interessanter ist die Verformungsberechnung, um die Beanspruchung des Anschlusses zwischen dem Isoliermaterial des Wärmedämmverbundsystems und den Schalbrettern abschätzen zu können. Vereinfachend wird die Mittendurchbiegung der Schalbretter berechnet, als Nachweis im Grenzzustand der Gebrauchstauglichkeit ohne den Lasterhöhungsfaktor für veränderliche Lasten $\gamma_Q = 1{,}5$:

$$v = \frac{5}{384} \cdot \frac{w_k \cdot 1 \text{ m} \cdot l^4}{E \cdot I}$$

Mit dem Elastizitätsmodul für Vollholz der Festigkeitsklasse C24 $E_{0,\text{mean}} = 11.000$ N/mm² dem Trägheitsmoment je m Breite der Schalung

$$I = b \cdot h^3/12$$

$$I = 10^3 \text{mm} \cdot 25^3 \text{ mm}^3/12$$

$$I = 1{,}30 \cdot 10^6 \text{ mm}^4$$

folgt

$$v = \frac{5}{384} \cdot \frac{1{,}47 \cdot \text{kN/m}^2 \cdot 1 \text{ m} \cdot (1{,}02 \text{ m})^4}{11.000 \text{ kN/m}^2 \cdot 1{,}30 \cdot 10^6 \text{mm}^4}$$

$$v = \frac{5}{384} \cdot \frac{1{,}47 \cdot \text{N/mm} \cdot (1.020 \text{ mm})^4}{11.000 \text{ N/mm}^2 \cdot 1{,}30 \cdot 10^6 \text{mm}^4}$$

$$v = 1{,}45 \text{ mm}$$

Auch dies stellt somit kein Problem für den Übergangsbereich Wärmedämmverbundsystem–Dachschalung dar. Die Verformung der Sparren und Pfetten ist gegebenenfalls hinzuzurechnen.

Die Auflagerkraft je anzuschließendem Meter der Schalung beträgt

$$V_d = \gamma_Q \cdot w_k \cdot 1\text{ m} \cdot l/2$$

$$V_d = 1{,}5 \cdot 1{,}47\text{ kN/m}^2 \cdot 1\text{ m} \cdot 0{,}7\text{ m}/2$$

$$V_d = 0{,}77\text{ kN}$$

Der Anschluss soll mit Klammern 1,5 × 50 der Länge $l = 50$ mm und $d = 1{,}5$ mm ausgeführt werden. Weist der Klammerrücken einen Winkel zur Faserrichtung der Bretter > 30° auf, darf der Ausziehwiderstand einer Klammer mit Einstufungsschein nach DIN 1052-10 wie derjenige zweier Nägel der Tragfähigkeitsklasse 2 berechnet werden.

Der Ausziehbeiwert beträgt dann $f_{1,k} = 40 \cdot 10^{-6} \cdot \rho_k^2$, wogegen glattschaftige Nägel lediglich einen Ausziehbeiwert von $f_{1,k} = 20 \cdot 10^{-6}$ aufweisen.

Aufgrund des geringen Durchmessers der Klammern ist die Einhaltung der Mindestabstände und Mindestdicken in der Regel kein Problem. Für auf Herausziehen beanspruchte Klammern darf nach DIN 1052-10 höchstens eine Einschlagtiefe l_{ef} entsprechend der beharzten Länge des Schaftes oder $l_{ef} = 20 \cdot d$ angesetzt werden.

Schalbretter und Sparren sind aus Vollholz der Festigkeitsklasse C24 mit einem charakteristischen Wert der Rohdichte $\rho_k = 350$ kg/m³. Der Ausziehwiderstand einer Klammer folgt damit zu

$$F_{ax,Rk} = 2 \cdot f_{1,k} \cdot d \cdot l_{ef}$$

$$f_{1,k} = 40 \cdot 10^{-6} \cdot \rho_k^2$$

$$f_{1,k} = 40 \cdot 10^{-6} \cdot 350^2 = 4{,}9\text{ N/mm}^2$$

$$F_{ax,Rk} = 2 \cdot 4{,}9\text{ N/mm}^2 \cdot 1{,}5\text{ mm} \cdot 20 \cdot 1{,}5\text{ mm}$$

$$F_{ax,Rk} = 2 \cdot 221\text{ N} = 441\text{ N}$$

Für die Windeinwirkung darf der Mittelwert der zu den Lasteinwirkungsdauern „kurz“ und „sehr kurz“ gehörigen Modifikationsbeiwerte k_{mod} angesetzt werden. Die überdachte offene Konstruktion kann in Nutzungsklasse (NKL) 2 eingestuft werden, es folgt ein Modifikationsbeiwert $k_{mod} = (0{,}9 + 1{,}1)/2 = 1{,}0$. Mit dem Teilsicherheitsbeiwert für Holz $\gamma_M = 1{,}3$ folgt der Bemessungswert des Ausziehwiderstandes zu

$$F_{ax,Rd,Spitze} = \frac{k_{mod}}{\gamma_M} \cdot R_{ax,k}$$

$$F_{ax,Rd,Spitze} = \frac{1{,}0}{1{,}3} \cdot 441\text{ N}$$

$$F_{ax,Rd,Spitze} = 339\text{ N}$$

Der „Kopfdurchziehwiderstand" wird mit der Fläche $A_{Klammer} = d \cdot Rückenbreite$ = 1,5 mm · 12,8 mm = 19,2 mm² geführt.
$F_{Kopf,Rk} = 70 \cdot 10^{-6} \cdot \rho_k^2 \cdot A_{Klammer} = 70 \cdot 10^{-6} \cdot 350^2 \cdot 19{,}2 = 165$ N

Der Ausziehwiderstand aus dem Schalbrett beträgt
$F_{ax,Rk,t} = 2 \cdot f_{1,k} \cdot d \cdot t_{Schalbrett} = 2 \cdot 4{,}9$ N/mm² · 1,5 mm · 25 mm = 367 N

Der Ausziehwiderstand auf der Schalbrettseite ergibt sich zu
$F_{ax,Rk} = \max\{F_{Kopf,Rk}; F_{ax,Rk,t}\}$ = 367 N und ist damit bestimmend.

$$F_{ax,Rd} = \frac{1{,}0}{1{,}3} \cdot 367\ \text{N} = 282\ \text{N}$$

Die Anzahl der erforderlichen Klammern je laufendem Meter Schalung folgt damit zu

$$n = V_d / R_{ax,d}$$

$$n = 770\ \text{N}/282\ \text{N} = 2{,}73$$

Bei einer Breite der Bretter von b = 200 mm würde eine Klammer je Brett genügen, nach Abschnitt 7.3 sind jedoch zwei Klammern je Brett zur Aufnahme des Dachschubes bei Einwirken der Mannlast erforderlich.

7.4 Sogverankerung der Flugsparren

Abbildung 92 zeigt den Verlauf der Biegemomente des Flugsparrens für den Fall der Anströmung parallel zum First θ = 90° nach DIN EN 1991-1-4. Die resultierenden Linienlasten infolge Windsog auf die Dachoberfläche und Winddruck auf der Unterseite des Dachüberstandes sind in Abbildung 35 dargestellt. Der Nachweis der Biegebeanspruchung im Bereich der Mittelpfette mit $M_{k,w\theta90}$ = 0,72 kNm kann entfallen, da das Eigengewicht nach Abbildung 85 mit $M_{k,g}$ = –0,50 kNm entlastend wirkt. Die Nachweise der Biegebeanspruchung nach Abschnitt 6.3 wurden jedoch mit einer Einwirkungskombination $M_{y,5,d} = 1{,}35 \cdot M_{g,k} + 1{,}5 \cdot M_{s,k} + 1{,}5 \cdot 0{,}6 \cdot M_{w,0,k} = 1{,}21$ kNm geführt, die einen deutlich höheren Bemessungswert des Biegemomentes ergibt.

Interessant ist die Untersuchung der Auflagerkräfte. In Abbildung 92 sind die Auflagerreaktionen dargestellt, somit sind an allen Auflagern abhebende, vertikal wirkende oder zu einem Abrutschen führende horizontale Kräfte vorhanden.

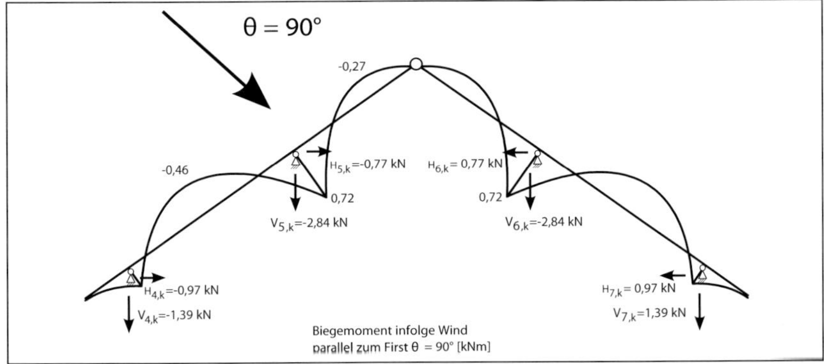

Abb. 92: Biegemomente und Auflagerreaktionen bei Windanströmung parallel zum First

Aufgrund der entlastend wirkenden vertikalen Auflagerkräfte infolge der Eigenlast und bei Einwirkung der Schneelast ist die Einwirkungskombination

$$E_d = E\,\{\gamma_g \cdot g_k + \gamma_{Q,1} \cdot w_{\theta 90°}\}$$

maßgebend. Die Lastfallkombination unter Berücksichtigung der Schneelast

$$E_d = E\,\{\gamma_g \cdot g_k + \gamma_{Q,1} \cdot w_{\theta 90°} + \gamma_{Q,2} \cdot \psi_{0,2} \cdot s_k\}$$

führt zwar zu höheren Horizontalkräften, jedoch überwiegt die entlastende Wirkung der Vertikalkraft.

7.4.1 Nachweis der Auflagerkräfte an der Mittelpfette

An den Auflagern der Sparren auf der Mittelpfette, Knoten 5 nach Abbildung 92, sind bei Windsog von den Verbindungsmitteln horizontal wirkende, ein Abrutschen verursachende, und vertikal wirkende, ein Abheben verursachende Kräfte zu verankern.

Hier ist nun nochmals ein Blick auf Abschnitt 4.1 erforderlich. Streng nach DIN EN 1990 müssen die Einwirkungen mit den Teilsicherheitsbeiwerten γ_G, γ_Q multipliziert werden und nicht, wie bislang hier durchgeführt, die Schnittgrößen. Daraus wird aber sofort ersichtlich, dass für die Auswirkung einer Einwirkung E_d nicht zwei verschiedene Teilsicherheitsbeiwerte γ angesetzt werden können. Die horizontale Auflagerreaktion infolge Eigenlast wirkt ungünstig, die vertikale Auflagerreaktion entlastend, also günstig.

Beide Schnittgrößen folgen aus derselben Einwirkung und werden daher mit demselben Teilsicherheitsbeiwert γ erhöht. Bei stiftförmigen Verbindungsmitteln wie Nägeln oder Holzschrauben, die gleichzeitig auf Herausziehen $F_{ax,Ed}$ und Abscheren $F_{v,Ed}$ beansprucht werden, ist nach DIN EN 1995-1-1 ein Interaktionsnachweis zu führen

$$\left(\frac{F_{ax,Ed}}{F_{ax,Rd}}\right)^m + \left(\frac{F_{v,Ed}}{F_{v,Rd}}\right)^m \leq 1$$

mit $m = 2$ bei Sondernägeln und Holzschrauben. Da aber die Einwirkungen mit dem Teilsicherheitsbeiwert erhöht werden und nicht die Schnittgrößen, müssen die Beanspruchungen $F_{ax,Ed}$ und $F_{v,Ed}$ mit dem gleichen Teilsicherheitsbeiwert berechnet werden.

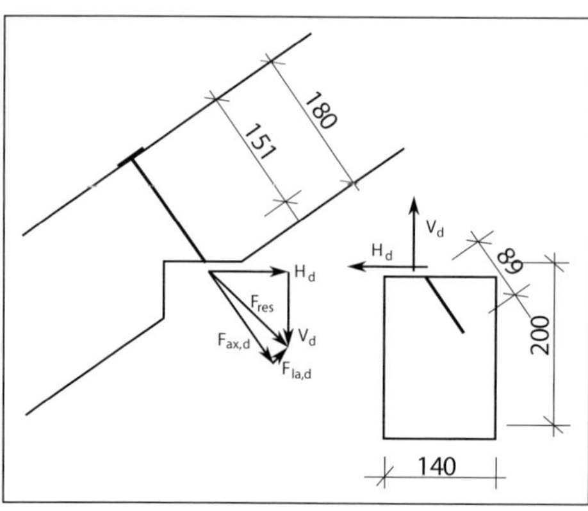

Abb. 93: Zerlegung der Kräfte in Schraubenachse und rechtwinklig zur Schraubenachse

Ist nun nicht ersichtlich, welcher Anteil dieses Interaktionsnachweises, maßgebend wird, kann auch nicht festgelegt werden, welcher Teilsicherheitsbeiwert γ_G nach Tabelle 6 anzuwenden ist: $\gamma_{G,\,inf} = 1{,}0$ oder $\gamma_{G,\,sup} = 1{,}35$. Daher müssen jeweils zwei Lasteinwirkungskombinationen und Nachweise geführt werden.

Einen Hinweis auf die maßgebende Lasteinwirkungskombination, gibt die nach den Kräftezerlegungen der Abbildungen 93 und 94 berechnete Resultierende

$$F_{res} = \sqrt{H_d^2 + V_d^2}$$

1. $g_{G,inf} = 1{,}0$

$$V_{5,d,inf} = -\gamma_{G,inf} \cdot V_{5,g,k} + \gamma_Q \cdot V_{5,w,k}$$
$$V_{5,d,inf} = -1{,}0 \cdot 2{,}8\ \text{kN} + 1{,}5 \cdot 2{,}84\ \text{kN}$$
$$V_{5,d,inf} = -2{,}8 + 4{,}26\ \text{kN}$$
$$V_{5,d,inf} = 1{,}46\ \text{kN}\downarrow$$

$$H_{5,d,inf} = -\gamma_{G,inf} \cdot V_{5,g,k} + \gamma_Q \cdot H_{5,w,k}$$
$$H_{5,d,inf} = 1{,}0 \cdot 0{,}70\ \text{kN} + 1{,}5 \cdot 0{,}77\ \text{kN}$$
$$H_{5,d,inf} = 0{,}7\ \text{kN} + 1{,}12\ \text{kN}$$
$$H_{5,d,inf} = 1{,}82\ \text{kN}\rightarrow$$

$$F_{res} = \sqrt{H_d^2 + V_d^2} = \sqrt{1{,}82^2 + 1{,}46^2}\ \text{kN}$$
$$F_{res} = 2{,}33\ \text{kN}$$

Zum Vergleich unter Berücksichtigung der Auflagerkraft infolge Einwirkung des Schnees mit

$$V_{5,d,inf} = -\gamma_{G,inf} \cdot V_{5,g,k} + \gamma_Q \cdot V_{5,w,k} + \gamma_Q \cdot \psi_0 \cdot V_{5,s,k}$$
$$V_{5,d,inf} = -1{,}0 \cdot 2{,}8\ \text{kN} + 1{,}5 \cdot 2{,}84\ \text{kN} - 1{,}5 \cdot 0{,}5 \cdot 1{,}17\ \text{kN}$$
$$V_{5,d,inf} = -2{,}8\ \text{kN} + 4{,}26\ \text{kN} - 0{,}88\ \text{kN}$$
$$V_{5,d,inf} = +0{,}58\ \text{kN}\downarrow$$

$$H_{5,d,inf} = \gamma_{G,inf} \cdot V_{5,g,k} + \gamma_Q \cdot V_{5,w,k} + \gamma_Q \cdot \psi_0 \cdot V_{5,s,k}$$
$$H_{5,d,inf} = 1{,}0 \cdot 0{,}70\ \text{kN} + 1{,}5 \cdot 0{,}77\ \text{kN} + 1{,}5 \cdot 0{,}5 \cdot 0{,}29\ \text{kN}$$
$$H_{5,d,inf} = 0{,}7\ \text{kN} + 1{,}16\ \text{kN} + 0{,}22\ \text{kN}$$
$$H_{5,d,inf} = 2{,}08\ \text{kN}\rightarrow$$

$$F_{res} = \sqrt{H_d^2 + V_d^2} = \sqrt{0{,}58^2 + 2{,}08^2}\ \text{kN}$$
$$F_{res} = 2{,}16\ \text{kN}$$

2. $g_{G,sup} = 1{,}35$

$$V_{5,d,inf} = -\gamma_{G,sup} \cdot V_{5,g,k} + \gamma_Q \cdot V_{5,w,k}$$
$$V_{5,d,inf} = -1{,}35 \cdot 2{,}8\ kN + 1{,}5 \cdot 2{,}84\ kN$$
$$V_{5,d,inf} = -3{,}78\ kN + 4{,}26\ kN$$
$$V_{5,d,inf} = 0{,}48\ kN\downarrow$$

$$H_{5,d,sup} = \gamma_{G,sup} \cdot H_{5,g,k} + \gamma_Q \cdot H_{5,w,k}$$
$$H_{5,d,sup} = 1{,}35 \cdot 0{,}70\ kN + 1{,}5 \cdot 0{,}77\ kN$$
$$H_{5,d,sup} = 1{,}04\ kN + 1{,}12\ kN$$
$$H_{5,d,sup} = 2{,}16\ kN \rightarrow$$

$$F_{res} = \sqrt{H_d^2 + V_d^2} = \sqrt{0{,}48^2 + 2{,}16^2}\ kN$$
$$F_{res} = 2{,}21\ kN$$

Offensichtlich überwiegt die entlastende Wirkung der Eigenlast und der Schneelast. Für die Bemessung ist die Resultierende der Auflagerkräfte der Einwirkungen Eigenlast und Windanströmung parallel zum First maßgebend. Die Auflagerkräfte der Eigenlast sind dabei mit $\gamma_{G,inf} = 1{,}0$ zu multiplizieren, da sie entlastend wirken. Diese Lasteinwirkungskombination hätte man ohne die dargestellten aufwendigen Untersuchungen wohl intuitiv angenommen.

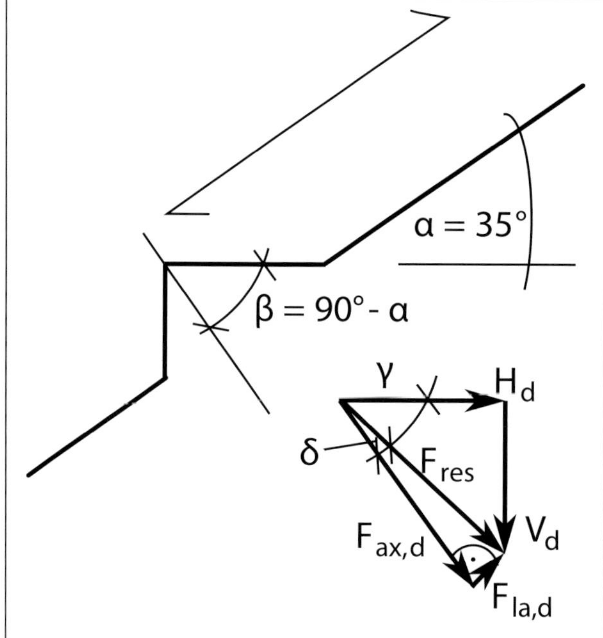

Abb. 94: Zerlegung der Kräfte in Schraubenachse und rechtwinklig zur Schraubenachse, Detail mit Winkeln zur Berechnung

Um die Nachweise der Schraube normgerecht zu erbringen, wird die resultierende Kraft $F_{res,d} = 2{,}33$ kN in eine Beanspruchung in Achsrichtung der Schraube $F_{ax,Ed}$ und in eine rechtwinklig zur Achse wirkende Kraft $F_{v,Ed}$ zerlegt. Hierfür sind einige Winkelberechnungen erforderlich. Mit der Dachneigung $\alpha = 35°$ folgt der Winkel zwischen der Achsrichtung der Schraube und der Horizontalen zu

$$\beta = 90° - \alpha$$
$$\beta = 90° - 35°$$
$$\beta = 55°$$

Um die Resultierende zerlegen zu können, ist es erforderlich den Winkel δ zu bestimmen:

$$\beta = \gamma + \delta$$
$$\delta = \beta - \gamma$$

Mit der Trigonometrie im rechtwinkligen Dreieck berechnet sich γ beispielsweise zu

$$\gamma = \arcsin\left(\frac{V_d}{F_{res,d}}\right)$$
$$\gamma = \arcsin\left(\frac{1{,}74 \text{ kN}}{2{,}50 \text{ kN}}\right)$$
$$\gamma = \arcsin\left(0{,}696\right) = 44{,}1°$$

mit arcsin als der Umkehrfunktion der Sinusfunktion, gelegentlich auch als asin bezeichnet.

Es folgt

$$\delta = \beta - \gamma$$
$$\delta = 55° - 44{,}1° = 10{,}9°$$

und damit schließlich

$$F_{ax,Ed} = F_{res,d} \cdot \cos\left(\delta\right)$$
$$F_{ax,Ed} = 2{,}33 \text{ kN} \cdot \cos\left(10{,}9°\right) = 2{,}29 \text{ kN}$$

und die rechtwinklig zur Schraubenachse wirkende Kraft

$$F_{v,Ed} = F_{res,d} \cdot \sin \delta$$
$$F_{v,Ed} = 2{,}33 \text{ kN} \cdot \sin 10{,}9° = 0{,}44 \text{ kN}$$

Zur Kontrolle mit dem Satz des Pythagoras

$$\sqrt{F_{ax,Ed}^2 + F_{v,Ed}^2} = \sqrt{\left(2{,}29 \text{ kN}\right)^2 + \left(0{,}44 \text{ kN}\right)^2} = 2{,}33 \text{ kN} = F_{res,d}$$

Nach Abschnitt 6.5.1.1 ist die Tragfähigkeit bei Beanspruchung auf Herausziehen $R_{ax,d} = 3{,}80$ kN. Dabei spielt es keine Rolle, dass die Schraube bei diesem Anschluss tiefer in die Mittelpfette eindringt, da nur der profilierte

Bereich von $l_g = 70$ mm für den Ausziehwiderstand von Bedeutung ist. Ebenso ist auf der Sparrenseite der Abstand zwischen der Fuge und dem Schraubenkopf ohne Bedeutung, da nur der Kopfdurchziehwiderstand zwischen Schraubenkopf und Oberfläche des Sparrens die Tragfähigkeit bestimmt.

Die Tragfähigkeit bei Beanspruchung auf Abscheren beträgt nach Abschnitt 6.5.1.2 $R_d = 2{,}38$ kN. Der Interaktionsnachweis nach DIN EN 1995-1-1 folgt zu

$$\left(\frac{F_{ax,Ed}}{F_{ax,Rd}}\right)^2 + \left(\frac{F_{v,Ed}}{F_{v,Rd}}\right)^2 \leq 1$$

$$\left(\frac{2{,}29\ \text{kN}}{3{,}80\ \text{kN}}\right)^2 + \left(\frac{0{,}44\ \text{kN}}{2{,}38\ \text{kN}}\right)^2 \leq 1$$

$$(0{,}60)^2 + (0{,}19)^2 = 0{,}40 < 1$$

$$0{,}42 + 0{,}04 = 0{,}46 < 1$$

7.4.2 Nachweis der Auflagerkräfte an der Traufpfette

Am Knoten 4, dem Anschluss des Sparrens an die Traufpfette, sind nach Tabelle 23 alle abhebend wirkenden Schnittgrößen der Windeinwirkung $w_{\theta,\,90°}$, außer der Horizontalkraft infolge Windanströmung parallel zum First, kleiner als diejenigen am Knoten 5, dem Auflager an der Mittelpfette. Es ist absehbar, dass der Nachweis für die Schraube eingehalten ist. Immerhin liegt eine höhere Horizontalkraft infolge der Windeinwirkung vor, die die Beanspruchung rechtwinklig zur Schraubenachse $F_{v,Ed}$ erhöhen wird. Da die Tragfähigkeit auf Abscheren $F_{v,Rd}$ geringer ist als diejenige auf Herausziehen $F_{ax,Rd}$, wird sich der Interaktionsnachweis etwas anders darstellen.

Die Beanspruchungen werden wiederum mit $\gamma_{G,\,inf} = 1{,}0$ berechnet:

$$V_{4,d,inf} = -\gamma_{G,inf} \cdot V_{4,g,k} + \gamma_Q \cdot V_{4,w,k}$$

$$V_{4,d,inf} = -1{,}0 \cdot 1{,}62\ \text{kN} + 1{,}5 \cdot 1{,}39\ \text{kN}$$

$$V_{4,d,inf} = -1{,}62\ \text{kN} + 2{,}09\ \text{kN}$$

$$V_{4,d,inf} = 0{,}47\ \text{kN}\downarrow$$

$$H_{4,d,inf} = -\gamma_{G,inf} \cdot H_{4,g,k} + \gamma_Q \cdot H_{4,w,k}$$

$$H_{4,d,inf} = 1{,}0 \cdot 0{,}06\ \text{kN} + 1{,}5 \cdot 0{,}97\ \text{kN}$$

$$H_{4,d,inf} = 0{,}06\ \text{kN} + 1{,}46\ \text{kN}$$

$$H_{4,d,inf} = 1{,}52\ \text{kN}\rightarrow$$

$$F_{res} = \sqrt{H_d^2 + V_d^2} = \sqrt{0{,}47^2 + 1{,}52^2}\,\text{kN}$$

$$F_{res} = 1{,}59\ \text{kN}$$

Es folgen, entsprechend den in Abschnitt 7.4.1 geführten Berechnungen,

$$\gamma = \arcsin\left(\frac{V_d}{F_{res,d}}\right)$$

$$\gamma = \arcsin\left(\frac{0{,}47\ kN}{1{,}59\ kN}\right)$$

$$\gamma = \arcsin\left(0{,}30\right) = 17{,}2°$$

$$F_{ax,Rd} = F_{res,d} \cdot \cos\left(\delta\right)$$

$$F_{ax,Rd} = 1{,}59\ kN \cdot \cos\left(37{,}8°\right) = 1{,}26\ kN$$

$$F_{v,Ed} = F_{res,d} \cdot \sin \delta$$

$$F_{v,Ed} = 1{,}59\ kN \cdot \sin 37{,}8° = 0{,}97\ kN$$

Zur Kontrolle mit dem Satz des Pythagoras

$$\sqrt{F_{ax,Ed}^2 + F_{v,Ed}^2} = \sqrt{\left(1{,}26\ kN\right)^2 + \left(0{,}97\ kN\right)^2} = 1{,}59\ kN = F_{res,d}$$

Der Interaktionsnachweis nach Abschnitt 8.3.3 der DIN EN 1995-1-1 folgt damit zu

$$\left(\frac{F_{ax,Ed}}{F_{ax,Rd}}\right)^2 + \left(\frac{F_{v,Ed}}{F_{v,Rd}}\right)^2 \leq 1$$

$$\left(\frac{1{,}26\ kN}{3{,}80\ kN}\right)^2 + \left(\frac{0{,}97\ kN}{2{,}38\ kN}\right)^2 \leq 1$$

$$\left(0{,}33\right)^2 + \left(0{,}41\right)^2 \leq 1$$

$$0{,}11 + 0{,}17 = 0{,}28 \leq 1$$

7.4.3 Zusammenfassung Sogverankerung

Als Ergebnis der Kapitel 6 und 7 ist herauszustellen, dass eine Teilgewindeschraube mit einem Durchmesser $d = 8$ mm, einer Gewindelänge von $l_g = 70$ mm und einem Kopfdurchmesser $d_k = 28$ mm für die Anschlüsse der Sparren an die Trauf- und Mittelpfetten ausreichend ist. Der Anschluss ist in den Abbildungen 71 und 75 dargestellt.

Dagegen führt der geringere Ausziehwiderstand des Sparrennagels nach Abschnitt 6.8.2 von $F_{ax,Rd} = 1.221$ N an beiden Anschlusspunkten zu Problemen. Die Tragfähigkeit des auf Abscheren beanspruchten Nagels ergibt sich nach Kapitel 6.8.2 zu $F_{v,Rd} = 2.029$ N. Der Interaktionsnachweis an der Mittelpfette folgt zu

$$\left(\frac{F_{ax,Ed}}{F_{ax,Rd}}\right)^2 + \left(\frac{F_{v,Ed}}{F_{v,Rd}}\right)^2 > 1$$

$$\left(\frac{2{,}33 \text{ kN}}{1{,}22 \text{ kN}}\right)^2 + \left(\frac{0{,}44 \text{ kN}}{2{,}03 \text{ kN}}\right)^2 > 1$$

$$(1{,}91)^2 + (0{,}22)^2 \leq 1$$

$$3{,}64 + 0{,}05 = 3{,}69 > 1$$

und ist wegen der hohen Ausziehbeanspruchung nicht eingehalten. Natürlich können an den Flugsparren senkrecht angeordnete Sparrenpfettenanker angeordnet werden. Diese zugelassenen Blechformteile erreichen in der Regel deutlich höhere Tragfähigkeiten als für die gegebene Situation erforderlich wäre. Allerdings ist der Randabstand der Kammnägel zwischen dem Hirnholz der Pfette und dem äußersten Sparrenpfettenanker einzuhalten.

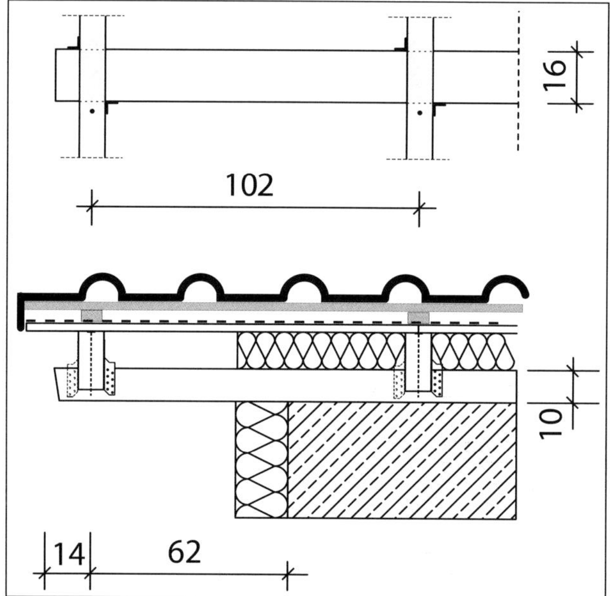

Abb. 95: Anschluss Fußpunkt des Flugsparrens mit Sparrenpfettenankern

Der erste innenliegende Sparren wird nach Abbildung 31 und Abbildung 34 durch höhere Windsoglasten beansprucht als die Sparren im mittleren Innenbereich. Nun sind diese innenliegenden Sparren in Nähe der Giebelwand natürlich nicht durch Druck auf die Unterseite des Ortganges beansprucht, sodass die abhebenden Kräfte deutlich reduziert sind. Um sich die Bestimmung der maßgebenden Lastfallkombination und die Nachweise für die Anschlüsse zu ersparen, können für diese Sparren die gleichen Anschlüsse gewählt werden wie für die Flugsparren.

8 Bemessung der Mittelpfetten und Stiele

Abbildung 96 zeigt den Schnitt parallel zur Pfette durch die Giebelwände. Der Betongurt über der Giebelwand nach Abbildung 16, Kapitel 2, wurde vereinfacht in der Dicke der Wand dargestellt. In der Regel ist an der Außenseite eine Wärmedämmung anzubringen. Lediglich bei außenliegenden Wärmedämmverbundsystemen mit ausreichender Dämmung ist es möglich, diese Ausführung ohne Wärmebrücken zu erzeugen.

Die Durchdringung der Giebelwände im Bereich der auskragenden Pfetten ist sorgfältig auszuführen. Die Hersteller von Dampfbremsen, Klebebändern, Klebern und Dämmmaterial bieten auf ihren Internetseiten häufig Detailausbildungen.

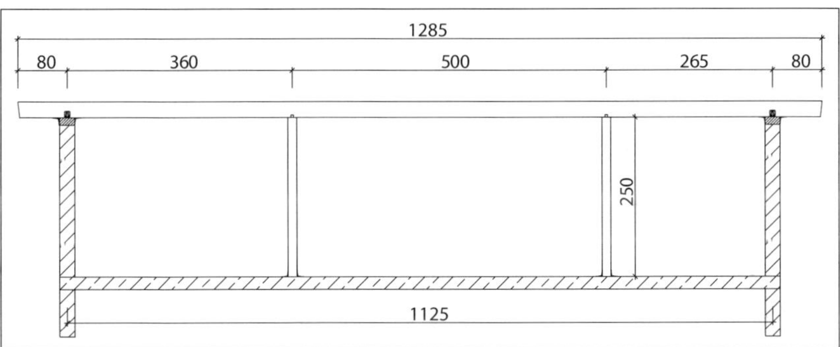

Abb. 96: Schnitt parallel zur Mittelpfette, Rohbaumaße

Abbildung 97 zeigt die Auflagerkräfte und Biegemomente infolge einer vertikal wirkenden Streckenlast von q = 1 kN/m. Die Mittelpfetten werden als Durchlaufträger ausgeführt. Ohne die Schnittgrößen und Auflagerreaktionen wesentlich zu ändern, könnte die Pfette als Gerberträger mit Gelenken im Bereich des Momentendurchgangs ausgebildet werden. Je nach Anordnung der Längsaussteifung müssen die Gelenke in der Lage sein, nicht nur Quer-, sondern auch Normalkräfte zu übertragen.

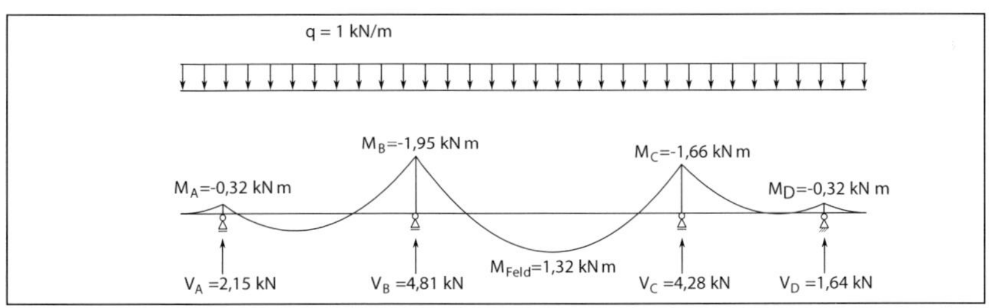

Abb. 97: Vertikale Auflagerkräfte und Biegemomente infolge einer Streckenlast von q = 1 kN/m

Abbildung 98 zeigt die senkrechten Verformungen infolge der Streckenlast von $q = 1$ kN/m.

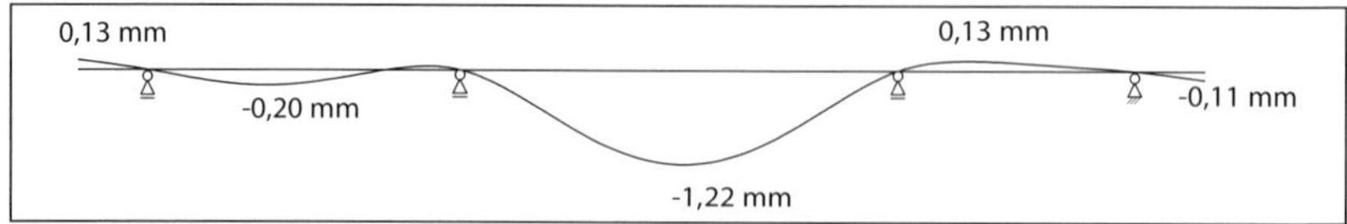

Abb. 98: Vertikale Verformungen infolge einer Streckenlast von $q = 1$ kN/m

Die in Kapitel 6 für das Gespärre berechneten Auflagerkräfte werden unter Berücksichtigung des Sparrenabstandes $e = 0{,}70$ m als gleichverteilte Linienlast berechnet:

$$q_k = \frac{V_{5,k}}{0{,}70\ \text{m}}$$

Tabelle 25 enthält die hieraus folgenden Linienlasten und die durch Multiplikation mit den in Abbildung 98 dargestellten Verformungen ermittelten Anfangsverformungen v_{inst}.

Aus der auf den Spitzboden wirkenden Nutzlast $q_k = 1{,}0$ kN/m² nach Kapitel 3.4 folgt unter Berücksichtigung der Spannweite $l = 3{,}60$ m nach Abbildung 47 eine Linienlast von $q_k = 1{,}0\ \text{kN/m}^2 \cdot 3{,}60\ \text{m}/2 = 1{,}8$ kN/m.

Tabelle 25: Linienlasten und Anfangsverformungen v_{inst}

	Anschluss Mittelpfette (Knoten 5)	**Linienlast $q_k = V_{5,k}/0{,}70$ m**	**Feldmitte**	**Pfettenende**
Einwirkung	$V_{5,k}$ [kN]	q_k [kN/m]	v_{inst} [mm]	v_{inst} [mm]
g_k	3,36 ↑	4,80	−5,9	0,6
s_k	1,12 ↑	1,6	−2,0	0,2
$s_k/2$ und s_k Abbildung 20	0,60 ↑ 1,08 ↑ (Knoten 6)	0,86 1,54	−1,0 −1,9	0,1 0,2
$w_{k,\theta=0°}$	0,61 ↑ −0,58 ↓ (Knoten 6)	0,87 −0,83	−1,1 1,0	0,1 −0,1
$w_{k,\theta=90°}$	−1,13 ↓	−1,61	2,0	−0,2
Nutzlast Spitzboden		1,80	−2,2	0,2

Die erhöhte Schneelast im Bereich der Gaube nach den Abbildungen 21 und 22 des Kapitels 3.2 führt hier zu einer weiteren Beanspruchung, die vereinfachend als Differenz zu der Schneelast der übrigen Dachfläche $s_i = 0{,}52$ kN/m² (Gfl) nach Abbildung 99 berechnet wird.

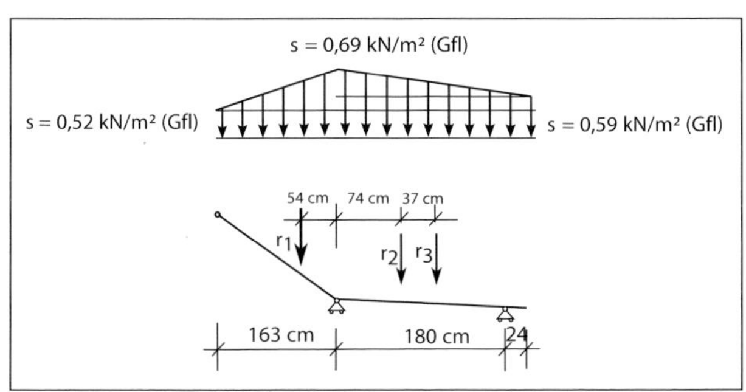

Abb. 99: Schneesammlung im Bereich der Gaube

Die resultierenden Linienlasten der Flächen ergeben sich zu

$$r_1 = (0{,}69 - 0{,}52)\ \text{kN/m}^2 \cdot 1{,}63\ \text{m} \cdot 1/2$$

$$r_1 = 0{,}14\ \text{kN/m}$$

$$r_2 = (0{,}69 - 0{,}59)\ \text{kN/m}^2 \cdot 2{,}04\ \text{m} \cdot 1/2$$

$$r_2 = 0{,}10\ \text{kN/m}$$

$$r_3 = (0{,}59 - 0{,}52)\ \text{kN/m}^2 \cdot 2{,}04\ \text{m}$$

$$r_3 = 0{,}14\ \text{kN/m}$$

Die die Mittelpfette im Bereich der Gaube beanspruchende Linienlast folgt unter Berücksichtigung der Hebelarme

$$s_{i,\ \text{Gaube}} = r_1 \cdot (163\ \text{cm} - 54\ \text{cm})/163\ \text{cm} + r_2 \cdot (180\ \text{cm} - 74\ \text{cm})/180\ \text{cm}$$

$$+\ r_3 \cdot (180\ \text{cm} - 74\ \text{cm} - 37\ \text{cm})/180\ \text{cm}$$

$$s_{i,\ \text{Gaube}} = 0{,}14\ \text{kN/m} \cdot 0{,}67 + 0{,}10\ \text{kN/m} \cdot 0{,}59 + 0{,}14\ \text{kN/m} \cdot 0{,}38$$

$$s_{i,\ \text{Gaube}} = 0{,}21\ \text{kN/m}$$

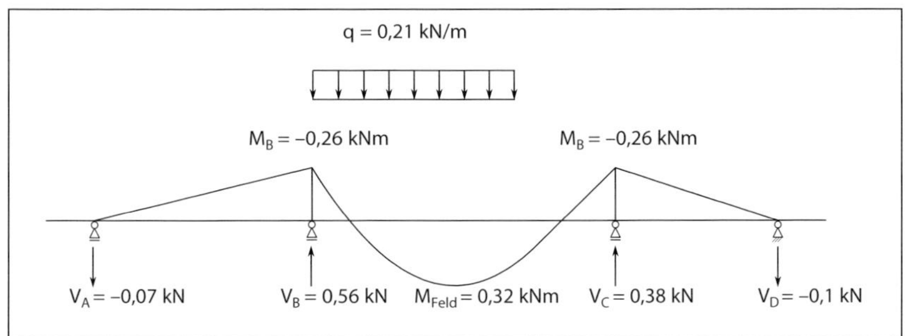

Abb. 100: Zusätzliche Schneelast im Bereich der Gaube

Auf der Dachseite der Gaube ist ebenfalls der Balkon angeordnet, sodass die Eigenlast und die gleichverteilte Schneelast reduziert werden darf. Diese entlastende Reduzierung überwiegt die Erhöhung der Schnittgrößen durch die zusätzliche Schneelast im Bereich der Gaube, die daher bei der Bemessung der Mittelpfetten nicht berücksichtigt wird.

Tabelle 26 enthält die für die Bemessung maßgebenden Biegemomente und Auflagerkräfte.

Tabelle 26: Linienlast, Biegemomente und Auflagerkräfte

	Linienlast $q_k = V_{5,k}/0{,}70$ **m**	**Feldmitte** M_k	**Stiel B** M_k	**Stiel B Auflagerkraft**
Einwirkung	q_k [kN/m]	M_{Feld} [kNm]	M_B [kNm]	V_B [kN]
g_k	4,80	6,34	−9,36	23,09
s_k	1,6	2,11	−3,12	7,70
$s_k/2$ und s_k Abbildung 20	0,86 1,54	1,14 2,03	−1,68 −3,00	4,14 7,41
$w_{k,\theta=0°}$	0,87 −0,83	1,15 −1,10	−1,70 1,62	4,18 −3,99
$w_{k,\theta=90°}$	−1,61	−2,13	3,14	−7,74
Nutzlast Spitzboden	1,80	2,38	−3,51	8,66

Zu der Ermittlung der Schnittgrößen ist anzumerken, dass die Nutzlast auf dem Spitzboden $q_k = 1{,}0$ kN/m² feldweise auftreten könnte und die Schnittgrößen und Auflagerreaktionen am Auflager B geringfügig höher wären.

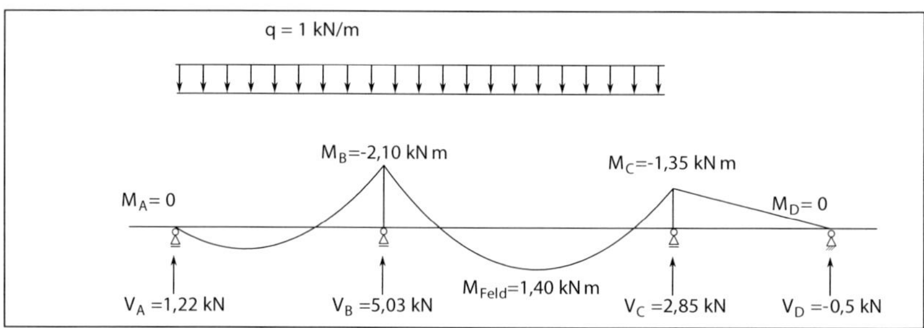

Abb. 101: Vertikale Auflagerkräfte und Biegemomente infolge einier feldweise wirkenden Nutzlast von q = 1 kN/m

Das Biegemoment über dem Auflager B erhöht sich um

$$\frac{M_{B,\ q\ \text{feldweise}}}{M_{B,\ q\ \text{gleichverteilt}}} = \frac{-2{,}10\ \text{kNm}}{-1{,}95\ \text{kNm}} = 1{,}08$$

Der Anteil der Nutzlast am Bemessungswert des Biegemomentes beträgt nach dem folgenden Kapitel jedoch lediglich

$$\frac{M_{d,q}}{M_{d,\text{ges}}} = \frac{1{,}5 \cdot 3{,}51\ \text{kNm}}{21{,}8\ \text{kNm}} = 0{,}24$$

Die Änderung der Schnittgrößen um 8 % bei feldweiser Anordnung der Nutzlast führt damit zu einem Fehler bei der Ermittlung der Schnittgrößen von $0{,}24 \cdot 0{,}08 = 0{,}02 = 2\,\%$, der bei dem im folgenden Abschnitt berechneten Ausnutzungsgrad der Biegetragfähigkeit von 94 % keine Neubemessung erfordert.

8.1 Biegebeanspruchung im Bereich des Stiels

Die Biegemomente in Feldmitte sind niedriger als diejenigen im Bereich des Stiels. Da infolge des Zapfenloches zudem eine Querschnittsschwächung am Druckstoß Stiel–Mittelpfette vorliegt, ist die Bemessung hier durchzuführen.

Nach Abbildung 102 findet eine Schwächung der Mittelpfette unter Berücksichtigung des Zapfenloches statt von

$$\Delta A = 5 \text{ cm} \cdot 4 \text{ cm} = 20 \text{ cm}^2$$

Die Bruttofläche beträgt

$$A_{\text{brutto}} = 24 \text{ cm} \cdot 14 \text{ cm} = 336 \text{ cm}^2$$

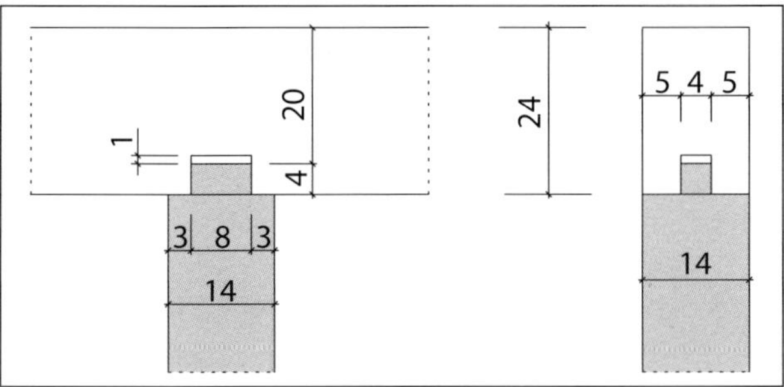

Abb. 102: Druckstoß Mittelpfette auf Stiel mit Zapfen

Vereinfachend bleibt die Verschiebung der y-Achse unberücksichtigt, diese beträgt infolge der Fehlfläche ΔA lediglich $\Delta z_s = -0{,}5$ cm zum oberen Rand.

$$I_{\text{netto}} = I_{\text{brutto}} - \Delta A \cdot z_1^2$$

In unserem Fall

$$I_{\text{netto}} = \frac{b \cdot h^3}{12} - \Delta A \cdot \left(12 \text{ cm} - 2{,}5 \text{ cm}\right)^2$$

$$I_{\text{netto}} = \frac{14 \text{ cm} \cdot \left(24 \text{ cm}\right)^3}{12} - 20 \text{ cm}^2 \cdot \left(9{,}5 \text{ cm}\right)^2$$

$$I_{\text{netto}} = 16.128 \text{ cm}^4 - 1.805 \text{ cm}^4$$

$$I_{\text{netto}} = 14.323 \text{ cm}^4$$

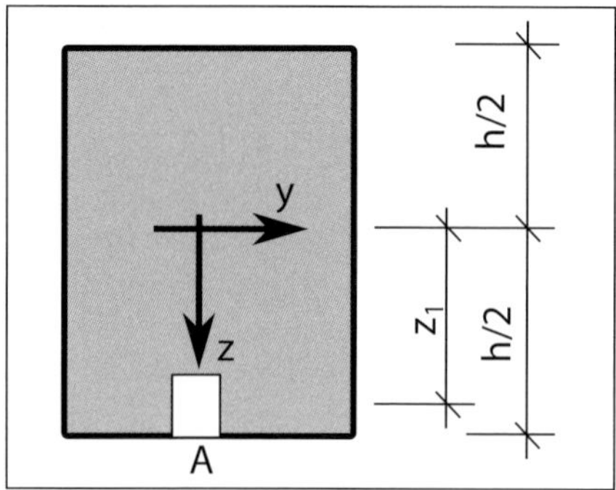

Abb. 103: Nettoquerschnittsfläche

Es folgt das Widerstandsmoment

$$W_y = I_y/(h/2)$$
$$W_y = 14.323 \text{ cm}^4/12 \text{ cm}$$
$$W_y = 1.194 \text{ cm}^3 = 1.194 \cdot 10^3 \text{mm}^3$$

Die führende veränderliche Einwirkung ist nach Tabelle 26 die Nutzlast auf dem Spitzboden. Als weitere veränderliche Einwirkungen sind die Schneelast s_k und der Wind rechtwinklig zum First $w_{0,k}$ zu berücksichtigen. Der Bemessungswert des Biegemomentes berechnet sich nach DIN EN 1990 zu

$$M_d = \gamma_G \cdot M_{g,k} + \gamma_Q \cdot M_{q,k} + \gamma_Q \cdot \psi_0 \cdot M_{s,k} + \gamma_Q \cdot \psi_0 \cdot M_{w,0,k}$$
$$M_d = 1{,}35 \cdot 9{,}36 \text{ kNm} + 1{,}5 \cdot 3{,}51 \text{ kNm} + 1{,}5 \cdot 0{,}5 \cdot 3{,}12 \text{ kNm} + 1{,}5 \cdot 0{,}6 \cdot 1{,}70 \text{ kNm}$$
$$M_d = 1{,}35 \cdot 9{,}36 \text{ kNm} + 1{,}5 \cdot 6{,}09 \text{ kNm}$$
$$M_d = 21{,}8 \text{ kNm}$$

Die Biegespannung folgt zu

$$\sigma_{m,y,d} = \frac{M_d}{W_{y,d}} = \frac{21{,}8 \cdot 10^6 \text{ Nmm}}{1.194 \cdot 10^3 \text{ mm}^3} = 18{,}3 \text{ N/mm}^2$$

Die Biegefestigkeit des Brettschichtholzträgers der Festigkeitsklasse GL28h (BS14) beträgt $f_{m,k} = 28$ N/mm². Dieser charakteristische Wert muss mit dem Modifikationsfaktor k_{mod} multipliziert werden, um die Einflüsse der Holzfeuchte und der Dauer der Lasteinwirkung zu berücksichtigen, d. h. das Langzeitverhalten des Holzes. Die Nutzungsklasse, die den Einfluss der Holzfeuchte widerspiegelt, ist nach Tabelle 8 im Innenbereich 1, im überdachten Bereich des Ortganges 2. Die Klassen der Lasteinwirkungsdauer sind nach Tabelle 7 für die veränderlichen Einwirkungen Schnee „kurz" und für die Nutzlast auf dem Spitzboden „mittel". Nach Abschnitt 4.1 wird konservativ auch für die Windlast, wenn sie mit anderen veränderlichen Einwirkungen zu kombinieren ist, der Modifikationsbeiwert der Lasteinwirkungsdauer „kurz" angesetzt. Nach Abschnitt 3.1.3 der DIN EN 1995-1-1 darf bei Nachweisen, deren Schnittgrößen aus mehreren Einwirkungen herrühren, diejenige mit der kürzesten Dauer als maßgebend angenommen werden. Somit folgt für die Einwirkungen Schnee oder Wind mit „kurzer" Dauer nach Tabelle 9, sowohl für Nutzungsklasse 1 als auch Nutzungsklasse 2 $k_{mod} = 0{,}9$. Zur Berücksichtigung der Streuungen der Materialeigenschaften ist die Biegefestigkeit noch durch einen Sicherheitsbeiwert $\gamma_M = 1{,}3$ zu dividieren.

Es folgt der Bemessungswert der Biegefestigkeit für Brettschichtholz der Festigkeitsklasse GL28h unter Berücksichtigung des Größeneffektes k_h für Brettschichtholz
$k_h = \min\{(600/h)^{0,1}; 1{,}1\} = \min\{(600/240)^{0,1}; 1{,}1\} = \min\{1{,}1; 1{,}1\} = 1{,}1$

$$f_{m,d} = \frac{k_{mod}}{\gamma_M} \cdot f_{m,k} \cdot k_h = \frac{0{,}9}{1{,}3} \cdot 28\ \text{N/mm}^2 \cdot 1{,}1 = 21{,}3\ \text{N/mm}^2$$

Der Nachweis für die Biegebeanspruchung ist somit eingehalten

$$\frac{\sigma_{m,d}}{f_{m,d}} = \frac{18{,}3\ \text{N/mm}^2}{21{,}3\ \text{N/mm}^2} = 0{,}86 < 1$$

Aufgrund des hohen Anteils des Eigengewichtes an dem Bemessungswert des Biegemomentes ist hier die Untersuchung der Biegebeanspruchung bei ständiger Einwirkung der Eigenlast zu führen. Der Modifikationsfaktor für ständige Einwirkungen ist mit $k_{mod} = 0{,}6$ anzunehmen und führt zu einer deutlichen Reduzierung der Tragfähigkeit

$$f_{m,d} = \frac{k_{mod}}{\gamma_M} \cdot f_{m,k} \cdot k_h = \frac{0{,}6}{1{,}3} \cdot 28\ \text{N/mm}^2 \cdot 1{,}1 = 14{,}2\ \text{N/}$$

Der Bemessungswert des Biegemomentes bei alleiniger Einwirkung der ständigen Last beträgt

$$M_d = \gamma_G \cdot M_{g,k}$$

$$M_d = 1{,}35 \cdot 9{,}36\ \text{kNm} = 12{,}6\ \text{kNm}$$

Die Biegespannung folgt zu

$$\sigma_{m,y,d} = \frac{M_d}{W_{y,d}} = \frac{12{,}6 \cdot 10^6\ \text{Nmm}}{1.194 \cdot 10^3\ \text{mm}^3} = 10{,}6\ \text{N/mm}^2$$

und der Nachweis

$$\frac{\sigma_{m,d}}{f_{m,d}} = \frac{10{,}6\ \text{N/mm}^2}{14{,}2\ \text{N/mm}^2} = 0{,}75 < 1$$

dessen Ausnutzungsgrad somit geringer ist als derjenige bei Berücksichtigung der Kombination aller Einwirkungen.

8.2 Querdruck im Bereich des Stiels

Der Nachweis ist unter Berücksichtigung der wirksamen Querdruckfläche A_{ef} und des Druckbeiwertes $k_{c,90}$ nach Abschnitt 6.1.5 der DIN EN 1995-1-1 zu führen:

$$\frac{\sigma_{c,90,d}}{k_{c,90} \cdot f_{c,90,d}} \leq 1$$

Für die Bestimmung der wirksamen Querdruckfläche darf ein Überstand von 30 mm in Faserrichtung angesetzt werden, nach Abbildung 104 folgt

$$A_{ef} = (14\ \text{cm} + 2 \cdot 3\ \text{cm}) \cdot 14\ \text{cm} - 8\ \text{cm} \cdot 4\ \text{cm} = 248\ \text{cm}^2$$

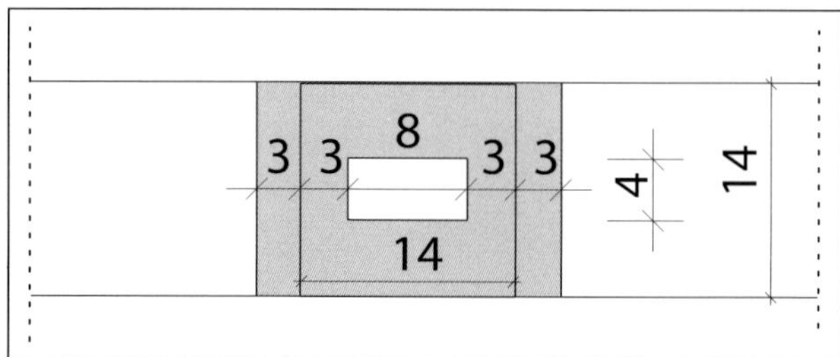

Abb. 104: Druckstoß Mittelpfette–Stiel mit Zapfen zur Berechnung von A_{ef}

Der Bemessungswert der Auflagerkraft folgt für die Einwirkungskombination, die bei der Biegebeanspruchung angesetzt wurde

$$V_{B,d} = \gamma_G \cdot V_{g,k} + \gamma_Q \cdot V_{q,k} + \gamma_Q \cdot \psi_0 \cdot V_{s,k} + \gamma_Q \cdot \psi_0 \cdot V_{w,0,k}$$

$$V_{B,d} = 1{,}35 \cdot 23{,}1 \text{ kN} + 1{,}5 \cdot 8{,}66 \text{ kN} + 1{,}5 \cdot 0{,}5 \cdot 7{,}7 \text{ kN} + 1{,}5 \cdot 0{,}6 \cdot 4{,}18 \text{ kN}$$

$$V_{B,d} = 1{,}35 \cdot 23{,}1 \text{ kN} + 1{,}5 \cdot 12{,}5 \text{ kN}$$

$$V_{B,d} = 50{,}0 \text{ kN}$$

Die Querdruckspannung ergibt sich zu

$$\sigma_{c,90,d} = \frac{V_{B,d}}{A_{ef}} = \frac{50 \cdot 10^3 \text{ N}}{248 \cdot 10^2 \text{ mm}^2} = 2{,}01 \text{ N/mm}^2$$

mit dem Querdruckbeiwert für Brettschichtholz und Auflagerdruck von $k_{c,90} = 1{,}75$ und dem Bemessungswert der Querdruckfestigkeit

$$f_{c,90,d} = \frac{k_{mod}}{\gamma_M} \cdot f_{c,90,k} = \frac{0{,}9}{1{,}3} \cdot 3{,}0 \text{ N/mm}^2 = 2{,}08 \text{ N/mm}^2$$

folgt der Nachweis zu

$$\frac{\sigma_{c,90,d}}{k_{c,90} \cdot f_{c,90,d}} = \frac{2{,}01 \text{ N/mm}^2}{1{,}75 \cdot 2{,}08 \text{ N/mm}^2} = 0{,}55 \le 1$$

8.3 Schubspannungen im Bereich des Stiels

Querkräfte, in den neuen Normen mit V bezeichnet, treten bei stabförmigen Bauteilen in Abschnitten mit nicht konstanten Biegemomenten auf. Diese Querkräfte verursachen in den Schnittflächen rechtwinklig und parallel zur Schwerachse Schubspannungen, für die ein Nachweis der Tragfähigkeit zu führen ist. Lediglich bei Endauflagern ist die im Querschnitt vorhandene Querkraft gleich der Auflagerkraft.

Für die Mittelpfette ist der Höchstwert der Querkraft nach Abbildung 105 für eine Linienlast von $q = 1{,}0$ kN/m am Auflager B mit $V = 2{,}56$ kN für die Bemessung maßgebend. Diese Querkraft ist höher als die Auflagerkraft am Auflager A auf der Giebelwand von 2,15 kN nach Abbildung 97.

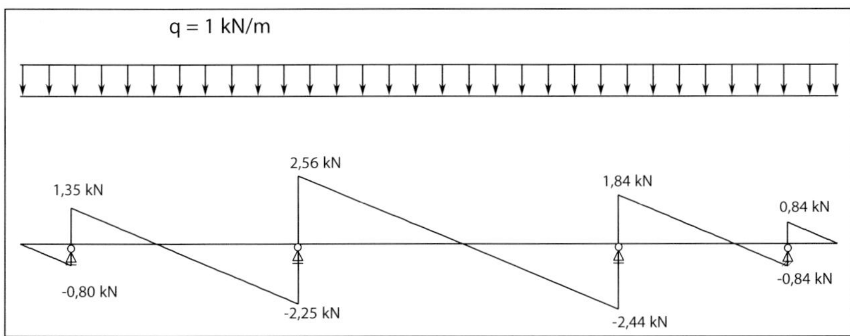

Abb. 105: Verlauf der Querkraft der mit q = 1 kN/m belasteten Pfette

In Abbildung 106 ist der Querkraftverlauf über der Stütze dargestellt. Aufgrund der schnellen Abnahme ist die Berücksichtigung des Zapfenloches als Querschnittsschwächung nicht erforderlich. Zudem wäre es nach NA möglich, die Querkraft in einem Abstand von h vom Auflagerrand für den Nachweis zu verwenden.

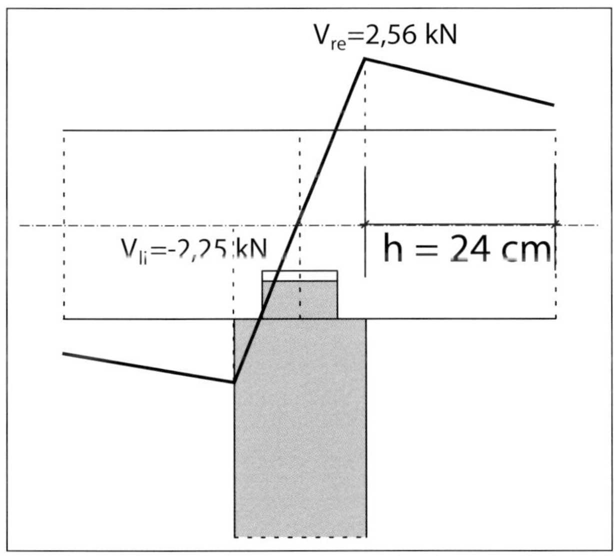

Abb. 106: Querkraftverlauf über dem Stiel

Die für die Bemessung zu verwendende Querkraft wird unter Berücksichtigung des Verhältnisses der Querkraft zur Auflagerkraft von

$$rel = \frac{V_{re}}{V_B} = \frac{2{,}56 \text{ kN}}{4{,}81 \text{ kN}} = 0{,}53$$

nach Abbildung 105 berechnet. Der Bemessungswert der Auflagerkraft betrug im vorherigen Abschnitt

$$V_{B,d} = 50{,}0 \text{ kN}$$

Der Bemessungswert für den Schubspannungsnachweis folgt zu

$$V_{re,d} = rel \cdot V_{B,d} = 0{,}53 \cdot 50{,}0 \text{ kN} = 26{,}6 \text{ kN}$$

Die Schubspannung folgt

$$\tau_d = \frac{1{,}5 \cdot V_{re,d}}{A} = \frac{1{,}5 \cdot 26{,}6 \cdot 10^3}{140 \text{ mm} \cdot 240 \text{ mm}}$$

$$\tau_d = 1{,}19 \text{ N/mm}^2$$

Der Bemessungswert der Schubfestigkeit für das verwendete Brettschichtholz der Festigkeitsklasse GL28h ergibt sich mit dem Beiwert für Brettschichtholz $k_{cr} = \frac{2{,}5}{f_{v,k}}$ nach NA für die verwendete Festigkeitsklasse GL28h $k_{cr} = \frac{2{,}5}{3{,}5} = 0{,}71$ zu

$$f_{v,d} = \frac{k_{mod}}{\gamma_M} \cdot f_{v,k} \cdot k_{cr} = \frac{0{,}9}{1{,}3} \cdot 3{,}5 \text{ N/mm}^2 \cdot 0{,}71 = 1{,}72 \text{ N/mm}^2$$

und der Nachweis

$$\frac{\tau_d}{f_{v,d}} = \frac{1{,}19 \text{ N/mm}^2}{1{,}72 \text{ N/mm}^2} = 0{,}69 < 1$$

8.4 Sogverankerung der Mittelpfette auf der Giebelwand

Bei Windanströmung parallel zum First wirkt zwischen Flugsparren und Mittelpfette nach Abbildung 92 eine abhebende Kraft von $V_{5,w90,k} = 2{,}84$ kN. Am ersten innen liegenden Sparren, der keinen Dachüberstand trägt und an dem somit kein Winddruck von unten angreift, der aber immerhin noch höhere Sogbeiwerte aufweist, ergibt sich $V_{5,w90,k} = -1{,}80$ kN. Die Belastungsbilder sind in den Abbildungen 34 und 35 des Kapitels 3.3.3 dargestellt.

Die Beanspruchung der Mittelpfette durch die Eigenlast führt unter Berücksichtigung der Auflagerkräfte nach Abbildung 97 und des Verhältniswertes nach Tabelle 25 zu einer Auflagerkraft von

$$V_{g,k} = \text{verh}_g \cdot V_{D,q} = 4{,}80 \cdot 1{,}64 \text{ kN} = 7{,}87 \text{ kN}$$

Unter der Annahme, dass beide Sogkräfte gänzlich am Auflager auf der Giebelwand zu verankern sind, folgt die resultierende Auflagerkraft zu

$$V_{Giebel,d} = -\gamma_{G,inf} \cdot V_{g,k} + \gamma_Q \cdot V_{5,w90,k}$$

$$V_{Giebel,d} = 1{,}0 \cdot 7{,}87 \text{ kN} + 1{,}5 \cdot \left(-2{,}84 \text{ kN} - 1{,}80 \text{ kN}\right)$$

$$V_{Giebel,d} = 7{,}82 \text{ kN} - 6{,}96 \text{ kN}$$

$$V_{Giebel,d} = 0{,}91 \text{ kN}$$

Sodass gerade noch Auflagerdruck vorhanden ist. Der Anschluss der Mittelpfette an den Betongurt der Giebelwand ist im Kapitel 11 dargestellt.

8.5 Torsionsbeanspruchung der Mittelpfette

Die ausmittige Beanspruchung der Mittelpfette durch die Auflagerkräfte des Sparrens führt zu einem Torsionsmoment m_t in kNm/m, das auf die Mittelpfette einwirkt. Die Nutzlast des Spitzbodens wirkt hier entlastend und wird nicht berücksichtigt.

Mit der Exzentrizität von $e = b/2 - 5{,}0$ cm $= 2{,}0$ cm und den Linienlasten nach Tabelle 26 ergibt sich ein Torsionsmoment von

$$m_{T,k} = e \cdot \left(g_k + q_{s,k} + q_{w,0,k}\right)$$

$$m_{T,k} = 2{,}0 \text{ cm} \cdot \left(4{,}8 \text{ kN/m} + 1{,}6 \text{ kN/m} + 0{,}87 \text{ kN/m}\right)$$

$$m_{T,k} = 0{,}145 \text{ kNm/m}$$

der Bemessungswert folgt zu

$$m_{T,d} = e \cdot \left(\gamma_G \cdot g_k + \gamma_Q \cdot q_{s,k} + \gamma_Q \cdot \psi_0 \cdot q_{w,0,k}\right)$$

$$m_{T,d} = 2{,}0 \text{ cm} \cdot \left(1{,}35 \cdot 4{,}8 + 1{,}5 \cdot 1{,}6 + 1{,}5 \cdot 0{,}6 \cdot 0{,}87\right) \text{kN/m}$$

$$m_{T,d} = 0{,}193 \text{ kNm/m}$$

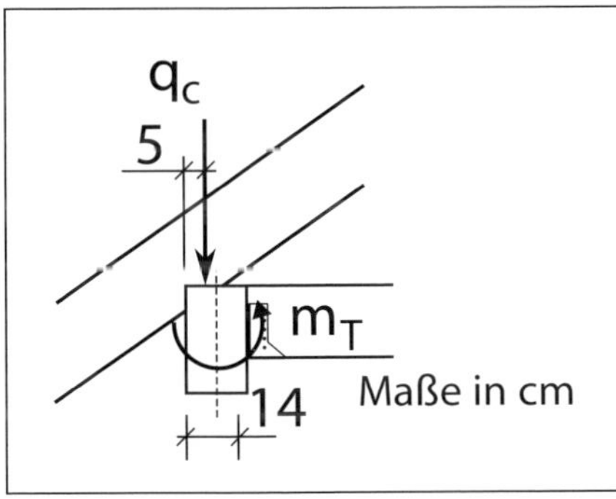

Abb. 107: Ausmittige Beanspruchung der Mittelpfette

Die Lager auf den Giebelwänden können als Gabellager ausgeführt werden, vgl. Kapitel 11 zur Bemessung der Längsverbände.

Der Verlauf des Torsionsmoments ist in Abbildung 108 dargestellt. Die Berechnung der Torsionsspannungen für Holz erfolgt mit den mechanischen Ansätzen der homogenen isotropen Materialien. Die Schubspannung infolge Torsion folgt dann nach Vogel und Schweizerhof (1990)

$$\tau_{tor,d} = \frac{\beta}{\left(h \cdot b^2\right)} \cdot M_T = \frac{4{,}21}{\left(240 \cdot 140^2\right) \text{ mm}^3} \cdot 1{,}07 \cdot 10^6 \text{ Nmm} = 0{,}96 \text{ N/mm}^2$$

Nach NA ist ein Interaktionsnachweis für die Schubspannungen infolge Torsion und Querkraft zu führen:

$$\frac{\tau_{tor,d}}{k_{shape} \cdot f_{v,d}} + \left(\frac{\tau_d}{f_{v,d}}\right)^2 \leq 1$$

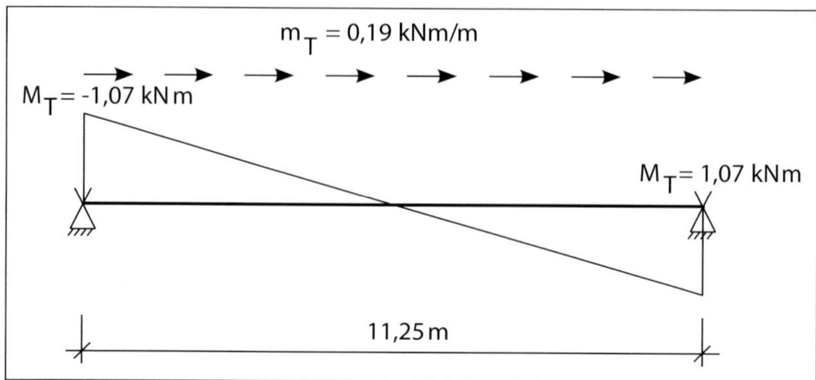

Abb. 108: Verlauf des Torsionsmomentes

Für diejenige Einwirkungskombination, die für die Bestimmung des Torsionsmomentes verwendet wurde, beträgt die Querkraft der Pfette im Bereich der Giebelwand nach Tabelle 26 und Abbildung 101

$$V_d = \gamma_G \cdot V_{g,k} + \gamma_Q \cdot V_{s,k} + \gamma_Q \cdot \psi_0 \cdot V_{w,0,k}$$
$$V_d = 1{,}35 \cdot 6{,}48 \text{ kN} + 1{,}5 \cdot 2{,}16 \text{ kN} + 1{,}5 \cdot 0{,}6 \cdot 1{,}18 \text{ kN}$$
$$V_d = 13{,}1 \text{ kN}$$

Die Schubspannung infolge Querkraft folgt zu

$$\tau_d = \frac{1{,}5 \cdot V_d}{A} = \frac{1{,}5 \cdot 13{,}1 \cdot 10^3}{140 \text{ mm} \cdot 240 \text{ mm}}$$
$$\tau_d = 0{,}58 \text{ N/mm}^2$$

Mit dem Bemessungswert der Schubfestigkeit

$$f_{v,d} = \frac{k_{mod}}{\gamma_M} \cdot f_{v,k} \cdot k_{cr} = 1{,}73 \text{ N/mm}^2$$

folgt der Nachweis $k_{shape} = \min\{1 + 0{,}5 \cdot h/b; 2{,}0\} = \min\{1 + 0{,}5 \cdot 240/140; 2{,}0\} = \min\{1{,}86; 2{,}0\} = 1{,}86$

$$\frac{0{,}96 \text{ N/mm}^2}{1{,}86 \cdot 1{,}73 \text{ N/mm}^2} + \left(\frac{0{,}58 \text{ N/mm}^2}{1{,}73 \text{ N/mm}^2}\right)^2 = 0{,}30 + 0{,}34^2 = 0{,}41 < 1$$

Bei der Ermittlung der Schubfestigkeit $f_{v,d}$ für den Anteil der Torsionsbeanspruchung müsste nach NA zu 6.1.8 der Beiwert k_{cr} nicht berücksichtigt werden.

Interessant ist die Verdrehung in der Mitte der Pfette, die nach Vogel und Schweizerhof (1990) folgt zu

$$\theta(x) = \int \frac{M_t(x)}{G \cdot I_T} dx + C$$

Infolge der Gabellagerung ist bei $x = 0$ die Verdrehung $\theta(0) = 0$ und somit $C = 0$. Das Torsionsflächenmoment beträgt für den Rechteckquerschnitt

$$I_T = 0{,}212 \cdot 240 \text{ mm} \cdot (140 \text{ mm})^3 = 139{,}6 \cdot 10^6 \text{ mm}^4$$

mit dem Schubmodul $G = 780$ N/mm².

In der Mitte bei $x = l/2 = 11{,}25$ m/².

$$\theta\left(l/2\right) = \frac{\left(0{,}145/0{,}193\right) \cdot 1{,}07 \text{ kNm}}{780 \text{ N/mm}^2 \cdot 139{,}6 \cdot 10^6 \text{ mm}^4} \cdot \frac{5{,}625 \text{ m}}{2}$$

$$\theta\left(l/2\right) = \frac{0{,}751 \cdot 1{,}07}{780 \cdot 139{,}6 \cdot \text{mm}} \cdot \frac{5.625 \text{ mm}}{2}$$

$$\theta\left(l/2\right) = 0{,}021 \text{ rad} = 1{,}2°$$

mit dem Faktor $m_{T,k}/m_{T,d} = 0{,}145/0{,}193 = 0{,}75$ zur Berücksichtigung der Schnittgrößen auf dem Niveau der Gebrauchslasten. Dies entspricht einer Verdrehung der Kanten in horizontaler Richtung von ungefähr

$$\Delta w = 0{,}021 \cdot h/2 = 0{,}028 \cdot 120 \text{ mm} = 2{,}5 \text{ mm}.$$

Berücksichtigte man zusätzlich die Behinderung der Verdrehung durch die Anschlusspunkte an Sparren und Kehlscheibe ergäben sich noch geringere Werte. Selbst bei einer Vergroßerung der Verformung zur Berücksichtigung des Kriechens durch Multiplikation von θ und Δw mit $1 + k_{def} = 1{,}6$ sind diese Verformungen akzeptabel.

Anzumerken ist, dass die mechanischen Grundlagen zur Berechnung von Torsionsverformungen im Holzbau nicht ergiebig sind. Die Berechnung in diesem Kapitel wurden unter den Annahmen der Saint Venant'schen Torsion durchgeführt, obwohl der Rechteckquerschnitt nach der Theorie der Wölbkrafttorsion zu berechnen wäre. Bei einer genaueren Berechnung nach der Theorie der Wölbkrafttorsion werden die Verdrehungen niedriger, dafür treten zusätzliche Längsspannungen auf, die jedoch in unserem Fall im Bereich des Auflagers nicht maßgebend für die Bemessung sind.

8.6 Knicknachweis des Stiels

Der Knicknachweis, in den neuen Normen meist als Stabilitätsnachweis bezeichnet, wird nach dem Ersatzstabverfahren des Abschnitts 6.3.2 der DIN EN 1995-1-1 geführt:

$$\frac{\sigma_{c,0,d}}{k_{c,0} \cdot f_{c,0,d}} \leq 1$$

Nicht planmäßige Exzentrizitäten, Verformungen und Krümmungen treten bei der Nachweisführung nicht in Erscheinung, sind jedoch in den Gleichungen zur Ermittlung des Knickbeiwertes k_c berücksichtigt worden.

Formal sehr ähnlich zum Verfahren der alten DIN 1052:1988 ist zunächst die Schlankheit des Druckstabes nach

$$\lambda = l_{ef}/i$$

zu berechnen.

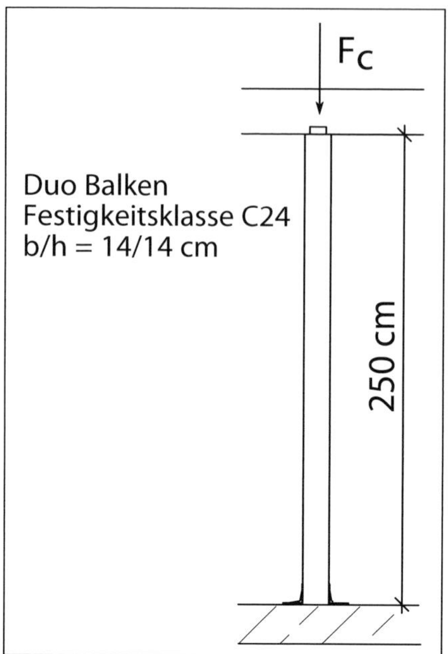

Abb. 109: Stiel als Druckstab

Der Stab kann als an beiden Enden gelenkig gelagerter Eulerstab betrachtet werden. Aufgrund der in der Realität auftretenden Vorverdrehungen, d. h. Schiefstellungen des Stabes, treten an den Enden Horizontalkräfte auf, die im folgenden Kapitel 8.7 behandelt werden.

Mit der Ersatzstablänge

$$l_{ef} = \beta \cdot l = 1{,}0 \cdot 250 \text{ cm}$$

und dem Trägheitsradius

$$i_y = i_z = \sqrt{\frac{I}{A}} = \sqrt{\frac{b \cdot h^3}{12 \cdot b \cdot h}} = \frac{h}{\sqrt{12}}$$

$$i = 140 \text{ mm}/\sqrt{12} = 40{,}4 \text{ mm}$$

folgt die Schlankheit des Druckstabes

$$\lambda = l_{ef}/i = 2.500 \text{ mm}/40{,}4 \text{ mm} = 61{,}9$$

Eine getrennte Betrachtung der beiden Schwerachsen ist nicht erforderlich, aufgrund des quadratischen Querschnittes des Stiels und der bei Knicken um die beiden Schwerachsen y und z identischen Knicklängen.

Unter Berücksichtigung der Schlankheit λ und der Festigkeitsklasse kann mithilfe von Tabellen der Knickbeiwert k_c schnell ermittelt werden. Die weiteren, hier dargestellten Schritte nach Abschnitt 6.3.2 DIN EN 1995-1-1 könnten dann entfallen.

Für den ideal geraden Stab folgt die kritische Druckspannung

$$\sigma_{c,crit} = \frac{\pi^2 \cdot E_{0,05}}{\lambda^2}$$

und der bezogene Schlankheitsgrad

$$\lambda_{rel,c} = \sqrt{\frac{f_{c,0,k}}{\sigma_{c,crit}}} = \frac{\lambda}{\pi} \cdot \sqrt{\frac{f_{c,0,k}}{E_{0,05}}}$$

Nach NA ist der negative Einfluss des Kriechens auf die Knickneigung nur bei relativ hohen Anteilen der ständigen und quasiständigen ($\psi_2 \cdot Q_k$) Einwirkungen am Bemessungswert der Einwirkungen zu berücksichtigen und nur in den Nutzungsklassen 2 und 3 (NCI NA 5.9). Erstere Bedingung wird mit den ψ_2 nach Tabelle 5 für Dachtragwerke selten eintreten; im ausgebauten Innenbereich kann zudem Nutzungsklasse 1 angenommen werden (Tabelle 8).

Für den Stiel der Festigkeitsklasse C24 folgt

$$\lambda_{rel,c} = \frac{61{,}9}{\pi} \cdot \sqrt{\frac{21{,}0 \text{ N/mm}^2}{2/3 \cdot E_{0,mean}}}$$

$$\lambda_{rel,c} = \frac{61{,}9}{\pi} \cdot \sqrt{\frac{21{,}0 \text{ N/mm}^2}{2/3 \cdot 11.000 \text{ N/mm}^2}}$$

$$\lambda_{rel,c} = 19{,}7 \cdot 0{,}0535 = 1{,}05$$

Der weitere Beiwert

$$k = 0{,}5 \left[1 + \beta_c \cdot \left(\lambda_{rel,c} - 0{,}3\right) + \lambda_{rel,c}^2\right]$$

$$k = 0{,}5 \left[1 + 0{,}2 \cdot \left(1{,}05 - 0{,}3\right) + 1{,}05^2\right]$$

$$k = 0{,}5 \left[1 + 0{,}15 + 1{,}11\right]$$

$$k = 1{,}13$$

und schließlich

$$k_c = \min \left\{ \frac{1}{k + \sqrt{k^2 - \lambda_{rel,c}^2}}; 1 \right\}$$

$$k_c = \min \left\{ \frac{1}{1{,}13 + \sqrt{1{,}13^2 - 1{,}05^2}}; 1 \right\}$$

$$k_c = \min \left\{0{,}65; 1\right\} = 0{,}65$$

Die vorhandene Druckspannung ergibt sich mit $F_{c,d} = V_{B,d} = 50$ kN nach Abschnitt 8.2 zu

$$\sigma_{c,0,d} = \frac{F_{c,d}}{A} = \frac{50 \cdot 10^3 \text{ N}}{140 \text{ mm} \cdot 140 \text{ mm}} = 2{,}55 \text{ N/mm}^2$$

Mit dem Bemessungswert der Druckfestigkeit parallel zur Faser

$$f_{c,0,d} = \frac{k_{mod}}{\gamma_M} \cdot f_{c,0,k} = \frac{0{,}9}{1{,}3} \cdot 21{,}0 \text{ N/mm}^2 = 14{,}5 \text{ N/mm}^2$$

lautet der Knicknachweis schließlich

$$\frac{\sigma_{c,0,d}}{k_{c,0} \cdot f_{c,0,d}} = \frac{2{,}55 \text{ N/mm}^2}{0{,}65 \cdot 14{,}5 \text{ N/mm}^2} = 0{,}27 \leq 1$$

8.7 Nachweis der Horizontalkräfte an den Anschlusspunkten des Stiels

Wie bereits in Abschnitt 8.6 angedeutet, folgen aus unvermeidbaren Schiefstellungen Horizontalkräfte am Fuß und Kopf von knickgefährdeten Stützen. Abbildung 110 zeigt zur Erläuterung die anzusetzenden Ersatzlasten nach DIN EN 1993-1-1.

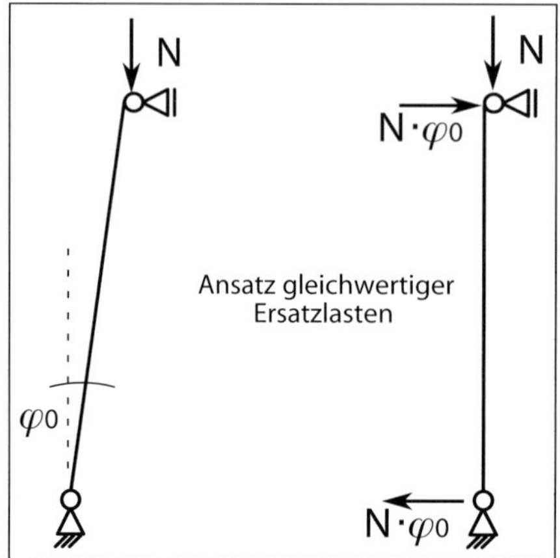

Abb. 110: Ersatzbelastung für Vorverdrehung nach DIN EN 1993-1-1

Blaß et al. (2005) empfehlen, den Anschluss der Stabenden für eine Horizontalkraft von

$$V_d = N_d \cdot (1 - k_c)/50$$

zu bemessen.

In unserem Fall

$$V_d = H_d = 50\ \text{kN} \cdot (1 - 0{,}65)/50 = 0{,}35\ \text{kN}$$

Diese Kraft ist derart gering, dass die im Weiteren geführten Nachweise entfallen könnten. Hier wird die Bemessung als Hilfe für Situationen dargestellt, bei denen zusätzliche planmäßige Horizontalkräfte auftreten, beispielsweise bei einem Windbock, dessen Strebe am oberen Ende des Stieles angeschlossen werden soll.

Der Stützenfuß wird mit Winkelverbindern und Schraubankern an der Deckenplatte aus Stahlbeton befestigt, die Tragfähigkeit der zugelassenen Verbinder liegt deutlich über H_d.

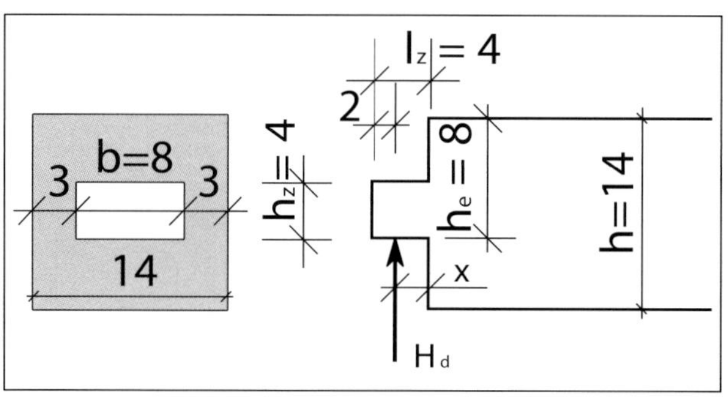

Abb. 111: Zapfenverbindung am Stützenkopf

Der Stützenkopf kann als Zapfenverbindung nach NA 12.2 nachgewiesen werden. Die für die Bemessung erforderlichen Maße sind in Abbildung 111 dargestellt.

Die Tragfähigkeit kann berechnet werden zu

$$R_k = \min\left\{\frac{2}{3} \cdot b \cdot h_e \cdot k_z \cdot k_v \cdot f_{v,k};\ 1{,}7 \cdot b \cdot l_{z,ef} \cdot f_{c,90,k}\right\}$$

mit dem Beiwert k_v nach den Gleichungen des Abschnitts 6.5.2 der DIN EN 1995-1-1, der die Bemessung der Ausklinkungen behandelt. Mit den weiteren Beiwerten $h = 140$ mm; $\alpha = h_e/h = 9/14 = 0{,}64$; $k_n = 5$; $x = 20$ mm; $i = 0$

folgt

$$k_v = \frac{k_n}{\sqrt{h} \cdot \left(\sqrt{\alpha \cdot (1-\alpha)} + \frac{0{,}8 \cdot x}{h} \cdot \sqrt{\frac{1}{\alpha} - \alpha^2}\right)}$$

$$k_v = \frac{5}{\sqrt{140} \cdot \left(\sqrt{0{,}64 \cdot (1-0{,}64)} + \frac{0{,}8 \cdot 20}{140} \cdot \sqrt{\frac{1}{0{,}64} - 0{,}64^2}\right)}$$

$$k_v = \frac{5}{11{,}8 \cdot (0{,}48 + 0{,}12)}$$

$$k_v = 0{,}70$$

Mit den Beiwerten

$h = 140$ mm: $\alpha = h_e/\mathrm{h} = 9/14 = 0{,}64$; $h_z = 40$ mm; $\beta = h_z/h_e = 4/8 = 1/2$

folgt nach NA 12.2

$$k_z = \beta \cdot \left\{1 + 2 \cdot (1-\beta)^2\right\} \cdot (2-\alpha)$$

$$k_z = 1/2 \cdot \left\{1 + 2 \cdot (1-1/2)^2\right\} \cdot (2-0{,}64)$$

$$k_z = 1{,}02$$

und schließlich die Tragfähigkeit zu

$$F_{Rd} = \frac{k_{mod}}{\gamma_M} \cdot \min\left\{\frac{2}{3} \cdot b \cdot h_e \cdot k_z \cdot k_v \cdot f_{v,k} \cdot k_{cr};\ 1{,}7 \cdot \mathrm{b} \cdot l_{z,ef} \cdot f_{c,90,k}\right\}$$

$$F_{Rd} = \frac{0{,}9}{1{,}3} \cdot \min\left\{\frac{2}{3} \cdot 80\ \mathrm{mm} \cdot 90\ \mathrm{mm} \cdot 1{,}02 \cdot 0{,}70 \cdot 4{,}0\ \mathrm{N/mm^2} \cdot \frac{2{,}0}{4{,}0};\ 1{,}7 \cdot 80\ \mathrm{mm} \cdot 40\ \mathrm{mm} \cdot 2{,}5\ \mathrm{N/mm^2}\right\}$$

$$F_{Rd} = \frac{0{,}9}{1{,}3} \cdot \min\{6.854\ \mathrm{N};\ 13.600\ \mathrm{N}\} = 4.745\ \mathrm{N} > H_d = 350\ \mathrm{N}$$

Nach NA 12.2 wird der durch die Horizontallast beanspruchte Zapfenanschluss in der Mittelpfette als Queranschluss untersucht, der in der Pfette Querzugspannung hervorruft.

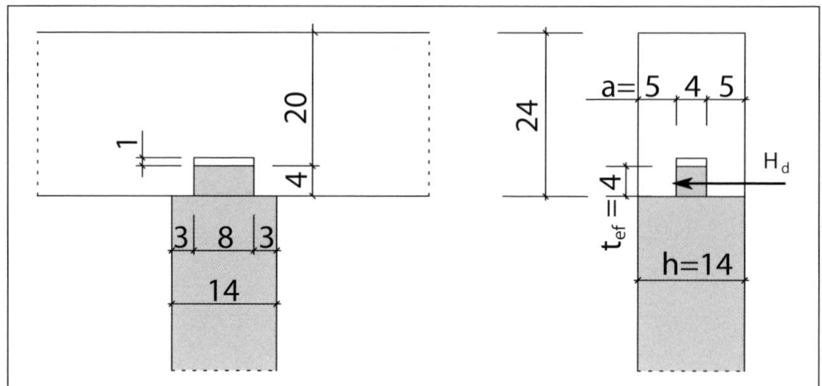

Abb. 112: Zapfenverbindung am Stützenkopf

Der Nachweis nach Abschnitt 8.1.4 der DIN EN 1995-1-1 und NA ist nach

$$F_{v,Ed} \leq F_{90,Rd}$$

zu führen. Mit

$$R_{90,d} = k_s \cdot k_r \cdot \left(6{,}5 + \frac{18 \cdot a^2}{h^2}\right) \cdot \left(t_{ef} \cdot h\right)^{0{,}8} \cdot f_{t,90,d}$$

Blaß et al. (2005) erläutern die Anwendung dieses Nachweises für den Queranschluss mit einem Zapfenanschluss. Dabei ist die durch die Querkraft $F_{90,d} = H_d = 350$ N beanspruchte Zapfenlochwand als untere und einzige Verbindungsmittelreihe zu betrachten $k_s = 1$; $k_r = 1$.

mit den Bezeichnungen nach Abbildung 112 und

$$f_{t,90,d} = \frac{k_{mod}}{\gamma_M} \cdot f_{t,90,k} = \frac{0{,}9}{1{,}3} \cdot 0{,}4 \text{ N/mm}^2 = 0{,}28 \text{ N/mm}^2$$

folgt

$$R_{90,d} = 1 \cdot 1 \cdot \left(6{,}5 + \frac{18 \cdot (50 \text{ mm})^2}{(140 \text{ mm})^2}\right) \cdot \left(40 \text{ mm} \cdot 140 \text{ mm}\right)^{0{,}8} \cdot 0{,}28 \text{ N/mm}^2$$

$$R_{90,d} = 8{,}80 \cdot 997 \cdot 0{,}28 \text{ N} = 2.427 \text{ N} > F_{90,d} = 350 \text{ N}$$

8.8 Verformungen der Mittelpfette

Die Durchbiegung der Mittelpfette ist zunächst für die Gebrauchstauglichkeit des ausgebauten Dachgeschosses von Bedeutung. Zudem können größere Durchbiegungen der Mittelpfetten Schnittgrößen in den Sparren und deren Anschlüsse an die Traufpfette verursachen, die deutlich von denjenigen abweichen, die aus dem in Kapitel 6 verwendeten statischen System herrühren. Diese letztgenannte Untersuchung, die die Ausführungen des Kapitels 2 ergänzen, werden in Kapitel 10 durchgeführt.

Das statische System nach Abbildung 96, nach dem die Mittelpfette als Durchlaufträger über drei Feldern zu behandeln ist, ist sowohl für die Verteilung der Biegemomente als auch die Verformungen günstig. Ohne die Stiele müssten sehr hohe Brettschichtholzträger eingesetzt werden.

Die in Abschnitt 7.2 der DIN EN 1995-1-1 empfohlenen Grenzwerte der Durchbiegung führen für das mittlere Feld der Mittelpfette mit $l = 5$ m = 5.000 mm zu den in Tabelle 27 enthaltenen Werten

Tabelle 27: Empfohlene untere Grenzwerte der Verformungen nach DIN EN 1995-1-1, Abs. 7.2

Untere Grenzwerte der Durchbiegung bei Kombination 1 (seltene, charakteristische Kombination) nach Abschnitt 4.2	
w_{inst}	$\leq l/500 = 10$ mm
$w_{net,fin}$ Enddurchbiegung abzüglich Überhöhung	$\leq l/350 = 14{,}3$ mm
w_{fin}	$\leq l/300 = 16{,}7$ mm

Führende veränderliche Einwirkung nach Tabelle 25 ist die Nutzlast des Spitzbodens. Für diese ist der Kombinationsbeiwert $\psi_2 = 0{,}3$, für alle veränderlichen Einwirkungen des Sparrens dagegen $\psi_2 = 0$. Zur Bestimmung der Kriechverformungen infolge der Einwirkungen nach Kapitel 4.2 ist dieser Wert von Bedeutung. Positiv, d.h. das Kriechen reduzierend, wirkt sich jedoch die Nutzungsklasse 1 der Mittelpfette aus, die zu $k_{def} = 0{,}6$ führt, während für die Sparren Nutzungsklasse 2 angenommen worden war mit $k_{def} = 0{,}8$.

Tabelle 28: Verformungen unter Berücksichtigung des Kriechens im mittleren Feld der Mittelpfette

$w_{G,fin} = w_{G,inst} \cdot (1 + k_{def})$	$w_{G,fin} = 1{,}6 \cdot 5{,}9$ mm = 9,44 mm
Seltene, charakteristische Bemessungssituation	
Führende Einwirkungen $q_{Spitzboden}$ $w_{Q,fin} = w_{Q,inst} \cdot (1 + \psi_2 \cdot k_{def})$	$w_{Q,fin} = 2{,}2$ mm $\cdot (1 + 0{,}3 \cdot 0{,}6) = 2{,}60$ mm
s_k $w_{Q,fin} = w_{Q,inst} \cdot (\psi_0 + \psi_2 \cdot k_{def})$	$w_{Q,fin} = 2{,}0$ mm $\cdot (0{,}5 + 0 \cdot 0{,}6) = 1{,}0$ mm
$w_k\ \theta = 0°$ $w_{Q,fin} = w_{Q,inst} \cdot (\psi_0 + \psi_2 \cdot k_{def})$	$w_{Q,fin} = 1{,}1$ mm $\cdot (0{,}6 + 0 \cdot 0{,}6) = 0{,}66$ mm
Nachweise nach Abschnitt 2.2.3 der DIN EN 1995-1-1 für die weiteren veränderlichen Einwirkungen	$w_{inst} = (5{,}9 + 2{,}2 + 2{,}0 \cdot 0{,}5 + 1{,}1 \cdot 0{,}6)$ $= 9{,}8$ mm
Größte zu erwartende Durchbiegung w_{fin}	$w_{fin} = 9{,}44 + 2{,}6 + 1{,}0 + 0{,}66 = 13{,}7$ mm

Bei den auftretenden Verformungen gemäß Tabelle 28 ist im Vorfeld zu prüfen, ob diese sich nicht nachteilig auf den Innenausbau auswirken können. Die Tatsache, das der Innenausbau erst nach Aufbringung eines Teils der Eigenlast erfolgt und diese Verformungen den Ausbau damit nicht mehr beanspruchen, hat dabei einen günstigen Effekt, der hier nicht berücksichtigt wurde.

9 Bemessung der Kehlscheibe

Obwohl in diesem Buch öfters als Kehlscheibe bezeichnet, hat der Spitzboden nur eine untergeordnete Scheibenfunktion im statischen Sinn. Im Bereich der Regelgespärre, Pos. 2 nach Abbildung 50 des Kapitels 6.2 wird die OSB-Platte nur auf Zug beansprucht und nicht, wie bei einer Scheibe, durch einen recht komplizierten mehrachsigen Spannungszustand. Für die Teilgespärre der Positionen 2a und 2b im Bereich der Gaube und des Balkonausschnittes wurde jedoch angenommen, dass zumindest ein Teil der Horizontalkraft infolge Windanströmung rechtwinklig zum First über die Kehlscheibe zu den benachbarten Regelgespärren abgeleitet wird.

Der in Abbildung 111 dargestellte Abstand von a_1 = 15 cm folgt aus den Vorgaben des NA zu Abschnitt 8.3.1.3 und Abschnitt 9.2.3.2 DIN EN 1995-1-1. Durch die Vorgabe von konstruktiv festgelegten Größtabständen sollen Verformungen der Platte ausgeschlossen werden, die zu einem Abheben führen und die Klammern zusätzlich auf Zug beanspruchen würden.

9.1 Beanspruchung als Scheibe durch horizontal wirkende Windlasten

Nach den Ausführungen des Kapitels 6.2 wirken die Pos. 2b bei Windanströmung mit $H_{w,k}$ = 1,01 kN und die Gespärre der Pos. 2a mit $H_{w,k}$ = 0,50 kN auf die Kehlscheibe ein, die diese Lasten an die benachbarten Regelgespärre weiterleitet.

Die Summe der Horizontalkräfte beträgt $\sum H_w$ = 3,5 kN. Die Regelgespärre, die diese Horizontallasten in den Drempel aus Stahlbeton ableiten, wurden mit jeweils $H_{\text{Umlagerung,k}}$ = 2,5 kN bemessen, siehe Abbildung 56. In Abbildung 113 sind diese Regelgespärre als horizontale Auflager der Scheibe symbolisiert. Der Schubfluss $s_{v,0}$ wird ebenso wie die Regelgespärre mit einer zu hoch angenommenen Reaktion berechnet
$s_{v,0} = H_{\text{Umlagerung,k}}/h$ = 2,5 kN/3,6 m = 0,69 kN/m.

Diese konservative Annahme, die einer gleichförmigen Beanspruchung der Scheibe durch

$$q_k = \frac{5 \cdot 1{,}0 \text{ kN}}{3{,}5} \text{ m} = 1{,}43 \text{ kN/m}$$

entspricht, deckt damit auch die Abweichung von den Annahmen des NA ab, dessen Regelungen von durch Gleichstreckenlasten beanspruchten, scheibenartigen Tafeln ausgehen.

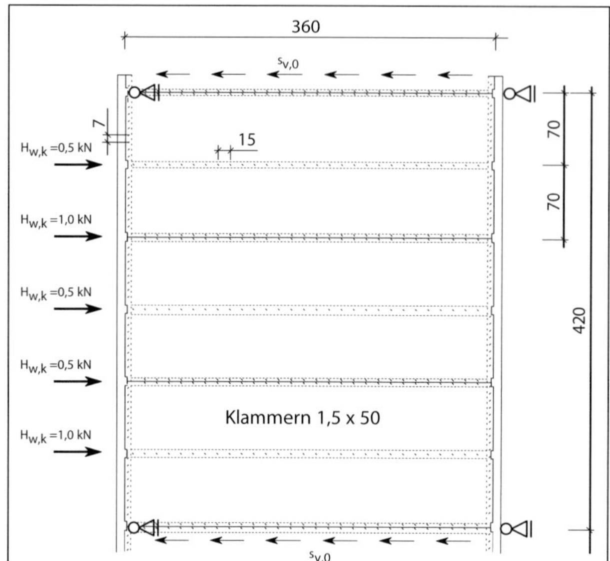

Abb. 113: Beanspruchung der Kehlscheibe im Bereich der Gaube

Die Nachweise der Scheibe erfolgen nach Abschnitt 9.2.3.2 der DIN EN 1995-1-1

$$\frac{s_{v,0,d}}{f_{v,0,d}} \leq 1$$

Der Bemessungswert des Schubflusses folgt für die durch Wind verursachten Horizontalkräfte zu

$$s_{v,0,d} = \gamma_Q \cdot s_{v,0,k} = 1{,}5 \cdot 0{,}69 \text{ kN/m} = 1{,}04 \text{ kN/m}$$

Der Bemessungswert der Tragfähigkeit ergibt sich nach NA zu

$$f_{v,0,d} = \min\begin{Bmatrix} k_{v,1} \cdot R_{d,1}/a_v \\ k_{v,1} \cdot k_{v,2} \cdot f_{v,d} \cdot t \\ k_{v,1} \cdot k_{v,2} \cdot f_{v,d} \cdot 35 \cdot t^2/a_r \end{Bmatrix}$$

Mit dem Bemessungswert der Schubfestigkeit der OSB/3-Platten

$$f_{v,d} = \frac{k_{mod}}{\gamma_M} \cdot f_{v,0,k} = \frac{1{,}0}{1{,}3} \cdot 6{,}8 \text{ N/mm}^2 = 5{,}23 \text{ N/mm}^2$$

der Tragfähigkeit der Klammern nach Kapitel 9.4 $R_d = 479$ N

dem Abstand der Verbindungsmittel untereinander $a_v = 150$ mm

der Plattendicke $t = 18$ mm

dem Abstand der Rippen $b_r = 700$ mm

dem Beiwert $k_{v,1} = 1{,}0$ für Tafeln mit allseitig schubsteif verbundenen Rändern und

$k_{v,2} = 0{,}33$ bei einseitiger Beplankung

Es folgt

$$f_{v,0,d} = \min \begin{Bmatrix} 1{,}0 \cdot 479\ \text{N}/150\ \text{mm} = 3{,}20\ \text{N/mm} \\ 1{,}0 \cdot 0{,}33 \cdot 5{,}23\ \text{N/mm}^2 \cdot 18\ \text{mm} = 31{,}1\ \text{N/mm} \\ 1{,}0 \cdot 0{,}33 \cdot 5{,}23\ \text{N/mm}^2 \cdot 35 \cdot (18\ \text{mm})^2/700\ \text{mm} = 28{,}0\ \text{N/mm} \end{Bmatrix}$$

$$f_{v,0,d} = 3{,}20\ \text{kN/m}$$

und schließlich der Nachweis

$$\frac{s_{v,0,d}}{f_{v,0,d}} = \frac{1{,}04}{3{,}20} = 0{,}33 \leq 1$$

Auf den Nachweis der Durchbiegung der Tafel kann verzichtet werden, da die Forderungen des Absatzes NA 12 erfüllt sind.

9.2 Örtliche Mindesttragfähigkeit, Durchstanzen

DIN EN 1991-1-1 und NA empfehlen einen Nachweis der örtlichen Mindesttragfähigkeit für Bauteile ohne ausreichende Querverteilung, z. B. den Spitzboden, für den eine Einzellast von $Q_k = 1$ kN nach Kapitel 3.4 anzusetzen ist. Während der Nachweis für Durchstanzen im Stahlbetonbau klar geregelt ist, fehlen für den Holzbau entsprechende Regelungen. Bei dünnwandigen Querschnitten kann jedoch üblicherweise eine Gleichverteilung der Schubspannungen angenommen werden. DIN EN 1991-1-1 gibt für die Aufstandsfläche ein Quadrat mit einer Kantenlänge von $a = 5$ cm vor. Es folgt dann, ohne eine Lastausbreitung oder eine kegelförmige Ausstanzfläche anzusetzen, zumindest eine schubbeanspruchte Fläche von

$$A_T = 4 \cdot a \cdot t$$

Für das verwendete OSB/3 mit $t = 18$ mm folgt die Schubspannung von

$$\tau_d = \frac{Q_k}{A_\tau} = \frac{1.000\ \text{N}}{4 \cdot 50\ \text{mm} \cdot 18\ \text{mm}} = 0{,}28\ \text{N/mm}^2$$

Mit der Schubfestigkeit für OSB/3 von

$$f_{v,d} = \frac{k_{mod}}{\gamma_M} \cdot f_{v,k} = \frac{0{,}8}{1{,}3} \cdot 1{,}0\ \text{N/mm}^2 = 0{,}62\ \text{N/mm}^2$$

ist der Nachweis erbracht.

9.3 Biegebeanspruchung

Die größten Biegebeanspruchungen treten auf, wenn Platten nur über ein Feld verlegt werden

$$M = \frac{q \cdot l^2}{8}$$

Bei über zwei Feldern durchlaufenden Platten folgt das Stützmoment zu

$$M = -\frac{q \cdot l^2}{8}$$

Verläuft die Platte über mehr als zwei Felder sind die Feld- oder Stützmomente geringer. Für die nach Abschnitt 3.4 anzusetzende Nutzlast $q_k = 1{,}0$ kN/m² und das Eigengewicht $q_k = 0{,}1$ kN/m² folgt ein Bemessungswert des Biegemomentes von

$$m_d = \left(1{,}35 \cdot g_k + 1{,}5 \cdot q_k\right) \cdot l^2/8$$

$$m_d = \left(1{,}35 \cdot 0{,}1 \text{ kN/m}^2 + 1{,}5 \cdot 1{,}0 \text{ kN/m}^2\right) \cdot \left(0{,}7 \text{ m}\right)^2/8$$

$$m_d = 0{,}1 \text{ kNm/m}$$

Mit dem Widerstandsmoment je m von

$$W = b \cdot t^2/6 = 1.000 \text{ mm} \cdot \left(18 \text{ mm}\right)^2/6 = 54.000 \text{ mm}^3$$

folgt die Biegespannung zu

$$\sigma_{m,d} = \frac{m_d \cdot 1 \text{ m}}{W} = \frac{0{,}1 \cdot 10^6 \text{ Nmm}}{54 \cdot 10^3 \text{ mm}^3} = 1{,}85 \text{ N/mm}^2$$

Der Bemessungswert der Biegefestigkeit für OSB/3 beträgt für den ungünstigeren Fall der Beanspruchung rechtwinklig zur Spanrichtung der Deckschicht

$$f_{m,d} = \frac{k_{mod}}{\gamma_M} \cdot f_{m,k} = \frac{0{,}8}{1{,}3} \cdot 8{,}2 \text{ N/mm}^2 = 5{,}05 \text{ N/mm}^2$$

der Nachweis ist somit eingehalten.

Die Kehlbalken werden durch eine Eigenlast $g_k = 0{,}52$ kN/m² nach Kapitel 3.1 beansprucht, die zusätzlich das Gewicht der Unterkonstruktion berücksichtigt.

Die Biegebeanspruchung der Deckenbalken $b/h = 6/20$ cm mit einer Spannweite von $l = 3{,}60$ m ergibt sich mit dem Biegemoment

$$M_d = \left(1{,}35 \cdot g_k + 1{,}5 \cdot q_k\right) \cdot e \cdot l^2/8$$

$$M_d = \left(1{,}35 \cdot 0{,}52 \text{ kN/m}^2 + 1{,}5 \cdot 1{,}0 \text{ kN/m}^2\right) \cdot \left(0{,}7 \text{ m}\right) \cdot \left(3{,}6 \text{ m}\right)^2/8$$

$$M_d = 2{,}50 \text{ kNm}$$

und dem Widerstandsmoment

$$W = 6 \text{ cm} \cdot \left(20 \text{ cm}\right)^2/6 = 400 \text{ cm}^2$$

zu

$$\sigma_{m,d} = \frac{M_d}{W} = \frac{1{,}85 \cdot 10^6 \text{ Nmm}}{400 \cdot 10^3 \text{ mm}^3} = 4{,}63 \text{ N/mm}^2$$

Der Nachweis für einen Balken der Festigkeitsklasse C24 mit

$$f_{m,d} = \frac{k_{mod}}{\gamma_M} \cdot f_{m,k} = \frac{0,8}{1,3} \cdot 24 \text{ N/mm}^2 = 14,7 \text{ N/mm}^2$$

ist somit eingehalten. Wegen h > 150 mm ist keine Erhöhung mit k_h möglich.

Die Verformungen infolge der Nutzlast betragen

$$w_q = \frac{5}{384} \cdot \frac{q \cdot l^4}{E_{0,mean} \cdot I_y}$$

mit $E_{0,\text{ mean}} = 11.000 \text{ N/mm}^2$

und dem Flächenträgheitsmoment

$$I_y = b \cdot h^3/12 = 6 \text{ cm} \cdot (20 \text{ cm})^3/12 = 4.000 \text{ cm}^4$$

folgt

$$w_{q,inst} = \frac{5}{384} \cdot \frac{1 \text{ kN/m}^2 \cdot 0,7 \text{ m} \cdot (3,6 \text{ m})^4}{11.000 \text{ N/mm}^2 \cdot 4.000 \cdot 10^4 \text{mm}^4}$$

$$w_{q,inst} = \frac{5}{384} \cdot \frac{117,6 \text{ kN} \cdot \text{m}^3}{11.000 \text{ N} \cdot 4.000 \cdot 10^4 \text{mm}^2}$$

$$w_{q,inst} = \frac{5}{384} \cdot \frac{117,6 \cdot 10^{12} \text{ Nmm}}{11.000 \text{ N} \cdot 4.000 \cdot 10^4 \text{mm}^2}$$

$$w_{q,inst} = 3,48 \text{ mm}$$

Die Eigenlast führt zu halb so hohen Verformungen, sodass die Nachweise der Gebrauchstauglichkeit erfüllt sind.

Die Einleitung der Auflagerkraft von

$$A_{v,d} = (1,35 \cdot g_k + 1,5 \cdot q_k) \cdot e \cdot l/2$$

$$A_{v,d} = (1,35 \cdot 0,52 \text{ kN/m}^2 + 1,5 \cdot 1,0 \text{ kN/m}^2) \cdot 0,7 \text{ m} \cdot (3,6 \text{ m}/2)$$

$$A_{v,d} = 2,77 \text{ kN}$$

ist mit einem Balkenschuh problemlos möglich. Sollte die oberste Nagelreihe einen geringeren Abstand *a* vom unteren Rand aufweisen als 0,7 · *h*, ist der Anschluss des Balkenschuhs an die Mittelpfette als querzugbeanspruchter Anschluss nachzuweisen. Die Bemessung kann mit Hilfen der Hersteller erfolgen.

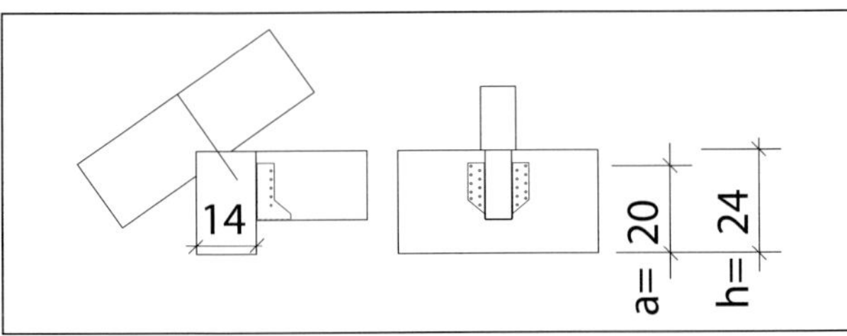

Abb. 114: Anordnung des Balkenschuhs an der Mittelpfette

9.4 Anschluss der Zugkraft an die OSB-Scheibe

Nach Abschnitt 6.6 war bei der Pos. 2b die größte Zugkraft von $F_{t,d} = 3{,}82$ kN in die Mittelpfette einzuleiten, die aus den Einwirkungen Eigenlast des Daches, Mannlast und Windanströmung rechtwinklig zum First folgte. Da die Mittelpfette als einwertiges Lager modelliert wurde, ist über die Kehlscheibe ein Ausgleich dieser Zugkraft zwischen den beiden Dachhälften herzustellen. Der Anschluss des Sparrens an die Mittelpfette wurde in Abschnitt 6.6 mit einer Teilgewindeschraube mit Tellerkopf hergestellt, die Weiterleitung der Zugkraft von der Mittelpfette in die Kehlscheibe erfolgt über die Klammern 1,5 × 50, die bereits in Abschnitt 7.2 verwendet wurden.

Die Tragfähigkeit der auf Abscheren beanspruchten Klammer wird nach den Regelungen für Nägel für Holzwerkstoff-Holz-Verbindungen ermittelt, Abschnitt 8.3.1.3 der DIN EN 1995-1-1. Die Regelungen dieses Abschnitts sind günstiger als diejenigen für Holz-Holz-Nagelverbindungen. Die Lochleibungsfestigkeiten für die Holzwerkstoffe erreichen deutlich höhere Werte. Für die Mittelpfette aus Brettschichtholz der Festigkeitsklasse GL28h folgt

$$f_{h,k} = 0{,}082 \cdot \rho_k \cdot d^{-0{,}3} \text{ in N/mm}^2$$

$$f_{h,k} = 0{,}082 \cdot 410 \cdot 1{,}5^{-0{,}3} \text{ in N/mm}^2$$

$$f_{h,k} = 29{,}8 \text{ N/mm}^2$$

und für die OSB/3-Platte

$$f_{h,1,k} = 65 \cdot d^{-0{,}7} \cdot t^{0{,}1} \text{ in N/mm}^2$$

$$f_{h,1,k} = 65 \cdot 1{,}5^{-0{,}7} \cdot 18^{0{,}1} \text{ in N/mm}^2$$

$$f_{h,1,k} = 65{,}3 \text{ N/mm}^2$$

Der charakteristische Wert der Tragfähigkeit ergibt sich wie für zwei auf Abscheren beanspruchte Nägel zu

$$F_{v,Rh} = 2 \cdot A \cdot \sqrt{2 \cdot M_{y,k} \cdot f_{h,1,k} \cdot d}$$

$$F_{v,Rh} = 2 \cdot 0{,}8 \cdot \sqrt{2 \cdot 775 \text{ Nmm} \cdot 65{,}3 \text{ N/mm}^2 \cdot 1{,}5 \text{ mm}}$$

$$F_{v,Rh} = 623 \text{ N}$$

Der Bemessungswert folgt zu

$$F_{v,Rd} = \frac{k_{mod}}{\gamma_M} \cdot R_k$$

$$F_{v,Rd} = \frac{1{,}0}{1{,}3} \cdot 623 \text{ N}$$

$$F_{v,Rd} = 479 \text{ N}$$

Je anzuschließendem Sparren sind somit

$$\frac{F_{t,d}}{F_{v,Rd}} = \frac{3.820\ \text{N}}{431\ \text{N}} = 8{,}86 \rightarrow n = 9$$

Klammern erforderlich. Der Abstand ergibt sich demnach zu

$$a_1 = 700\ \text{mm}/9 \approx 75\ \text{mm gewählt}\ a_1 = 70\ \text{mm}$$

und liegt damit unter dem geforderten Größtabstand von 150 mm, sodass die in Abbildung 113 dargestellten Abstände gewählt wurden. Im Bereich der durchlaufenden Sparren Pos. 2 könnte aufgrund der geringeren Zugkraft in der Kehlscheibe ein größerer Abstand gewählt werden.

Je Klammer ist eine abscherende Kraft zwischen Mittelpfette und OSB-Platte von

$$F_{t,90,\text{Klammer},d} = \frac{F_{t,d}}{e_{\text{Sparren}}/e_{\text{Klammer}}} = \frac{3.820\ \text{N}}{700/70} = 382\ \text{N}$$

zu übertragen. Infolge der Scheibenbeanspruchung nach Kapitel 9.1 folgt aus dem Schubfluss von $s_{v,0,d} = 1{,}040$ kN/m eine Beanspruchung parallel zur Mittelpfette von $F_{0,d} = 1{,}040$ N/mm · 70 mm = 72,8 N. Die resultierende Beanspruchung der Klammer folgt dann zu

$$F_{\text{res}} = \sqrt{F_{0,d}^2 + F_{t,90,d}^2} = \sqrt{(72{,}8\ \text{N})^2 + (382\ \text{N})^2} = 389\ \text{N} < R_d = 431\ \text{N}$$

Die Randabstände können bei Klammern aufgrund der geringen Durchmesser, hier Kl. 1,5 × 50 mit einem Durchmesser von $d = 1{,}5$ mm, recht gering gewählt werden.

Beim Anschluss der OSB-Platte an die Mittelpfette wirkt der Klammeranschluss wie ein querzugbeanspruchter Anschluss. Für den Nachweis nach NA

$$R_{90,Rd} = k_s \cdot k_r \cdot \left(6{,}5 + \frac{18 \cdot a^2}{h^2}\right) \cdot (t_{ef} \cdot h)^{0,8} \cdot f_{t,90,d}$$

sind folgende Beiwerte zu verwenden:

Verhältnis des Abstandes des obersten Verbindungsmittels zum beanspruchten Rand a zur Querschnittshöhe h (NCI zu 8.1.4): $a/h = 3/14 = 0{,}21$;

Tiefe der querzugbeanspruchten Fläche: $t_{ef} = \min\{b; t; 12 \cdot d\} =$

$$\min\{140\ \text{mm};\ l_{\text{Klammer}} - t_{\text{OSB}} = 50\ \text{mm} - 18\ \text{mm} = 32\ \text{mm};\ 12 \cdot 1{,}5\ \text{mm} = 18\ \text{mm}\}$$

$$= 18\ \text{mm}$$

mit der Querzugfestigkeit

$$f_{t,90,d} = \frac{k_{\text{mod}}}{\gamma_M} \cdot f_{t,90,k} = \frac{0{,}9}{1{,}3} \cdot 0{,}4\ \text{N/mm}^2 = 0{,}28\ \text{N/mm}^2$$

folgt die Tragfähigkeit zu

$$F_{90,Rd} = 1 \cdot 1 \cdot \left(6{,}5 + \frac{18 \cdot (30\ \text{mm})^2}{(140\ \text{mm})^2} \right) \cdot (18\ \text{mm} \cdot 140\ \text{mm})^{0,8} \cdot 0{,}28\ \text{N/mm}^2\ \text{in N}$$

$$F_{90,Rd} = 7{,}33 \cdot 526 \cdot 0{,}28 = 1.080\ \text{N}$$

sodass ein Querzugversagen, d. h. ein Aufspalten, wegen

$$\frac{F_{t,90,\text{Klammer},d}}{F_{90,Rd}} = \frac{409\ \text{N}}{1.080\ \text{N}} = 0{,}38 \leq 1$$

nicht zu erwarten ist.

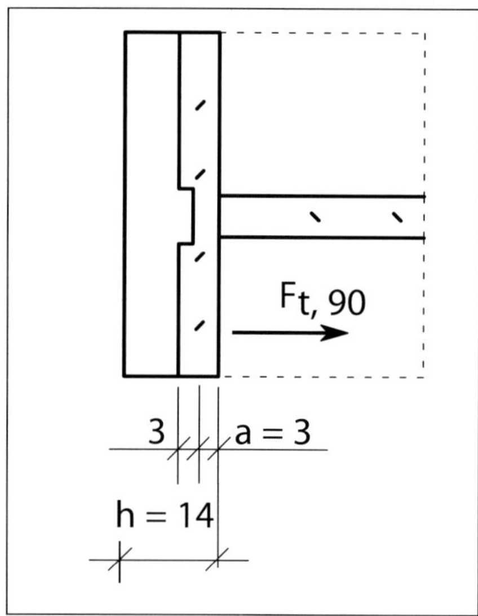

Abb. 115: Maße zur Untersuchung der Querzugbeanspruchung

10 Berücksichtigung der Nachgiebigkeiten

10.1 Nachgiebigkeiten, Steifigkeiten der Anschlüsse

Die in den vorausgehenden Kapiteln für die Bemessung verwendeten Schnittgrößen beruhen auf den Ergebnissen eines Rechenmodells, das starre, unnachgiebige Lager und gelenkige, aber undeformierbare Anschlüsse der Stäbe annahm. Lediglich die Querschnittsflächen und Elastizitätsmoduln der Stäbe wurden von dem Rechenprogramm berücksichtigt. Das Modell überschätzt die reale Steifigkeit des Tragwerks somit deutlich, da im Holzbau die Nachgiebigkeiten der Verbindungen im Verhältnis zu den Längssteifigkeiten der Stäbe groß sind.

Die zweite, wesentliche Erhöhung der Nachgiebigkeit des Systems folgt aus der Verformung der Mittelpfette nach Abbildung 98, also für diejenigen Gespärre, die im mittleren Bereich zwischen den Stielen liegen.

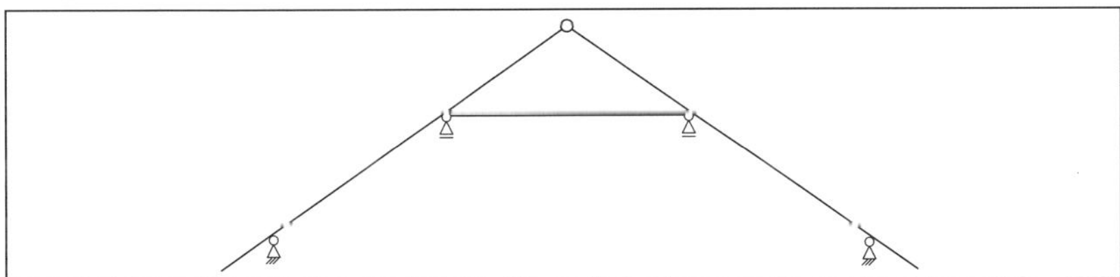

Abb. 116: Modell mit starren Auflagern

Nach Abbildung 98 beträgt die größte Durchbiegung der Mittelpfette $v = 1{,}22$ mm unter einer Linienlast von $q = 1$ kN/m. Für das betroffene Gespärre ist bei einem Sparrenabstand von $e = 0{,}7$ m das Auflager an der Mittelpfette durch eine Feder der Steifigkeit

$$K = \frac{q \cdot e}{v} = \frac{1 \text{ kN/m} \cdot 0{,}7 \text{ m}}{1{,}22 \text{ mm}} = \frac{700 \text{ N}}{1{,}22 \text{ mm}} = 583 \text{ N/mm}$$

zu modellieren. Hier wird die größte Nachgiebigkeit $C = 1/K$ [mm/N], d.h. das Auflager mit der geringsten Steifigkeit K untersucht, da an diesem Gespärre die größte Abweichung von dem angenommenen statischen Modell nach Abbildung 116 zu erwarten ist.

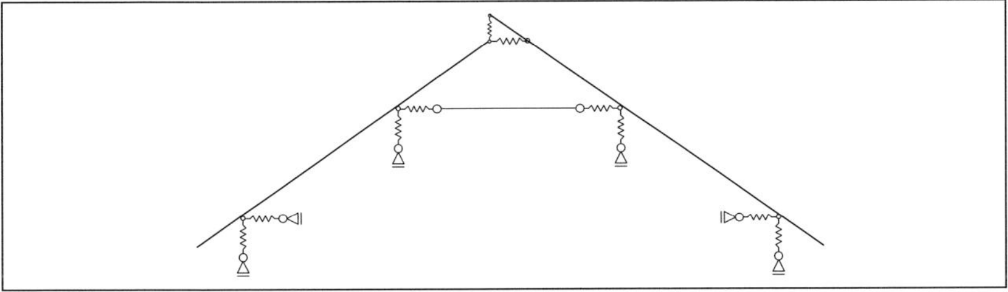

Abb. 117: Modell mit nachgiebigen Auflagern und Knoten

Für einige Verbindungsmittel enthält Abschnitt 7.1 der DIN EN 1995-1-1 Verschiebungsmoduln K_{ser} in N/mm. Der Fußzeiger ser steht für service (engl., franz.), zu übersetzen mit Gebrauch. Die DIN EN 1995-1-1 empfiehlt in Abschnitt 2.2.2, dass für Nachweise im Grenzzustand der Tragfähigkeit

$$K_u = \frac{2}{3} \cdot K_{ser} \text{ in N/mm}$$

anzunehmen ist.

Bei vielen statischen Systemen folgen aus höheren Nachgiebigkeiten $C = 1/K$ in N/mm, d.h. einer geringeren Steifigkeit K der Verbindungsmittel, geringere Beanspruchungen der Anschlüsse und höhere der Bauteile. Beispiele hierfür sind Rahmenkonstruktionen, bei denen größere Knicklängen der Stiele aus größerer Nachgiebigkeit, d.h. geringeren Steifigkeiten der Eckverbindungen folgen. Das Eckmoment wird durch die Nachgiebigkeit reduziert. Dabei wird das in Abschnitt 3.2 beschriebene duktile Verhalten der Verbindungsmittel des Holzbaus zugrunde gelegt.

Die hier untersuchte Dachkonstruktion verhält sich jedoch anders. Infolge der Durchbiegung der Mittelpfette stellt sich ein anderes statisches System ein, das stärker demjenigen eines Sparrendaches gleicht. Bei starren Fußpunkten, d. h. Traufanschlüssen mit hoher Steifigkeit, folgen hohe Horizontalkräfte an den Anschlusspunkten der Fuß- und Mittelpfette. Werden die Anschlüsse dagegen sehr weich modelliert, nähert sich das System wieder stärker einem Pfettendach mit geringen Horizontalkräften an der Traufe. Da aber die Anschlusskräfte maßgebend für die Bemessung sind, wird die Ermittlung der Schnittgrößen hier sowohl mit K_{ser} als auch K_u durchgeführt.

Die in diesem Kapitel durchgeführten Untersuchungen liegen für das betrachtete Tragwerk sehr auf der sicheren Seite. Der Bereich der großen Verformungen der Mittelpfette liegt im Bereich der Gaube. Die Pos. 2a und 2b nach den Abbildungen 54 und 56 des Kapitels 6.2 sind als unvollständige Gespärre jedoch weniger empfindlich. Aufgrund des statischen Systems dieser Teilgespärre ist für Pos. 2b mit keinen zusätzlichen Horizontallasten infolge der Verformungen der Mittelpfetten zu rechnen und für Pos. (2a) mit reduzierten Kräften, verglichen mit dem Regelgespärre aufgrund der Nachgiebigkeit der Kehlscheibe in horizontaler Richtung.

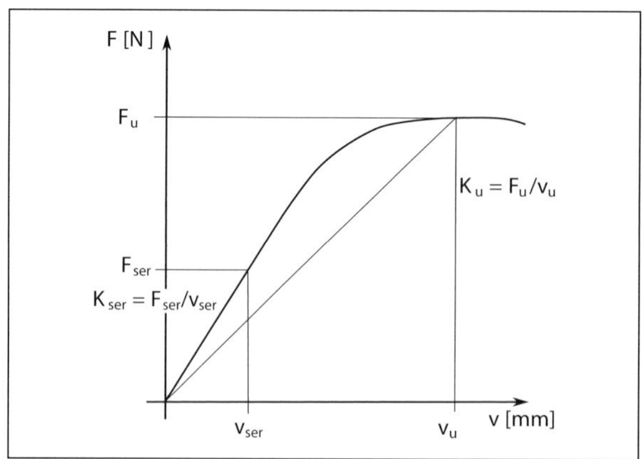

Abb. 118: Kraft über der Verformung für ein mechanisches Verbindungsmittel des Holzbaus und Steifigkeiten K_{ser}, K_u

Um die Steifigkeit eines Anschlusses im Stabwerkprogramm zu modellieren, ist es erforderlich, die Nachgiebigkeiten der Verbindungsmittel zu einer Federsteifigkeit zusammenzufassen. Dabei ist zwischen zwei Anordnungen der Verbindungsmittel zu unterscheiden:

1. Alle Verbindungsmittel werden durch ein und dieselbe Kraft beansprucht, die Verbindungsmittel wirken in einer Reihe. Die Steifigkeit des Gesamtanschlusses folgt dann zu

$$\frac{1}{K_{ges}} = \sum_i \frac{1}{K_i}$$

Ein Beispiel ist der Anschluss des Sparrens an die Mittelpfette. Die Schraube überträgt die Horizontalkraft in die Mittelpfette, die Klammern weiter in die OSB-Platte. Beide Anschlüsse werden durch die Horizontalkraft beansprucht, die gesamte Verbindung verhält sich weicher als eine einzelne Verbindung.

2. Alle Verbindungen erleiden die gleiche Verschiebung, die Kraft verteilt sich jedoch auf die einzelnen Verbindungsmittel. Die Steifigkeit des Gesamtanschlusses folgt zu

$$K_{ges} = \sum_i K_i$$

Ein Beispiel hierfür sind die sieben Nägel im Firstpunkt. Jeder Nagel muss nur $^1/_7$ der Kraft übertragen und verschiebt sich daher nur entsprechend dieser geringeren Beanspruchung.

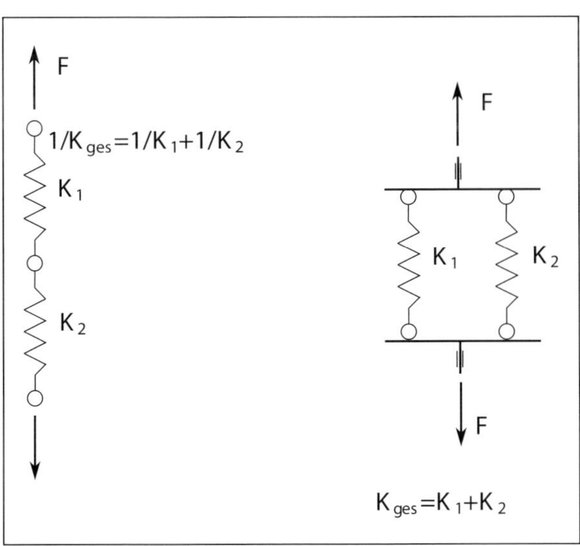

Abb. 119: Gesamtsteifigkeiten mehrerer Verbindungsmittel

Nach den in Abschnitt 6 gewählten Anordnungen und Verbindungsmitteln ergeben sich die Steifigkeiten der Tabellen 29 und 30 nach Tabelle 7.1 der DIN EN 1995-1-1.

Abweichend von DIN 1052:2008 werden die Mittelwerte der Rohdichte verwendet und geänderte Beiwerte.

Tabelle 29: Steifigkeiten der Anschlüsse am Firstpunkt und an der Mittelpfette

Firstpunkt, 7 Drahtstifte 2,8 × 65, Holz der Sparren C24	
1 Nagel	$K_{ser} = \frac{\rho_m^{1,5}}{30} \cdot d^{0,8} = \frac{420^{1,5}}{30} \cdot 2{,}8^{0,8} = 654\ \text{N/mm}$
7 Nägel	$K_{ges} = 7 \cdot K_{ser} = 4.577\ \text{N/mm}$
Anschluss an Mittelpfette, selbstbohrende Schraube 8 × 240 und Klammern 1,5 × 50	
1 Schraube	$K_{ser} = \frac{\rho_m^{1,5}}{30} \cdot d^{0,8}$ mit $\rho_m = \sqrt{\rho_{m,1} \cdot \rho_{m,2}}$ mit den Rohdichten des Sparrens C24 und der Mittelpfette GL28h folgt $\rho_m = \sqrt{420 \cdot 460} = 440\ \text{kg/m}^3$ $K_{ser} = \frac{440^{1,5}}{30} \cdot 8^{0,8} = 1.624\ \text{N/mm}$ oder ein durch die Zulassung vorgegebener Wert
1 Klammer	$K_{ser} = \frac{\rho_m^{1,5}}{80} \cdot d^{0,8} = \frac{503^{1,5}}{80} \cdot 1{,}5^{0,8} = 195\ \text{N/mm}$
10 Klammern	$K_{ges} = 10 \cdot K_{ser} = 1.950\ \text{N/mm}$
Gesamt-anschluss	$\frac{1}{K_{ges}} = \frac{1}{1.624\ \text{N/mm}} + \frac{1}{1.950\ \text{N/mm}} \quad K_{ges} = 886\ \text{N/mm}$
OSB/3-Platte	mit $t = 18$ mm, $b = 700$, $l = 1.800$ mm und $E_{mean} = 3.800\ \text{N/mm}^2$ folgt eine Federsteifigkeit $K_{OSB} = \frac{A \cdot E_{mean}}{l} = \frac{18\ \text{mm} \cdot 700\ \text{mm} \cdot 3.800\ \text{N/mm}^2}{1.800\ \text{mm}}$ $K_{OSB} = 26.600\ \text{N/mm}$
Gesamt-anschluss	$\frac{1}{K_{ges}} = \frac{1}{1.624\ \text{N/mm}} + \frac{1}{1.950\ \text{N/mm}} + \frac{1}{26.600\ \text{N/mm}}$ $K_{ges} = 857\ \text{N/mm}$

Tabelle 30: Steifigkeiten der Anschlüsse, Fußpunkt

Anschluss Fußpfette an Stahlbetondrempel, Dübel M12 in Durchsteckmontage	
1 Dübel M12	$K_{ser} = \frac{\rho_m^{1,5}}{23} \cdot d = \frac{420^{1,5}}{23} \cdot 12 = 4.491\ \text{N/mm}$ die Nachgiebigkeit des Dübels im Stahlbeton bleibt unberücksichtigt, d. h. wird als starr angenommen.
Anschluss Sparren an Fußpfette, selbstbohrende Schraube 8 × 240	
1 Schraube	$K_{ser} = \frac{\rho_m^{1,5}}{30} \cdot d^{0,8}$ $K_{ser} = \frac{420^{1,5}}{30} \cdot 8^{0,8} = 1.514\ \text{N/mm}$ oder ein durch die Zulassung vorgegebener Wert.
Gesamtsteifigkeit Fußpunkt bei horizontaler Beanspruchung	
1 Schraube und 1 Dübel M12	$\frac{1}{K_{ges}} = \frac{1}{4.491\ \text{N/mm}} + \frac{1}{1.514\ \text{N/mm}}$ $K_{ges} = 1.132\ \text{N/mm}$
Fußpunkt bei vertikaler Beanspruchung nach Görlacher et al. (1999)	
Schwellen-pressung	$K_{ser} \approx 2{,}0 \cdot b \cdot E_{90,mean} = 2{,}0 \cdot 30\ \text{mm} \cdot 370\ \text{N/mm}^2 = 22.200\ \text{N/mm}$

10.2 Horizontale Auflagerreaktionen unter Berücksichtigung der Nachgiebigkeit

Mit dem Modell nach Abbildung 117 und den Steifigkeiten der Anschlusspunkte der Tabellen 29 und 30 werden die horizontalen Auflagerreaktionen am Fußpunkt bestimmt.

Tabelle 31: Charakteristische Werte der Auflagerkräfte

	Verschiebungsmoduln K_{ser}	**Verschiebungsmoduln K_u**
Einwirkung	Horizontale Reaktion am Fußpunkt $H_{4,k}$ [kN]	Horizontale Reaktion am Fußpunkt $H_{4,k}$ [kN]
g_k	– 1,85 →	– 1,52 →
s_k	– 0,64 →	– 0,53 →
$w_{k,\theta=0°}$	– 0,54 →	– 0,54 →
$w_{k,\theta=90°}$	+ 0,39 ←	+ 0,23 ←
$Q_{k,First}$	– 0,46 →	– 0,43 →

Mit der Schneelast als führender veränderlicher Einwirkung folgt der Bemessungswert der Horizontalkraft

$$H_{4,d} = 1{,}35 \cdot H_{4,g,k} + 1{,}5 \cdot H_{4,s,k} + 1{,}5 \cdot \psi_0 \cdot H_{4,w\theta = 0°,k}$$

$$H_{4,d} = 1{,}35 \cdot 1{,}85 \text{ kN} + 1{,}5 \cdot 0{,}64 \text{ kN} + 1{,}5 \cdot 0{,}6 \cdot 0{,}54 \text{ kN}$$

$$H_{4,d} = 2{,}50 \text{ kN} + 0{,}96 \text{ kN} + 0{,}49 \text{ kN}$$

$$H_{4,d} = 3{,}95 > 3{,}08 \text{ kN} = \mathrm{H}_{4,\text{ d, Kapitel 6}}$$

Der Nachweis für die Teilgewindeschraube 8 × 240 nach Kapitel 6.5.1.2 muss daher mit den Beanspruchungen parallel $F_{ax,Ed}$ und rechtwinklig zur Schraubenachse $F_{v,Ed}$ erneut geführt werden

$$F_{ax,Ed} = H_d \cdot \cos(\alpha) \qquad F_{ax,Ed} = H_d \cdot \sin(\alpha)$$

$$F_{ax,Ed} = 3.950 \text{ N} \cdot \cos(35°) \qquad F_{ax,Ed} = 3.950 \text{ N} \cdot \sin(35°)$$

$$F_{ax,Ed} = 3.234 \text{ N} \quad \text{und} \quad F_{ax,Ed} = 2.266 \text{ N}$$

$$\left(\frac{F_{ax,Ed}}{F_{ax,Rd}}\right)^2 + \left(\frac{F_{v,Ed}}{F_{v,Ed}}\right)^2 \leq 1$$

$$\left(\frac{2.266 \text{ N}}{4.222 \text{ N}}\right)^2 + \left(\frac{3.234 \text{ N}}{3.570 \text{ N}}\right)^2 \leq 1$$

$$(0{,}54)^2 + (0{,}91)^2 \leq 1$$

$$0{,}29 + 0{,}82 = 1{,}11 > 1!$$

Wie in Kapitel 10.1 dargestellt, sind im Bereich der großen Pfettendurchbiegungen keine Vollgespärre vorhanden.

Werden die Schnittgrößen unter Verwendung der Verschiebungsmoduln $K_u = {}^2/_3 \cdot K_{ser}$ ermittelt, folgt eine horizontale Reaktion von

$$H_{4,d} = 1{,}35 \cdot H_{4,g,k} + 1{,}5 \cdot H_{4,s,k} + 1{,}5 \cdot \psi_0 \cdot H_{4,w\theta = 0°,k}$$

$$H_{4,d} = 1{,}52 \cdot 1{,}43 \text{ kN} + 1{,}5 \cdot 0{,}53 \text{ kN} + 1{,}5 \cdot 0{,}6 \cdot 0{,}54 \text{ kN}$$

$$H_{4,d} = 2{,}05 \text{ kN} + 0{,}80 \text{ kN} + 0{,}49 \text{ kN}$$

$$H_{4,d} = 3{,}33 \approx 3{,}08 \text{ kN} = \mathrm{H}_{4,\text{ d, Kapitel 6}}$$

für die der Nachweis eingehalten wäre.

Aufgrund dieser beiden Annahmen kann der Anschluss wie vorgesehen mit der Teilgewindeschraube 8 × 240 ausgeführt werden.

Die hier dargestellten Auswirkungen der Verformungen der Mittelpfette sind bei der Bemessung von Dächern, deren Tragwerk eine Mischung von Pfetten- und Sparrendach darstellen, stets zu bedenken. Bei festen Fußpunkten folgt aus der Verformung der Mittelpfette eine Annäherung an das Tragverhalten der Sparrendächer, es folgt eine deutlich erhöhte Horizontallast am Fußpunkt.

Wurde andererseits ein System gewählt, dessen Queraussteifung über eine horizontal gehaltene Kehlscheibe erfolgt und nachgiebige Drempel aufweist, folgen aus den Verformungen der Mittelpfette horizontale Verformungen der Fußpunkte, die zu Schäden am Drempel führen können.

10.3 Nachweis der Gebrauchstauglichkeit

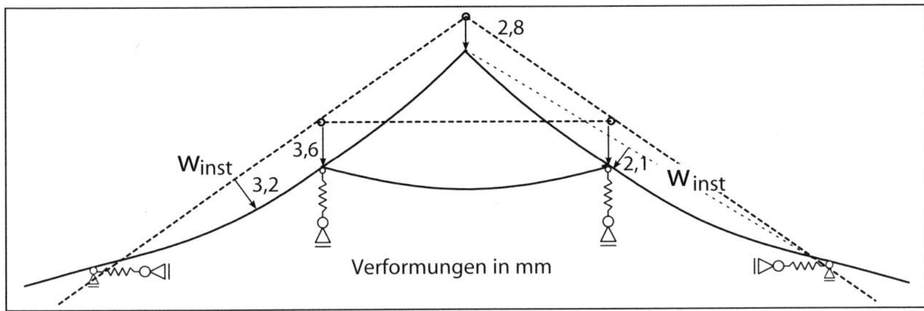

Abb. 120: Verformung infolge Eigenlast, nachgiebiges System mit K_{ser}

Abbildung 120 zeigt die elastischen Verformungen des Modells nach Abbildung 117.

Maßgebend ist die Nachgiebigkeit der als Feder modellierten Mittelpfette, die in Kapitel 10.1 aus der größten Verformung berechnet wurde. Im Bereich der Gaube ist das Verhalten der Teilgespärre Positionen 2a und 2b realistisch nur zu berechnen, wenn die horizontale Lagerung durch die Kehlscheibe berücksichtigt wird, die dann wiederum mit den Nachgiebigkeiten der Vollgespärre zu modellieren wäre, die als Auflager der Scheibe dienen. All diese Überlegungen sprächen für eine dreidimensionale Berechnung des Dachtragwerkes, die außerordentlich aufwendig wäre. Anstelle dessen werden die Verformungen an den zweidimensionalen Schnitten geführt, die als Näherung angesehen werden müssen. Weisen die derart berechneten Verformungen noch eine Reserve zu den empfohlenen Grenzwerten auf, ist dieses Vorgehen zu rechtfertigen.

Tabelle 32: Elastische Verformungen [mm] w_{inst}

	Verformungen rechtwinklig zum Sparren			
Einwirkung	Verformung des Sparrens w_{inst}	Durchbiegung des Sparrens $\Delta\ w_{inst,1}$ Abbildung 121	Durchbiegung des Sparrens $\Delta\ w_{inst,2}$ Abbildung 122	Vertikale Verformung des Firstes
g_k	3,21 ↓	2,05 ↓	1,23 ↓	2,84
s_k	1,10 ↓	0,69 ↓	0,50 ↓	1,00
$s_k/2$ und s_k und maßgebende Seite	1,22 ↓	0,91 ↓	0,59 ↓	0,76
$w_{k,\theta=0°}$	1,34 ↓	1,36 ↓	1,03 ↓	−0,07
Umlagerung über Kehlscheibe nach Abbildung 58	2,08 ↓	2,07 ↓	1,28 ↓	0,02
$w_{k,\theta=90°}$	−1,42 ↑	−1,32 ↑	−0,95 ↑	−0,24
Nutzlast Spitzboden	1,39 ↓	1,01 ↓	0,36 ↓	0,93

Die in Tabelle 32 enthaltenen Verformungen sind rechtwinklig zum Sparren orientiert. Die Pfeile deuten eine Verformung nach außen ↑ oder zum Dachraum hin an ↓. Bei den unsymmetrischen Einwirkungen wurde die Dachseite mit der ungünstigeren Verformung berücksichtigt. Die Durchbiegung der Sparren wurde unter Berücksichtigung der Firstabsenkung nach Abbildung 121 berechnet. Die Berücksichtigung der Umlagerung der Windbeanspruchung der Teilgespärre auf die Vollgespärre seitlich der Gaube und die gleichzeitige Berücksichtigung der großen Nachgiebigkeit der Mittelpfette entsprechend dem Modell der Abbildung 120 liegt sehr auf der sicheren Seite. Diese Vollgespärre sind nicht im Bereich der großen Verformung der Mittelpfette angeordnet, aus der die hohe Nachgiebigkeit des vertikalen Mittelauflagers berechnet wurde.

In Anlehnung an Werner (2004) kann die in Abbildung 121 dargestellte Durchbiegung für den Nachweis in der quasi-ständigen Bemessungssituation verwendet werden und die in Abbildung 122 dargestellte Verformung für den Nachweis in der seltenen, charakteristischen Bemessungssituation nach DIN EN 1990. Diese zweite Kombination hat zum Ziel, Risse an den Bekleidungen zu vermeiden. Da der untere Dachraum vom Spitzboden getrennt ist, ist die Durchbiegung im unteren Bereich für diese Kombination von Interesse, die dann allerdings auf die kleinere Teillänge des Sparrens zu beziehen ist.

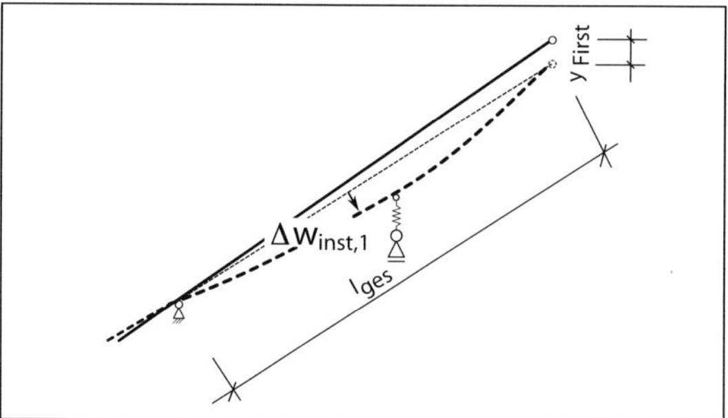

Abb. 121: Durchbiegung des Sparrens und Verformungen für die Bemessung in der quasi-ständigen Bemessungssituation

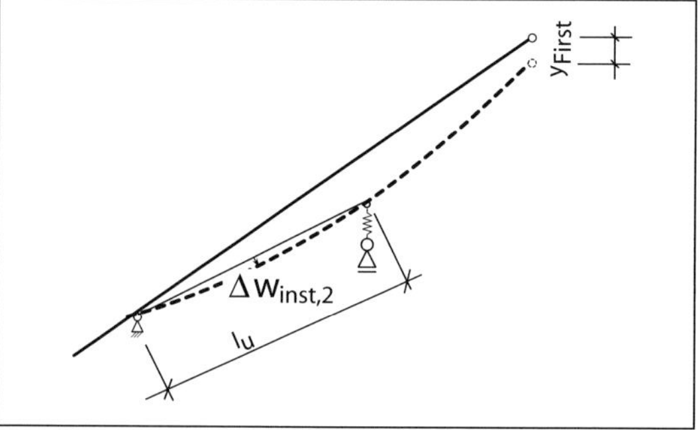

Abb. 122: Durchbiegung des Sparrens und Verformungen in der charakteristischen Bemessungssituation

Für die Sparren kann Nutzungsklasse 2 angenommen werden, d.h. die Gleichgewichtsfeuchte des Querschnittes liegt im Jahresverlauf zwischen 10 % und 20 % nach Tabelle 8. Nach Tabelle 13 folgt $k_{def} = 0{,}80$. Die Kombinationsbeiwerte ψ_2 sind für die veränderlichen Einwirkungen Schnee- und Windlast $\psi_2 = 0$ für die Nutzlast $\psi_2 = 0{,}3$.

Dies bedeutet in anderen Worten, dass Kriechverformungen für die veränderlichen Einwirkungen nicht oder für die Nutzlast nur in geringem Umfang zu erwarten sind.

Tabelle 33: Empfohlene Grenzwerte der Verformungen nach DIN EN 1995-1-1

Quasi-ständige Bemessungssituation nicht in DIN EN 1995-1-1 Absatz 7.2 $E_{d,perm} = E\left\{\sum_{j \geq 1} G_{k,j} \oplus \sum_{i \geq 1} \psi_{2,i} \cdot Q_{k,i}\right\}$	Einfeld- oder Durchlaufträger mit Spannweite $l_{ges} = 5.380$ mm $l/200 = 5.380$ mm$/200 = 26{,}9$ mm
Seltene (charakteristische) Kombination $E_{d,rare} = E\left\{\sum_{j \geq 1} G_{k,j} \oplus Q_{k,1} \oplus \sum_{i \geq 1} \psi_{0,i} \cdot Q_{k,i}\right.$	Einfeld- oder Durchlaufträger mit Spannweite $l_u = 3.090$ mm $l/300 = 3.090$ mm$/300 = 10{,}3$ mm $l/500 = 3.090$ mm$/500 = 6{,}2$ mm

Der empfohlene Grenzwert richtet sich nach der Bemessungssituation, siehe Tabelle 12

Tabelle 34: Verformungen unter Berücksichtigung des Kriechens

Quasi-ständige Bemessungssituation	
Einwirkung	
Eigenlast $w_{g,\,fin} = w_{g,\,inst} \cdot (1 + k_{def})$	3,69 mm = 2,05 mm · 1,8
Nutzlast im Spitzboden $w_{q,\,fin} = \psi_{2,\,inst} \cdot w_{q,\,inst}\,(1 + k_{def})$ für alle anderen Einwirkungen $\psi_2 = 0$	0,55 mm = 0,3 · 1,01 mm · 1,8
Nachweis nach Abschnitt 9.2 der DIN 1052:2008	w_{fin} = 3,69 mm + 0,55 mm = 4,24 mm ≤ l/200 = 5.380 mm/200 = 26,9 mm
Seltene, charakteristische Bemessungssituation	
Eigenlast $w_{g,\,inst} = w_{g,\,inst} \cdot (1 + k_{def})$	2,21 mm = 1,23 mm · 1,8
Windanströmung rechtwinklig zum First + Umlagerung Abbildung 58 $w_{\Theta 0,\,fin} = w_{\Theta 0,\,inst} \cdot (1 + \psi_2 \cdot k_{def})$	2,31 mm = (1,03 mm + 1,28 mm) · (1 + 0 · k_{def})
$s_k + s_k/2$ $w_{s,\,fin} = w_{s/2,\,inst} \cdot (\psi_0 + \psi_2 \cdot k_{def})$	0,30 mm = 0,59 mm · (0,5 + 0 · k_{def})
Nutzlast im Spitzboden $w_{q,\,fin} = w_{q,\,inst} \cdot (\psi_0 + \psi_2 \cdot k_{def})$	0,34 mm = 0,36 mm · (0,7 + 0,3 · 0,8)
Nachweise nach Abschnitt 7.2 der DIN EN 1995-1-1	w_{fin} = (2,21 + 2,31 + 0,30 + 0,34) mm = 5,16 mm ≤ 3.090 mm/500 = 6,2 mm

11 Bemessung der Dachverbände

11.1 Beanspruchung der Dachverbände

Die Aussteifung für horizontal wirkende Beanspruchungen rechtwinklig zum First erfolgt durch die das Gespärre bildenden Sparren und die Kehlscheibe. Bemessen wurden die Querschnitte und Anschlusspunkte in den Kapiteln 6, 9 und 10. Die Dachkonstruktion muss jedoch zusätzlich die Giebelwand bei horizontaler Beanspruchung durch Windsog oder Winddruck halten. Die Einfassung der Giebelwand nach Abbildung 17 durch einen Stahlbetongurt oder Stahlbeton in Mauerwerks-U-Schalen sammelt die Windkräfte und erlaubt den Anschluss der Mittelpfetten mit Dübeln und Stahlblechwinkeln an diesen Stahlbetongurt.

Für Pfettendächer ist dies meist die einzige anzusetzende Horizontalkraft in Längsrichtung. Im Gegensatz zu den Bindern von Hallenkonstruktionen sind die Sparren häufig nicht knick- oder kippgefährdet, sodass der Verband theoretisch keine Aussteifungsfunktion übernimmt. Dennoch sollten die aus unplanmäßigen Vorverformungen und anderen Imperfektionen, beispielsweise einer Schrägstellung nach Abbildung 110, entstehenden Abtriebskräfte auch beim Pfettendach nicht vergessen werden. Sonst könnte auf den oberen Verband nach Abbildung 123 verzichtet werden, da die Firstbohlen keine Windbeanspruchung aufzunehmen haben. Aufgrund der in Kapitel 10 untersuchten Verformungen ist aber nicht auszuschließen, dass in einigen Sparren Druckbeanspruchungen auftreten, die zu Beanspruchungen der Verbände nach Abschnitt 9.2.5 der DIN EN 1995-1-1 führen.

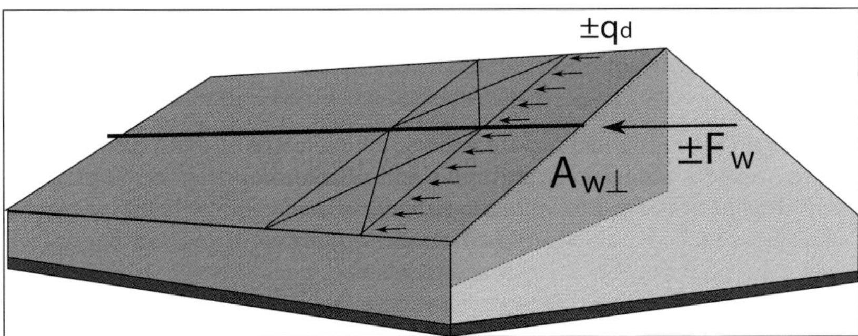

Abb. 123: Anordnung der Dachverbände

Die nach diesen Abschnitten der Norm zu berechnenden Seitenlasten q_d berücksichtigen die Abtriebskräfte der Sparren infolge Verformungen nach einer statischen Berechnung Theorie II. Ordnung. Eine Darstellung der theoretischen Hintergründe ist in Brünninghoff (1997) enthalten.

Nach Abschnitt 9.2.5.3 der Norm kann die auf den Verband wirkende Seitenlast infolge der Aussteifung von kipp- oder knickgefährdeten Bauteilen nach

$$q_d = k_l \cdot \frac{n \cdot N_d}{30 \cdot l}$$

berechnet werden. Die Anzahl der an den Verband angeschlossenen auszusteifenden Bauteile, hier die Sparren, wird mit n bezeichnet. Der Beiwert k_l berücksichtigt die Größe der Vorverformungen. Da bei Bauteilen mit einer Länge $l > 15$ m davon ausgegangen werden darf, dass die Bauprodukte geringere Imperfektionen aufweisen als kürzere Bauteile, darf die Seitenlast reduziert werden. Die abgewickelte Länge der beiden Sparren beträgt nach Abbildung 50

$$l = 2 \cdot \left(309 \text{ cm} + 229 \text{ cm}\right) = 10{,}8 \text{ m} < 15 \text{ m}$$

daher ist $k_l = 1$. Insgesamt sind $n = 18$ Gespärre auszusteifen, wobei auf der sicheren Seite liegend auch die Teilgespärre voll berücksichtigt werden. Es folgt

$$q_d = 1{,}0 \cdot \frac{18 \cdot N_d}{30 \cdot 10{,}8 \text{ m}}$$

Die die Abtriebskräfte verursachende Druckkraft N_d wird unter Berücksichtigung der Kipp- und Knickbeiwerte k_m und k_c der nicht ausgesteiften Bauteile berechnet.

Durchlaufträger mit durchschlagenden Verläufen der Biegemomente weisen hohe kritische Kippmomente auf aus denen hohe kritische Kippspannungen $\sigma_{m,crit}$ folgen und somit nach Abschnitt 6.3.3 der Norm niedrige Kippbeiwerte. In der Regel wird dieser Kippbeiwert für Sparren bei Pfettendächern $k_m = 1$ betragen, sodass

$$N_{d,M} = \frac{\left(1 - k_{crit}\right) \cdot M_d}{h} = 0$$

d. h. keine Abtriebskräfte infolge der Momentenbeanspruchung der Sparren folgen. Dabei ist zu bedenken, dass die Befestigung der Sparren auf den Mittelpfetten mit Schrauben, Sparrenpfettenankern oder Nägeln die Verdrehung der Sparren behindert.

Das kritische Kippmoment der Sparren zu berechnen ist nicht ohne weiteres möglich, da für den vorliegenden Momentenverlauf und die nachgiebigen Lagerungen keine Lösungen dokumentiert sind. Sehr auf der sicheren Seite liegend wird die effektive Kipplänge für den Bereich zwischen den Pfetten nach Abbildung 124 unter den Annahmen eines Einfeldträgers und einer Gleichstreckenlast nach Blaß et al. (1995) bestimmt zu

$$l_{ef} = 0{,}88 \cdot 4{,}58 \text{ m}.$$

Die Bedingung

$$l_{rel,m} = \sqrt{\frac{l_{ef} \cdot h}{0{,}78 \cdot b^2}} \cdot \sqrt{\frac{f_{m,k}}{E_{0,05}}} = \sqrt{\frac{4{,}58 \text{ m} \cdot 0{,}18 \text{ m}}{0{,}78 \cdot (0{,}08 \text{ m})^2}}$$

$$\cdot \sqrt{\frac{24 \text{ N/mm}^2}{7.400 \text{ N/mm}^2}} = \sqrt{165} \cdot \sqrt{0{,}00324} = 0{,}73 \leq 0{,}75$$

ist erfüllt, sodass $k_{crit} = 1$ ist.

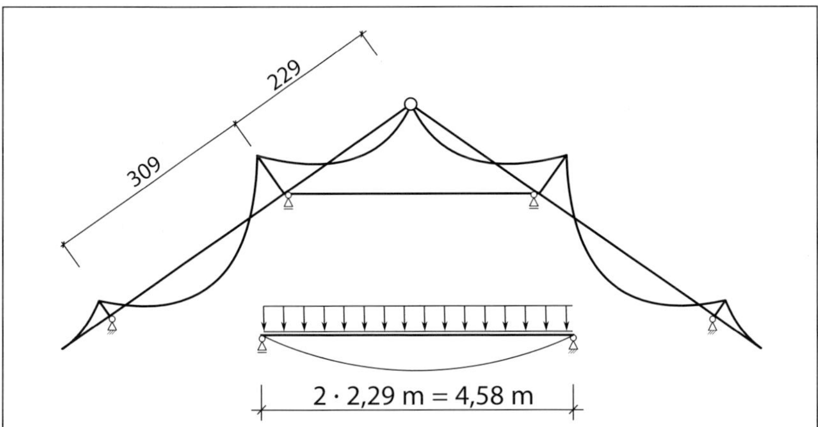

Abb. 124: Maßangaben zur Berechnung des Kippbeiwertes der Sparren

Ähnlich zum Kippen ruft auch das Knickbestreben der Sparren Abtriebskräfte hervor, die den Verband durch eine Seitenlast q_d beanspruchen. Bei einem Pfettendach werden die Sparren durch Zug- und Druckkräfte beansprucht, siehe Abbildung 53. Die kritische Knicklast dieses Systems müsste bekannt sein, um den Knickbeiwert bestimmen zu können und schließlich die Seitenlast, die ein Gespärre hervorruft. DIN EN 1995-1-1 nimmt vereinfachend $k_c = 0$ an.

$$q_d = \frac{N_d \cdot (1 \quad k_c)}{30 \cdot l} = \frac{N_d}{30 \cdot l}$$

Die Annahme $k_c = 0$ stellt eine auf der sicheren Seite liegende Annahme dar, d. h., es wird eine sehr große Schlankheit und damit eine sehr geringe kritische Knicklast angenommen. Die mittleren Normalkräfte der $n = 18$ Sparren N_k und die hieraus nach

$$q_k = 1{,}0 \cdot \frac{18 \cdot N_k}{30 \cdot 10{,}8 \text{ m}}$$

folgenden, auf den Verband wirkenden Seitenlasten sind in Tabelle 35 dargestellt.

In Kapitel 10 wurden diejenigen Gespärre im Bereich größerer Durchbiegung der Mittelpfette untersucht deren System sich demjenigen eines Sparrendachs nähern. Hieraus resultieren größere Druckkräfte, allerdings nur in einigen Gespärren, die zudem bei diesem Bauwerk wegen der Gaube nur teilweise vorliegen. Es wird angenommen, dass dieser Einfluss durch die Berücksichtigung von vier derart verformten Vollgespärren erfasst wird. Die mittleren Druckkräfte und die nach

$$q_k = 1{,}0 \cdot \frac{4 \cdot N_k}{30 \cdot 10{,}8 \text{ m}}$$

ermittelten Seitenlasten sind ebenfalls in Tabelle 35 enthalten.

Tabelle 35: Charakteristische Werte der mittleren Druckkräfte und Seitenlasten

Einwirkung	N_k [kN] mittlere Druckkraft im Sparren	q_k [kN/m] auf den Verband wirkende Seitenlast
g_k	–0,62	0,03
s_k	–0,24	0,01
$w_{k,\theta=0°}$	–0,28	0,02
$w_{k,\theta=90°}$	0,10 (Zug)	–0,01
Gespärre unter Berücksichtigung der Verformung nach Kapitel 10 (Anzahl $n = 4$)		
g_k	–1,81	0,02
s_k	–0,65	0,01
$w_{k,\theta=0°}$	–0,25	0,00
$w_{k,\theta=90°}$	0,56 (Zug)	–0,01

Zu deutlich höheren Beanspruchungen des Verbandes führen die Winddrücke auf die Giebelwände bei Anströmung parallel zum First, d.h. rechtwinklig auf die Giebelwände.

Für die luvseitige Wand ist nach DIN EN 1991-1-4 der Druckbeiwert $c_{pe,D}$ und für die leeseitige Wand der Sogbeiwert $c_{pe,E}$ anzuwenden. Die Firsthöhe beträgt 7,55 m, die Breite der Giebelwand b = 9,0 m, die Länge des Hauses d = 12,85 m, siehe Abbildungen 1 und 2, Seite 9.

Es folgt

$$h/d = 7{,}55 \text{ m}/12{,}85 \text{ m} = 0{,}59.$$

Die Wandfläche, deren aus den Winddrücken resultierende Kraft an eine Mittelpfette anzuschließen ist, kann Abbildung 125 entnommen werden. Die Bestimmung der Fläche erfolgt am komfortabelsten im CAD-Programm. Die violette Fläche ist hier eingeschlossen; eine konservative Annahme, da dieser Winddruck direkt vom Ringbalken aus Stahlbeton abgetragen wird.

$$A = 6{,}78 \text{ m}^2$$

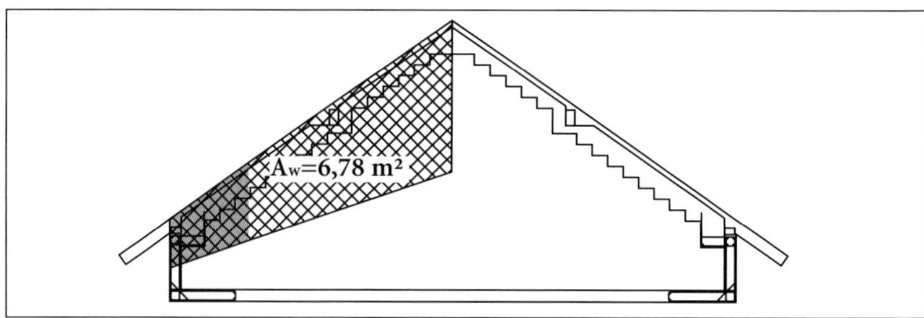

Abb. 125: Windangriffsfläche je Mittelpfette

Wie in Kapitel 3.3 ausgeführt, ist eine mehrfache Interpolation der in DIN EN 1991-1-4 gegebenen Druckbeiwerte erforderlich.

Tabelle 36: Interpolation der Druckbeiwerte

$c_{pe,D,1}$; $h/d = 0{,}25$	$c_{pe,D,10}$; $h/d = 0{,}25$	$c_{pe,D,1}$; $h/d = 1{,}0$	$c_{pe,D,10}$; $h/d = 1{,}0$
1,0	0,7	1,0	0,8
Interpolation für die Fläche $c_{pe} = c_{pe,1} + (c_{pe,10} - c_{pe,1}) \cdot \log(A)$ $c_{pe} = 1{,}0 + (0{,}7 - 1{,}0) \cdot \log(6{,}78)$ $c_{pe} = 0{,}75$		$c_{pe} = c_{pe,1} + (c_{pe,10} - c_{pe,1}) \cdot \log(A)$ $c_{pe} = 1{,}0 + (0{,}8 - 1{,}0) \cdot \log(6{,}78)$ $c_{pe} = 0{,}83$	
Lineare Interpolation zwischen den angegebenen h/d-Werten für das vorhandene Verhältnis von $h/d = 0{,}59$ $c_{pe,D} = 0{,}75 + (0{,}83 - 0{,}75) \cdot \frac{(0{,}59 - 0{,}25)}{(1 - 0{,}25)}$ $c_{pe,D} = 0{,}79$			

Für die leeseitige Wand folgt ein entsprechender Sogbeiwert nach Tabelle 37

Tabelle 37: Interpolation der Druckbeiwerte

$c_{pe,E,1}$; $h/d = 0{,}25$	$c_{pe,E,10}$; $h/d = 0{,}25$	$c_{pe,E,1}$; $h/d = 1{,}0$	$c_{pe,E,10}$; $h/d = 1{,}0$
−0,5	−0,3	−0,5	−0,5
Interpolation für die Fläche $c_{pe} = c_{pe,1} + (c_{pe,10} - c_{pe,1}) \cdot \log(A)$ $c_{pe} = -0{,}5 + (-0{,}3 - (-0{,}5)) \cdot \log(6{,}78)$ $c_{pe} = -0{,}33$		$c_{pe} = -0{,}5$	
Lineare Interpolation zwischen den angegebenen h/d-Werten für das vorhandene Verhältnis von $h/d = 0{,}59$ $c_{pe,D} = -0{,}33 + (-0{,}5 - (-0{,}33)) \cdot \frac{(0{,}59 - 0{,}25)}{(1 - 0{,}25)}$ $c_{pe,D} = -0{,}41$			

Der Böengeschwindigkeitsdruck beträgt nach Kapitel 3.3.1 q (7,55 m) = 0,49 kN/m². Die leeseitige Wand beansprucht die Pfette durch eine Zugkraft, die luvseitige durch eine Druckkraft, der Verband wird demnach durch die Addition der beiden resultierenden Kräfte beansprucht:

$$F_{w,k} = \left(c_{pe,E} + \left(-c_{pe,D}\right)\right) \cdot A_w \cdot q_{ref}$$

$$F_{w,k} = (0{,}79 + 0{,}41) \cdot 6{,}78\ \text{m}^2 \cdot 0{,}49\ \text{kN/m}^2$$

$$F_{w,k} = 3{,}99\ \text{kN} \approx 4{,}0\ \text{kN}$$

Aus den Seitenlasten q_d folgt eine am Drempel anzuschließende, horizontale Reaktion in Richtung der Längswand von

$$V_d = q_d \cdot l/2.$$

Da die Windbeanspruchung der Giebelwände bei der Anströmrichtung $\theta = 90°$ maßgebend für die Bemessung der Verbände wird, ist für die Bildung der Kombination der Seitenlast $w_{\theta 90,k}$ als führende veränderliche Einwirkung anzusetzen

$$q_d = \gamma_g \cdot q_{g,k} + \gamma_q \cdot q_{w\theta 90,k} + \gamma_q \cdot \psi_0 \cdot q_{s,k}$$

$$q_d = 1{,}35 \cdot \left(0{,}03 + 0{,}02\right) \text{kN/m} + 1{,}5 \cdot \left(-0{,}01 - 0{,}01\right) \text{kN/m} + 1{,}5 \cdot 0{,}5 \cdot \left(0{,}01 + 0{,}01\right) \text{kN/m}$$

$$q_d = 0{,}05 \text{ kN/m}$$

Mit der Gesamtlänge des Verbandes von $l = 2 \cdot (3{,}09 \text{ m} + 2{,}29 \text{ m}) = 10{,}8 \text{ m}$ folgt je Dachseite

$$V_{d,q} = q_d \cdot l/2 = 0{,}05 \text{ kN/m} \cdot 10{,}8 \text{ m}/2 = 0{,}27 \text{ kN}$$

Infolge der Windbeanspruchung ist dagegen eine Querkraft von $V_{d,w} = 1{,}5 \cdot 4{,}0 \text{ kN} = 6{,}0 \text{ kN}$ parallel zur Drempelwand anzuschließen.

Aus den Verhältnissen der Beanspruchung des Verbandes ist zu erkennen, dass es für Pfettendächer meist genügen wird, die Dachverbände nur für die Windbeanspruchung der Giebelwände zu bemessen und eine geringfügige Tragfähigkeitsreserve einzuplanen.

Für Sparrendächer mit den höheren Druckkräften in allen Sparren muss dagegen die Beanspruchung der Verbände infolge der Stabilisierung der Sparren gegen Ausknicken untersucht werden.

Bei einem Verband über vier Sparrenfelder hat der Verband eine Höhe von

$$h_{\text{Verband}} = 4 \cdot e_{\text{Sparren}} = 4 \cdot 0{,}7 \text{ m} = 2{,}8 \text{ m}$$

aus dem Biegemoment in Feldmitte

$$M_{\text{Verband, q,d}} = q_d \cdot l^2/8 = 0{,}05 \text{ kN}/m \cdot (10{,}8 \text{ m})^2/8 = 0{,}73 \text{ kNm}$$

folgt eine im Firstgelenk zu übertragende Zugkraft von

$$F_{\text{t, First, q,d}} = M_{\text{Verband, d}}/h_{\text{Verband}} = 0{,}73 \text{ kNm}/2{,}8 \text{ m} = 0{,}26 \text{ kN}.$$

Der in Kapitel 6.7 bemessene Firstpunkt hat für diese zusätzliche Last ausreichend Tragfähigkeitsreserven.

11.2 Anschluss der Giebelwand an die Mittelpfetten

Der Anschluss der Mittelpfette an den Stahlbetongurt der Giebelwand erfolgt mit Winkelverbindern, die mit Dübeln an den Betongurt und mit Kammnägeln oder Schrauben an die Pfette angeschlossen werden. Neben der Einleitung der Windbeanspruchung $F_{w,k}$ der Giebelwand in die Mittelpfette sollte die Mittelpfette eine Gabellagerung für das in Kapitel 8.5 zu $M_{T,d} = 1{,}07$ kNm abgeschätzte Torsionsmoment erhalten.

Zur Berechnung der aus dem Torsionsmoment resultierenden Kräfte F_T werden auf der sicheren Seite liegend Kontaktkräfte zwischen Pfette und Stahlbetongurt nicht berücksichtigt. Mechanisch korrekt müsste der Schwerpunkt des Anschlusses zur Berechnung der Kraft F_T verwendet werden.

Hier wird vereinfachend $2 \cdot r = \sqrt{b^2 + h^2} = \sqrt{14^2 + 24^2}\,\text{cm} = 27{,}8 \text{ cm}$ an angenommen. Es folgt $F_{T,d} = M_{T,d}/(2 \cdot r) = 1{,}07 \text{ kNm}/0{,}278 \text{ m} = 3{,}85 \text{ kN}$. Diese Beanspruchung kann in eine horizontale und vertikale Komponente zerlegt, zur Bemessung des Verbinders verwendet werden.

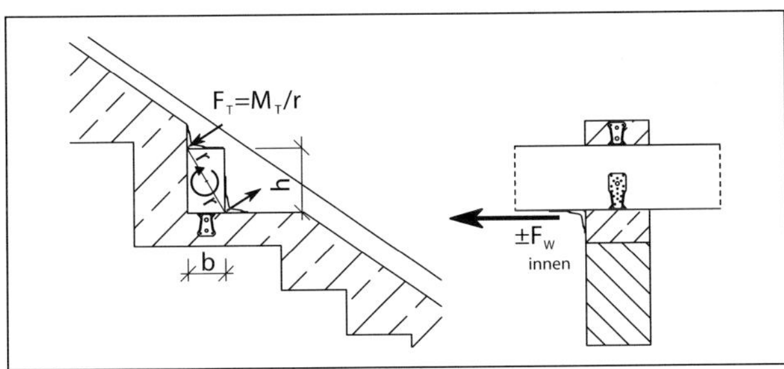

Abb. 126: Schnittgrößen am Anschluss der Pfette

Die Windkräfte

$$F_{+w,d} = \gamma_Q \cdot c_{pe,E} \cdot A_w \cdot q_{ref}$$

$$F_{+w,d} = 1{,}5 \cdot 0{,}79 \cdot 6{,}78 \text{ m}^2 \cdot 0{,}49 \text{ kN/m}^2 = 3{,}94 \text{ kN}$$

und

$$F_{-w,d} = \gamma_Q \cdot c_{pe,D} \cdot A_w \cdot q_{ref}$$

$$F_{-w,d} = 1{,}5 \cdot -0{,}41 \cdot 6{,}78 \text{ m}^2 \cdot 0{,}49 \text{ kN/m}^2 = -2{,}04 \text{ kN}$$

werden nach Abbildung 126 über einen dritten Winkel in die Pfette eingeleitet. Bei Windsog auf die Giebelwand tritt eine Zugbeanspruchung des Dübels im Stahlbetongurt auf. Die Dübel weisen bei Beanspruchung auf Herausziehen deutlich geringere Tragfähigkeiten auf als bei einer Scherbeanspruchung. Es kann daher günstiger sein, die Windbeanspruchung den beiden auf dem Gurt angeordneten Winkeln zuzuweisen und auf diesen dritten Winkel zu verzichten.

11.3 Aussteifung mit einem Fachwerkverband in der Dachebene

Am sinnvollsten wäre die Ableitung der in der Pfette wirkenden Windkraft $F_{w,d} = \pm 1{,}5 \cdot F_{w,k} = 6$ kN in die Stahlbetondecke über Wände oder Streben, die unter der Mittelpfette angeordnet sind.

In diesem Kapitel wird die weit verbreitete Aussteifung mit auf der Oberseite der Sparren angeordneten Windrispenbändern untersucht.

Die statische Berechnung dieses in der Ebene geknickten Fachwerkes ist durchaus anspruchsvoll. Um die Stabkräfte zu ermitteln, müsste ein räumliches Fachwerk untersucht werden, sodass 6 Gleichgewichtsbedingungen zu lösen wären anstelle der drei im ebenen Fall. Für eine derartige Untersuchung sinnvoll wäre eine Betrachtung des Momentengleichgewichtes um eine Sparrenachse

$$\sum M_z = 0$$

Es wird ersichtlich, dass zusätzliche Druckkräfte F_u am anderen Sparrenpaar angreifen müssen (Vogel, Schweizerhof (1990)).

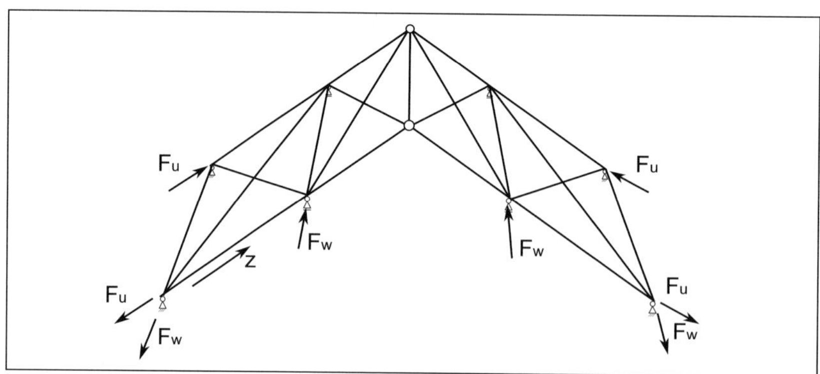

Abb. 127: Schnittgrößen im Dachverband

Die Berechnung dieser Kräfte kann leichter mit zwei zweidimensionalen Modellen erfolgen. Zunächst werden die Stabkräfte des Dachverbandes am abgewickelten Fachwerk nach Abbildung 128 berechnet.

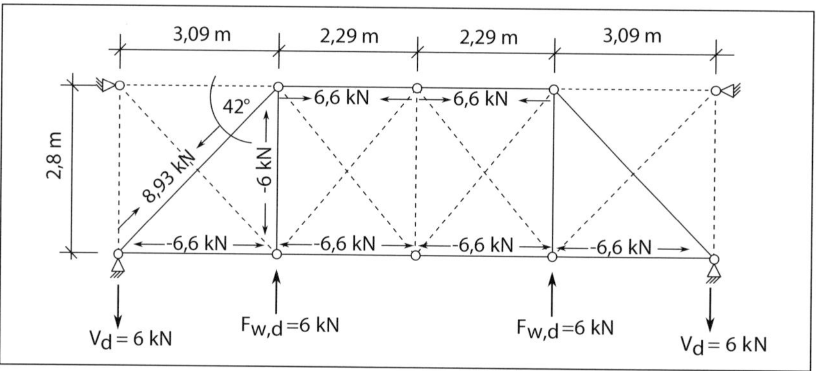

Abb. 128: Schnittgrößen im abgewickelten Dachverband, ohne Berücksichtigung der Umlenkkräfte

Aus den Kräften der an den Firstpunkt angeschlossenen Gurtstäben kann nach Abbildung 129 eine Umlenkkraft berechnet werden. Diese Umlenkkraft wird lediglich zur Berechnung der Stabkräfte in den Gurten des Fachwerks, das sind die Sparren, verwendet, die in gleicher Höhe aber mit umgekehrtem Vorzeichen den Kräften in den Gurten des Fachwerks nach Abbildung 128 entgegenwirken.

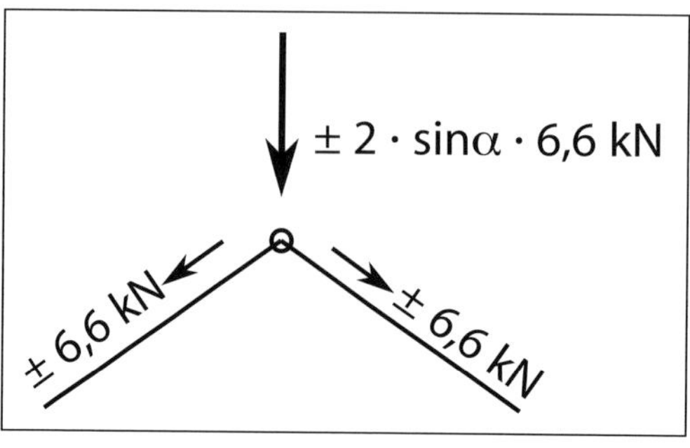

Abb. 129: Umlenkkräfte im First

Es folgen schließlich die Stabkräfte und Auflagerreaktionen nach Abbildung 130.

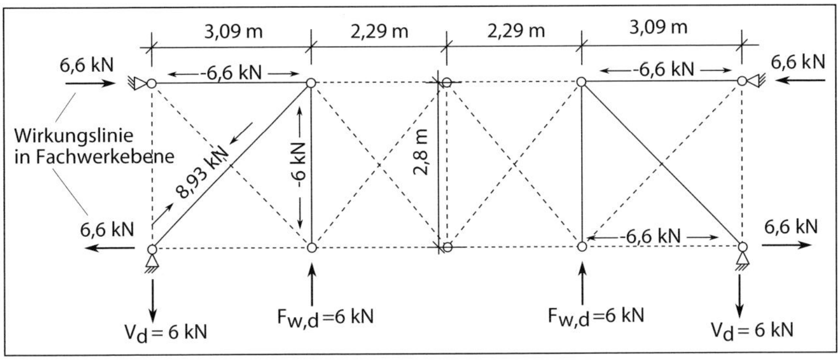

Abb. 130: Schnittgrößen im Dachverband

Obwohl somit im Bereich zwischen Mittelpfetten und First nur Nullstäbe vorliegen, sollte aus den in Kapitel 11.1 genannten Gründen der obere Teil des Dachverbandes dennoch ausgeführt werden, um der Firstbohle und damit den Firstpunkten aller Sparren ein horizontales Lager zu geben.

Für die Sparren führen die zusätzlichen Zug- oder Druckspannungen zu keinen Schwierigkeiten

$$\Delta\sigma_{t,0,d} = \Delta\sigma_{c,0,d} = \frac{F_{w,d}}{A} = \frac{6.600 \text{ N}}{140 \text{ mm} \cdot 240 \text{ mm}} = 0{,}20 \text{ N/mm}^2$$

dagegen sind die Knoten und Lager für die anzuschließenden Stabkräfte zu bemessen.

Abbildung 131 zeigt eine mögliche Ausführung des Anschlusses im Bereich der Mittelpfette. Die Lasteinleitung von der Mittelpfette in den Verband erfolgt über ein mit Vollgewindeschrauben an die Pfette angeschlossenes Kantholz 8/12. Da planmäßig nur der untere Verband beansprucht wird, sind die Schwerpunkte der Anschlüsse auf diesen ausgerichtet um exzentrische Beanspruchungen der Sparren zu vermeiden.

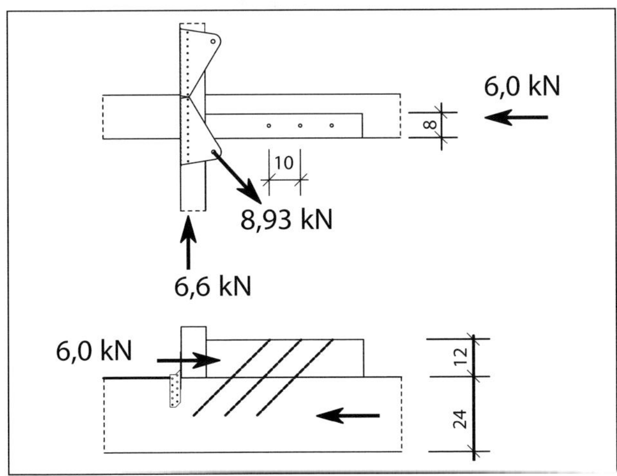

Abb. 131: Anschluss im Bereich der Mittelpfette

Der Anschluss an die Traufpfette kann ähnlich zu Abbildung 131 ausgeführt werden, die Auflagerreaktion in Sparrenlängsrichtung $F_{u,d} = \pm 6{,}6$ kN kann durch liegende Sparrenpfettenanker eingeleitet werden.

Anstelle des Fachwerkverbandes könnte auch eine Scheibe aus OSB- oder Spanplatten zur Aussteifung verwendet werden. Die Bemessung nach Abschnitt 9.2.4 der DIN EN 1995-1-1 als scheibenartig beanspruchte Tafel, die über mehrere Sparrenfelder läuft, erfordert allerdings ein Stoßen der Randrippen. Während die Sparren als durchlaufende Rippen angesehen werden dürfen, ist die Randrippe auf Fuß- und Mittelpfette zwischen den Sparren anzuordnen und daher durch diese unterbrochen. Werden diese Rippenstücke ausreichend steif mit den Pfetten verbunden, ist jedoch die mechanische Grundforderung nach einer kontinuierlichen Einleitung der Schubkraft in den Plattenwerkstoff erfüllt.

11.4 Verformung des Dachverbandes

Die Verschiebung zwischen Giebelwand und Mittelpfette ist für die Rissgefahr zwischen Giebelwand und Dachinnenfläche von Interesse, beeinflusst jedoch die Verschiebung des Dachverbandes, also die Verschiebung der Mittelpfette parallel zum Stahlbetondrempel, nicht.

Tabelle 38: Steifigkeiten des Anschlusses Mittelpfette–Giebelwand

Mittelpfette an Stahlbetoneinfassung der Giebelwand: 6 Kammnägel 4,0 x 40	
1 Nagel	$K_{ser} = \frac{\rho_m^{1,5}}{30} \cdot d^{0,8} = \frac{460^{1,5}}{30} \cdot 4^{0,8} = 997$ N/mm
6 Nägel je Giebelwand	$K_{ser} = 6 \cdot K_{ser} = 5.982$ N/mm
1 Dübel M12	Der Anschluss des Stahlwinkels an die Stahlbetoneinfassung wird als unverschieblich angenommen

An der durch Winddruck beanspruchten Giebelwand folgt eine Relativverschiebung zwischen Mittelpfette und Wand von

$$\frac{F_{w,k}}{K_{ges}} = \frac{c_{pe,E} \cdot A_w \cdot q_{ref}}{K_{ges}} = \frac{0{,}79 \cdot 6{,}78\ \text{m}^2 \cdot 0{,}49 \cdot 1000\ \text{N/m}^2}{5.982\ \text{N/mm}} = 0{,}44\ \text{mm}$$

Bei Windsog beträgt diese Verschiebung

$$\frac{F_{w,k}}{K_{ges}} = \frac{c_{pe,D} \cdot A_w \cdot q_{ref}}{K_{ges}} = \frac{0{,}41 \cdot 6{,}78\ \text{m}^2 \cdot 0{,}49 \cdot 1.000\ \text{N/m}^2}{5.982\ \text{N/mm}} = 0{,}23\ \text{mm}$$

Die Verformung des Dachverbandes wird ebenfalls mit dem charakteristischen Wert der auf die Mittelpfette einwirkenden Windlast ermittelt

$$F_{w,k} = \left(c_{pe,E} + c_{pe,D}\right) \cdot A_w \cdot q_{ref}$$

$$F_{w,k} = (0{,}79 + 0{,}41) \cdot 6{,}78\ \text{m}^2 \cdot 0{,}49\ \text{kN/m}^2$$

$$F_{w,k} = 4\ \text{kN}$$

Entsprechend Kapitel 10.1 müssen zunächst die Nachgiebigkeiten der Anschlüsse berechnet werden.

Tabelle 39: Steifigkeiten der Anschlüsse des Dachverbandes

Anschluss der Knagge an die Mittel- und Traufpfette nach Abbildung 131 mit 3 selbstbohrenden Schrauben 8 x 300 mit Vollgewinde	
1 Schraube	K_{ser} = 8.285 N/mm schräg zur Faserrichtung eingedrehte Vollgewindeschrauben verhalten sich sehr steif. Der Verschiebungsmodul muss der Zulassung entnommen werden.
3 Schrauben	$K_{Schrauben,ser} = 3 \cdot K_{ser} = 24.856$ N/mm
Querdruck	$K_{ser} \approx b \cdot E_{90,mean} = 80\text{ mm} \cdot 370\text{ N/mm}^2 = 29.600\text{ N/mm}$ ohne Berücksichtigung einer Lastausbreitung, da kein Schwellendruck
gesamter Anschluss	$\frac{1}{K_{ges}} = \frac{1}{24.856\text{ N/mm}} + \frac{1}{29.600\text{ N/mm}} \quad K_{ges} = 13.510\text{ N/mm}$
Windrispenband an Oberseite des Sparrens: 4 Kammnägel 4,0 x 40	
1 Nagel	$K_{ser} = \frac{\rho_m^{1,5}}{30} \cdot d^{0,8} = \frac{420^{1,5}}{30} \cdot 4^{0,8} = 870\text{ N/mm}$
4 Nägel	$K_{ges} = 4 \cdot K_{ser} = 3.480\text{ N/mm}$
2 liegende Sparrenpfettenanker zwischen Sparren und Fußpfette: je Seite 4 Kammnägel 4,0 x 50	
1 Nagel	$K_{ser} = \frac{\rho_m^{1,5}}{30} \cdot d^{0,8} = \frac{420^{1,5}}{30} \cdot 4^{0,8} = 870\text{ N/mm}$
4 Nägel	$K_{ges} = 4 \cdot K_{ser} = 3.479\text{ N/mm}$
je Sparren-pfettenanker	$\frac{1}{K_{Sparrenpfettenanker}} = \frac{2}{3.479\text{ N/mm}} \quad K_{Sparrenpfettenanker} = 1.740\text{ N/mm}$
2 Sparren-pfettenanker	$K_{2\,Sparrenpfettenanker} = 2 \cdot K_{Sparrenpfettenanker} = 3.479\text{ N/mm}$
Anschluss Fußpfette an Stahlbetondrempel, Dübel M12 in Durchsteckmontage	
1 Dübel M12	$K_{ser} = \frac{\rho_m^{1,5}}{23} \cdot d = \frac{420^{1,5}}{23} \cdot 12 = 4.491\text{ N/mm}$
2 Dübel M12	$K_{2\,M12} = 2 \cdot K_{ser} = 8.982\text{ N/mm}$ die Nachgiebigkeiten der Dübel im Stahlbeton bleiben unberücksichtigt, d.h. es wird ein starrer Anschluss angenommen, jedoch ist von einem zusätzlichen Schlupf von 1 mm in der Fußpfette auszugehen

Der Anschluss des Sparrens an den Stahlbetondrempel weist somit eine Steifigkeit auf von

$$\frac{1}{K_{Fußpunkt}} = \frac{1}{K_{2\,Sparrenpfettenanker}} + \frac{1}{K_{2\,M12}} = \frac{1}{3.479\text{ N/mm}} + \frac{1}{8.982\text{ N/mm}}$$

$$K_{Fußpunkt} = 2.508\text{ N/mm}$$

Die rechtwinklig zum Drempel wirkende charakteristische Kraft beträgt nach Abbildung 130 unter Berücksichtigung von

$$\frac{F_{w,k}}{F_{w,d}} = \frac{4 \text{ kN}}{6 \text{ kN}} = 2/3$$

$$F_{\text{Drempel},90°} = 2/3 \cdot 6{,}6 \text{ kN} = 4{,}4 \text{ kN}.$$

Es folgt eine Verschiebung rechtwinklig zum Drempel von

$$v_{\text{Drempel, }90°} = \frac{F_{\text{Drempel, }90°}}{K_{\text{Fußpunkt}}} + v_{\text{Schlupf}}$$

$$v_{\text{Drempel, }90°} = \frac{4{,}4 \text{ kN}}{2{,}508 \text{ kN/mm}} + 1 \text{ mm} = 2{,}80 \text{ mm}$$

Diese Verschiebung wird als Knotenverschiebung in das Stabwerksprogramm eingegeben. Die restlichen Nachgiebigkeiten werden durch die Anordnung von Federn mit entsprechender Steifigkeit berücksichtigt.

Die Mittelpfette verschiebt sich demnach in Längsrichtung um $u_{\text{Mittelpfette}} = 12{,}3$ mm.

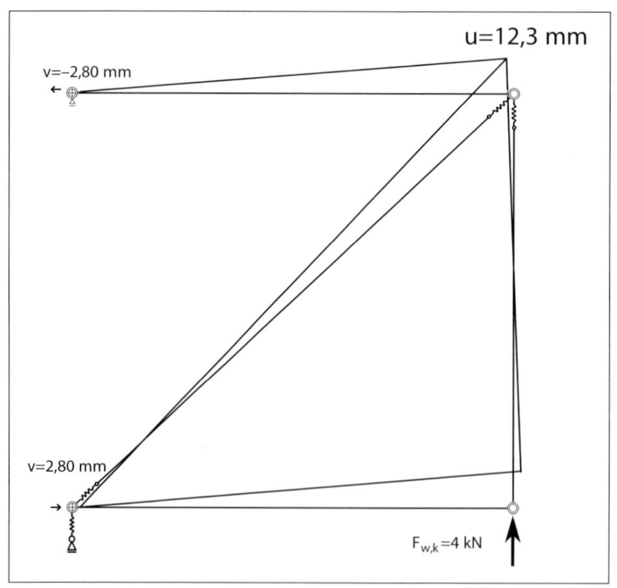

Abb. 132: Verformung des Dachverbandes

Auf der sicheren Seite wurde dabei eine freie Verdrehung des Dachverbandes angenommen. Da die Sparren am Firstpunkt kraftschlüssig verbunden sind, ist jedoch eine gewisse Behinderung dieser Verdrehung zu erwarten, sodass die Verformungen in der Realität geringer ausfallen werden. Deswegen ist jedoch auch zu empfehlen, die Firstpunkte der beiden Sparren des Dachverbandes in Längs- und Querrichtung kraftschlüssig auszuführen, beispielsweise durch die Verwendung von Vollgewindeschrauben anstelle der glattschaftigen Nägel nach Abbildung 78.

Maßgebend für die Größe der Verschiebungen sind die Steifigkeiten des Fußpunktes rechtwinklig zum Drempel und der Anschlüsse des Windrispenbandes. Könnte die vertikale Verschiebung am Fußpunkt begrenzt werden auf

$$v_{\text{Drempel, 90°}} = 1{,}0 \text{ mm}$$

und die Anschlüsse des Windrispenbandes doppelt so steif ausgeführt werden, würde

$$u_{\text{Mittelpfette}} = 4{,}95 \text{ mm}$$

folgen. Wird das Windrispenband dagegen sehr weich ausgeführt folgen deutlich höhere Längsverschiebungen.

Bezieht man die Längsverschiebung der Mittelpfette

$$u_{\text{Mittelpfette}} = 12{,}3 \text{ mm}$$

auf die abgewickelte Länge des Dachraumes nach Abbildung 130 von

$$l_{\text{Dachraum}} = 2 \cdot 309 \text{ cm} + 460 \text{ cm} = 1.078 \text{ cm}$$

folgt

$$\frac{u_{\text{Mittelpfette}}}{l_{\text{Dachraum}}} = \frac{1}{876}$$

Die aus der Relativverschiebung zwischen Stahlbetondrempel und Mittelpfette folgende Verzerrung der Dachinnenfläche sollte daher keine Probleme verursachen, wenn diese Durchbiegung beispielsweise mit dem recht scharfen Richtwert nach Abschnitt 7.2 der DIN EN 1995-1-1 von

$$\frac{u}{l} = \frac{1}{500}$$

verglichen wird, wie er nach Zilch und Rogge (2002) beim nachträglichen Einbau verformungsempfindlicher Bauteile anzuwenden ist.

Die Giebelwände erleiden durch die Verschiebung der Mittelpfette eine Schrägstellung. Die Anschlusspunkte der Giebelwände an die Mittelpfetten verschieben sich um $u_{\text{Mittelpfette}} = 12{,}3$ mm. Die Verschiebungen infolge der Windbeanspruchungen dieses Anschlusspunktes, berechnet mit den Steifigkeiten der Tabelle 38, müssten dieser Verformung noch überlagert werden. Diese Verformungen sind mit $u_{\text{Anschluss Giebelwand}} = \{0{,}44 \text{ mm}; 0{,}23 \text{ mm}\}$ jedoch derart gering, dass sie unberücksichtigt bleiben können.

Die in diesem Abschnitt berechneten Verformungen treten bei Einwirkung der charakteristischen Windlast auf. Die Wahrscheinlichkeit für das Auftreten einer derart hohen Belastung beträgt nach DIN EN 1990 somit 2 % im Jahr oder einmal in 50 Jahren. Dass dieser charakteristische Wert in voller Höhe wechselnd in beiden entgegengesetzten Richtungen rechtwinklig auf die Giebelwände auftritt, ist unwahrscheinlich.

Ob die Giebelwände eine Schrägstellung von

$$\varphi = \frac{u_{\text{Mittelpfette}}}{h_{\text{Wand}}} = \frac{1{,}23\ \text{cm}}{274\ \text{cm}} = \frac{1}{223}$$

ohne Risse zwischen Wandfuß und Deckenplatte zu zeigen aufnehmen können, hängt vom Wandaufbau ab. Eine steifere Ausführung des Dachverbandes, beispielsweise als Scheibe mit OSB-Beplankung, reduziert diese Schrägstellung, eine Aussteifung der Giebelwände durch Querwände verhindert die Schrägstellung nahezu vollständig.

12 Zusammenfassung

In diesem Kapitel werden die im Buch bemessenen Bauteile in einer kurzen Übersicht dargestellt. Die wesentlichen Positionen sind in den Abbildungen 133 und 134 bezeichnet.

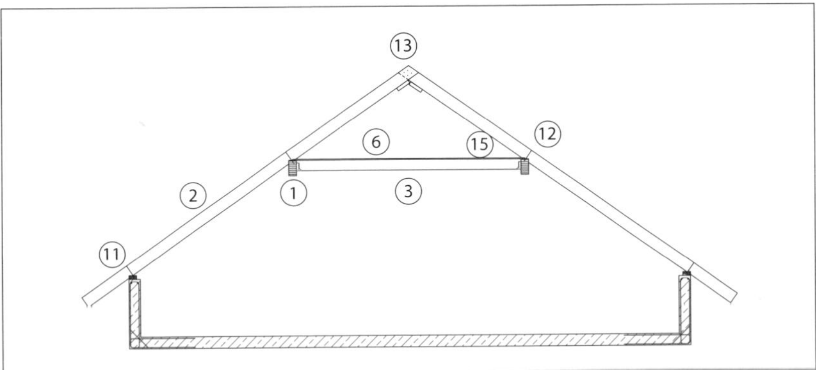

Abb. 133: Positionen im Querschnitt

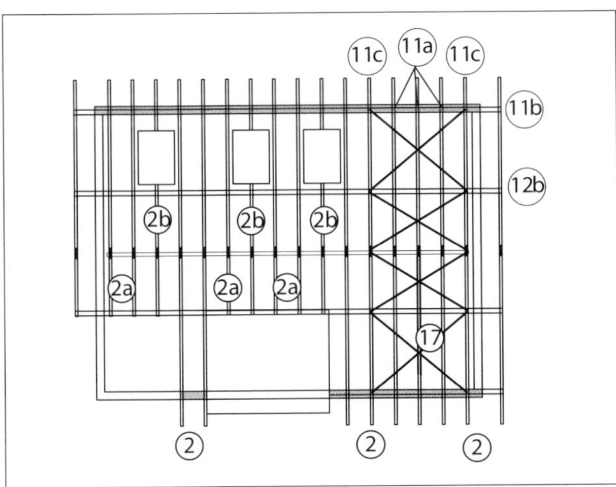

Abb. 134: Positionen in der Draufsicht

Die Schnittgrößen des Dachverbandes wurden in Kapitel 11 ermittelt, der Anschluss der Sparren des Dachverbandes, Position (11c) in Abbildung 134, ist aufgrund der höheren Kräfte anders auszuführen, als der Anschluss eines Regelgespärres, Position (11a). Die Verfahren der Bemessung sind in Kapitel 6.5.1 dargestellt und können hier angewendet werden.

Die Anschlüsse an die Stahlbetonbauteile werden stark durch die Vorgaben der bauaufsichtlichen Zulassungen der zumeist verwendeten Dübel bestimmt, die Hersteller bieten hierfür komfortable Bemessungshilfen.

Die Tabellen 40 und 41 fassen die wichtigsten Nachweise und Untersuchungen zusammen.

Tabelle 40: Überlegungen und Untersuchungen zum Entwurf

		Kapitel
Konstruktion, Aussteifung in Querrichtung	Mischsystem aus Pfetten- und Sparrendach, Fußpunkt horizontal gehalten, Drempel aus Stahlbeton, biegesteif mit Decke verbunden	2
Lastannahmen	Neue Normen der Reihe DIN EN 1991, die den Anforderungen des neuen Bemessungskonzeptes nach DIN EN 1990 angepasst wurden	3
Bemessungskonzept	Grundlagen des neuen Bemessungskonzepts nach DIN EN 1990 und DIN EN 1995-1-1	4
Dachaufbau	Dachaufbau oberhalb der Sparren	5

Tabelle 41: Geführte Nachweise, Bemessung

Position	**Nachweis**	**Kapitel**
1, Mittelpfette	Biegebeanspruchung Querdruck, Schubspannung Torsion Gebrauchstauglichkeit	8.1 8.2 8.5 8.8
2, Sparren	Biegebeanspruchung Gebrauchstauglichkeit	6.3 10.3
3, Kehlbalken	Biegebeanspruchung der Balken der Kehlscheibe	9.3
4, Fußpfette	Kragarm am Ortgang	7.1
6, Kehlscheibe	Durchstanzen Anschluss an Mittelpfette	9.2 9.4
11, 12, Anschlüsse der Sparren	Anschluss an Fußpfette Anschluss an Mittelpfette Anschluss Firstbereich Sogverankerung	6.5, 10.2 6.6 6.7 7.4
16, Stiel	Knicknachweis	8.6
17, Dachverband	Schnittgrößenermittlung, Umlenkkraft	11.3

Stichwortverzeichnis

Literatur

Betonkalender (2002). Band 1. Grundlagen der Bemessung von Beton-, Stahlbeton- und Spannbetonbauteilen nach DIN 1045-1. Ernst & Sohn, Berlin.

Blaß, H.J.; Bejtka, I.; Uibel, T. (2006). Tragfähigkeit von Verbindungen mit selbstbohrenden Holzschrauben mit Vollgewinde. Universitätsverlag Karlsruhe.

Blaß, H.J.; Bejtka, I. (2003). Verbindungen mit geneigt angeordneten Schrauben. In: Bauen mit Holz 105, Bruderverlag, Köln.

Blaß, H.J.; Ehlbeck, J.; Kreuzinger, H.; Steck, G. (2005). Erläuterungen zur DIN 1052:2004. Bruderverlag, Köln.

Blaß, H.J.; Görlacher, R., Steck, G. (1995). Step 1. Holzbauwerke nach Eurocode 5, Bemessung und Baustoffe. Arbeitsgemeinschaft Holz e.V., Düsseldorf.

Blaß, H.J.; Laskewitz, B. (2003): Tragfähigkeit von Verbindungen mit stift förmigen Verbindungsmitteln und Zwischenschichten. In: Bauen mit Holz 105 (2003) H. 1 S. 26–35, H. 2 S. 30–34.

Brüninghoff, H.; Schmidt, K. (1997). Verbände und Abstützungen - genauere Nachweise. Holzbau Handbuch, Reihe 2, Teil 12, Folge 2. Entwicklungsgemeinschaft Holzbau.

Colling, F. (2008). Holzbau, Grundlagen, Bemessungshilfen. 2. Auflage Vieweg+Teubner.

Eberhart, O. (2004). Bemessung von stiftförmigen Verbindungsmitteln durch Zwischenlagen hindurch. In: Ingenieurholzbau Karlsruher Tage, 2004. Lehrstuhl für Ingenieurholzbau und Baukonstruktionen, Universität Karlsruhe (TH) und Bruderverlag, Karlsruhe.

Erdbebensicher Bauen (2008). Wirtschaftsministerium Baden-Württemberg, Stuttgart.

Fritzen, K. (2009). Holzbaubemessung kompakt, Bruderverlag, Köln.

Görlacher, R. (1999). Historische Holztragwerke, Untersuchung, Berechnen und Instandsetzen. Sonderforschungsbereich 315. Universität Karlsruhe (TH).

Hinkes, F.; Schiermeyer, V. (2007). Bemessungs- und Konstruktionshilfen für Holzbauteile und stiftförmige Verbindungsmittel nach DIN 1052:2004. Holzabsatzfonds, Bonn.

Hinweise Holz und Holzwerkstoffe (2017). Deutsches Dachdeckerhandwerk – Regelwerk –. Hrsg.: Zentralverband des Deutschen Dachdeckerhandwerks – Fachverband Dach-, Wand- und Abdichtungstechnik – e.V., Rudolf Müller Mediengruppe, Köln.

Jäger, W.; Pflücke, T.; Waurig, R.; Figge, D.; Meyer, U. (2002). Bemessung von Ziegelmauerwerk. Arbeitsgemeinschaft Mauerziegel e.V., Bonn.

Milbrandt, E. (1995). holzbau handbuch. Reihe 2, Tragwerksplanung. Teil 3: Dachbauteile, Folge 2: Hausdächer. EGH Entwicklungsgemeinschaft Holzbau.

Neumann, D.; Hestermann, U.; Rongen, L. (2006). Frick/Knöll Baukonstruktionslehre 1, 34. Auflage. Vieweg+Teubner.

Neumann, D.; Hestermann, U.; Rongen, L. (2008). Frick/Knöll Baukonstruktionslehre 2, 33. Auflage. Vieweg+Teubner.

Regeln für Dachdeckungen (2018). Deutsches Dachdeckerhandwerk – Regelwerk –. Hrsg.: Zentralverband des Deutschen Dachdeckerhandwerks – Fachverband Dach-, Wand- und Abdichtungstechnik – e.V., Rudolf Müller Mediengruppe, Köln.

Rubin, H.;, Aminbaghai, M.; Weier, H. (2006). Stabwerkprogramm IQ 100 B. Beilage in Bautabellen für Ingenieure, Werner Verlag.

Schmitt, H. (1956). Hochbaukonstruktionen. Die Bauteile und das Baugefüge, Grundlagen des heutigen Bauens. Otto Maier Verlag Ravensburg.

Schneider, K.J., Herausgeber (1994). Bautabellen für Ingenieure mit europäischen und nationalen Vorschriften. Werner Verlag.

Vogel, U.; Schweizerhof, K. (1990). Skript zur Vorlesung Baustatik III. Universität Karlsruhe, Institut für Baustatik.

Werner, (1987). Holzbau Teil 2, Dach- und Hallentragwerke. Werner Ingenieurtexte.

Werner; G.; Zimmer, K. (2004). Holzbau Teil 2, Dach- und Hallentragwerke nach DIN 1052 (neu 2004) und Eurocode 5. Springer-Verlag. 3. Auflage.

Wendehorst. Bautechnische Zahlentafeln 2011, 34. Auflage. Vieweg+Teubner Verlag, Wiesbaden

Zilch, K.; Rogge, A. (2002). Bemessung der Stahlbeton- und Spannbetonbauteile nach DIN 1045-1. In Betonkalender 2002, Band 1. Ernst & Sohn, Berlin.

Zimmermeister Kalender 2010, Bruderverlag, Köln.